爆炸冲击与防护系列

ANSYS/Workbench
显式动力学数值仿真

卞晓兵　黄广炎　王　芳　等编著

化学工业出版社

·北京·

内容简介

数值模拟技术是解决冲击、爆炸等非线性问题的有力工具。本书主要介绍了 ANSYS/Workbench 平台中的显式动力学模块及其在工程中的具体应用。全书共 9 章，系统介绍了 Workbench 平台的计算流程和显式动力学算法、几何建模、材料定义、网格划分、接触设置、计算条件设置、后处理等，并且通过实例详细介绍了常见的高速冲击碰撞、爆炸、跌落、优化设计等仿真过程。书中包含从建模到计算结果分析的全部操作过程，以便读者能够结合应用实例，快速掌握 Workbench 平台的数值建模和求解流程，加深对显式动力学数值仿真的理解。

本书适合理工科院校本科高年级学生和研究生作为显式动力学、有限元等课程的学习参考资料，也可为从事相关专业的工程技术人员和研究人员提供参考。

图书在版编目（CIP）数据

ANSYS/Workbench 显式动力学数值仿真/卞晓兵等编著. —北京：化学工业出版社，2022.8（2024.11重印）
ISBN 978-7-122-41320-8

Ⅰ.①A… Ⅱ.①卞… Ⅲ.①有限元分析-数值模拟-应用软件 Ⅳ.①O241.82-39

中国版本图书馆 CIP 数据核字（2022）第 072944 号

责任编辑：张海丽　　　　　　　　　　　　装帧设计：刘丽华
责任校对：王　静

出版发行：化学工业出版社（北京市东城区青年湖南街 13 号　邮政编码 100011）
印　　装：北京天宇星印刷厂
787mm×1092mm　1/16　印张 15½　字数 380 千字　2024 年 11 月北京第 1 版第 5 次印刷

购书咨询：010-64518888　　　　　　　售后服务：010-64518899
网　　址：http://www.cip.com.cn
凡购买本书，如有缺损质量问题，本社销售中心负责调换。

定　　价：99.00 元

    显式动力学一般用于求解包装跌落、金属冲压、汽车碰撞、子弹侵彻、炸药爆炸等物理过程和现象，这类现象往往具有高度非线性特征，包括大变形、高应变率、非线性材料、非线性接触和冲击等。 传统的隐式动力学方法通常受到正在发生的变形量和接触非线性的影响，其数值计算结果容易不收敛。

    ANSYS 软件是目前使用较多的多物理场计算分析程序，能够模拟各类复杂问题。 Workbench 是 ANSYS 软件系统集成计算平台，融合多个计算模块，具有丰富的材料模型库、简单的几何建模方式、高效的网格划分方式、简单的并行计算设置，可以进行多物理场耦合、多模块联合仿真、多参数优化设计等。

    本书主要介绍了 ANSYS/Workbench 平台中的显式动力学数值仿真方法。 基于 Workbench 平台的显式动力学模块主要有 Explicit Dynamics、Autodyn 和 LS-DYNA，本书重点介绍了 Explicit Dynamics 模块以及该模块与其他模块的联合仿真，并且对 Autodyn 模块和 LS-DYNA 模块进行了简单介绍。

    第 1 章介绍了 ANSYS/Workbench 软件计算流程、界面和启动方式，介绍并比较了 Explicit Dynamics、Autodyn 和 LS-DYNA 模块。

    第 2 章介绍了隐式与显式算法、几何建模、材料定义与加载、网格划分。

    第 3 章介绍了显式动力学中的接触设置、计算条件设置、计算设置和后处理设置。

    第 4 章介绍了高速冲击碰撞问题，包括高速冲击碰撞问题的理论及数值方法，基于实例介绍了破片侵彻金属靶板、子弹侵彻钢筋混凝土靶板和子弹侵彻油箱的建模仿真全过程。

    第 5 章介绍了爆炸问题，包括爆炸理论及数值计算方法，通过实例构建了典型空气中爆炸、爆炸对结构作用的数值仿真模型。

    第 6 章介绍了 Autodyn 显式动力学计算方法，包括 Autodyn 简介，并基于泰勒杆碰撞、水下爆炸及其作用 2 个实例介绍了计算模型的构建及仿真过程。

    第 7 章介绍了 LS-DYNA 显式动力学计算方法，包括 LS-DYNA 模块简介以及子弹侵彻靶板、LS-DYNA 中的流固耦合、爆炸冲击波对结构作用等 3 个实例的建模仿真全过程。

    第 8 章介绍了 Explicit Dynamics 模块和 Autodyn 模块的联合仿真，通过子弹侵彻靶板、战斗部爆炸碎片和金属射流冲击引爆带壳装药 3 个实例展示了联合仿真过程。

第 9 章介绍了 Explicit Dynamics 模块与其他模块的联合仿真,包括静力学模块及隐式动力学模块、显式动力学优化设计和 Workbench 平台插件等。

本书由卞晓兵、黄广炎、王芳、周颖和王亮亮编著。 在编写过程中,参考了国内外相关的文献资料,在此向所有参考文献作者表示感谢。

由于时间比较仓促、作者水平有限,加之数值模拟技术的发展日新月异,本书难免出现疏漏之处,欢迎广大读者和同行专家提出批评和指正。

编著者
2022 年 3 月于延园

扫码领取本书源文件

目录 —— Contents

第1章

001

ANSYS/Workbench 软件基础

1.1 ANSYS/Workbench 简介　　/ 001

1.2 Workbench 平台界面　　/ 002

 1.2.1 Mainmenu bar 主菜单栏　/ 003

 1.2.2 Basic bar 基本工具栏　/ 003

 1.2.3 Toolbox 工具箱　/ 003

 1.2.4 Project Schematic 项目简图　/ 004

 1.2.5 Message 及 Progress 信息　/ 004

1.3 ANSYS Workbench 的文件管理　　/ 005

1.4 Workbench 中显式动力学模块　　/ 006

 1.4.1 Explicit Dynamics 模块　/ 007

 1.4.2 Autodyn 模块　/ 008

 1.4.3 LS-DYNA 模块　/ 009

 1.4.4 三种模块比较　/ 010

本章小结　　/ 012

第2章

013

显式动力学软件介绍

2.1 隐式与显式算法　　/ 014

 2.1.1 隐式算法　/ 014

 2.1.2 显式算法　/ 015

 2.1.3 动力学网格算法介绍　/ 016

 2.1.4 隐式与显式分析比较　/ 017

2.2 几何建模　　/ 019

 2.2.1 DesignModeler 建模平台　/ 019

 2.2.2 DesignModeler 建模实例　/ 021

2.2.3　SpaceClaim 建模平台　/ 024

2.2.4　SpaceClaim 建模及几何清理实例　/ 026

2.2.5　外部几何模型导入　/ 029

2.3　材料定义与加载　/ 030

2.3.1　Engineering Data 模块简介　/ 030

2.3.2　显式动力学材料基础　/ 035

2.3.3　显式动力学材料模型　/ 037

2.4　显式动力学网格划分　/ 047

2.4.1　Mesh 模块网格划分　/ 048

2.4.2　几何分割后进行网格划分　/ 054

2.4.3　SpaceClaim 网格划分　/ 056

2.4.4　ICEM 网格划分　/ 058

2.4.5　外部网格划分软件导入　/ 059

本章小结　/ 061

第3章

062

Explicit Dynamics 模块设置

3.1　显式动力学中接触设置　/ 062

3.1.1　Contacts 接触设置　/ 063

3.1.2　Joints 接触设置　/ 063

3.1.3　Body Interactions 接触设置　/ 064

3.2　显式动力学计算条件设置　/ 068

3.2.1　Initial Conditions 初始条件设置　/ 068

3.2.2　Loads 和 Supports 边界条件设置　/ 068

3.2.3　Analysis Settings 分析设置　/ 069

3.3　计算设置　/ 081

3.3.1　并行计算设置　/ 081

3.3.2　计算信息查看　/ 082

3.4　后处理设置　/ 083

3.4.1　计算结果文件查看　/ 083

3.4.2　结果变量查看　/ 084

3.4.3　自定义结果　/ 085

本章小结　/ 088

第4章

089

高速冲击碰撞问题

4.1 高速冲击碰撞问题理论及数值方法　/ 089

4.1.1 高速冲击碰撞问题中的应力波理论　/ 089

4.1.2 高速冲击碰撞过程中数值方法　/ 091

4.2 破片侵彻金属靶板　/ 098

4.2.1 计算模型及理论分析　/ 098

4.2.2 破片侵彻靶板（2D 拉格朗日）　/ 100

4.2.3 破片侵彻靶板（2D 欧拉）　/ 107

4.2.4 破片侵彻靶板（3D 拉格朗日）　/ 109

4.2.5 破片侵彻靶板（3D 对称模型）　/ 111

4.2.6 破片侵彻靶板（3D-SPH）　/ 114

4.3 子弹侵彻钢筋混凝土靶板　/ 116

4.3.1 计算模型及理论分析　/ 116

4.3.2 子弹侵彻钢筋混凝土（Lagrangian-beam）　/ 117

4.3.3 子弹侵彻钢筋混凝土（SPH-Lagrangian-beam）　/ 121

4.3.4 子弹侵彻钢筋混凝土（外部模型导入修改）　/ 122

4.4 子弹侵彻油箱　/ 124

4.4.1 计算模型及理论分析　/ 124

4.4.2 子弹侵彻油箱（2D 流固耦合）　/ 125

4.4.3 子弹侵彻油箱（3D 流固耦合）　/ 128

本章小结　/ 131

第5章

132

爆炸问题

5.1 爆炸模型理论分析　/ 132

5.2 爆炸数值计算　/ 134

5.2.1 炸药状态方程　/ 134

5.2.2 人工黏性　/ 138

5.2.3 爆炸计算材料　/ 138

5.2.4 爆炸计算几何模型构建　/ 138

5.2.5 爆炸计算算法　/ 139

5.3 典型空气中爆炸　/ 141

5.3.1 模型分析　/ 142

5.3.2 爆炸计算模型（2D 欧拉方法）　/ 142

5.3.3 爆炸计算模型（3D 欧拉方法） / 147

5.4 爆炸对结构作用 / 149

　　5.4.1 爆炸冲击波对混凝土结构作用 / 149

　　5.4.2 爆炸驱动以及对靶板作用 / 155

本章小结 / 160

第6章

Autodyn 显式动力学计算

6.1 Autodyn 简介 / 161

　　6.1.1 Autodyn 界面 / 161

　　6.1.2 常见 Autodyn 计算终止问题 / 164

6.2 泰勒杆碰撞 / 164

　　6.2.1 计算模型描述 / 164

　　6.2.2 Autodyn 计算模型构建 / 165

　　6.2.3 计算结果及后处理 / 169

6.3 水下爆炸及其作用 / 171

　　6.3.1 计算模型描述 / 171

　　6.3.2 1D 计算模型构建 / 172

　　6.3.3 3D 计算模型构建 / 175

本章小结 / 176

第7章

LS-DYNA 显式动力学计算

7.1 Workbench LS-DYNA 简介 / 177

7.2 子弹侵彻靶板计算 / 181

　　7.2.1 计算模型描述 / 181

　　7.2.2 Workbench LS-DYNA 模型构建 / 182

　　7.2.3 计算结果及后处理 / 184

7.3 LS-DYNA 中的流固耦合问题 / 184

　　7.3.1 流固耦合模型设置 / 184

　　7.3.2 Workbench 平台中的 S-ALE / 187

　　7.3.3 爆炸冲击波对结构作用 / 189

7.4 爆炸冲击波对蜂窝结构作用（Conwep 模型） / 196

　　7.4.1 计算模型描述 / 196

7. 4. 2　Workbench LS-DYNA 模型构建　/ 197

7. 4. 3　计算结果及后处理　/ 200

本章小结　/ 201

第8章

202

Explicit Dynamics 与 Autodyn 联合仿真

8. 1　仿真流程简介　/ 202

8. 2　子弹侵彻复合材料靶板　/ 203

8. 2. 1　计算模型描述及分析　/ 203

8. 2. 2　Workbench 模型构建　/ 204

8. 2. 3　Autodyn 计算及后处理　/ 206

8. 3　战斗部爆炸碎片（SPH 模型）　/ 208

8. 3. 1　计算模型及理论分析　/ 208

8. 3. 2　Workbench 模型构建　/ 210

8. 3. 3　Autodyn 计算及后处理　/ 211

8. 4　金属射流冲击引爆带壳装药　/ 213

8. 4. 1　计算模型及理论分析　/ 213

8. 4. 2　Workbench 中的前处理　/ 215

8. 4. 3　Autodyn 计算及后处理　/ 217

本章小结　/ 219

第9章

220

Explicit Dynamics 与其他模块的联合应用

9. 1　静力学及隐式动力学模块　/ 220

9. 1. 1　预应力条件下侵彻作用　/ 220

9. 1. 2　瞬态动力学及显式动力学分析　/ 222

9. 2　显式动力学优化设计　/ 226

9. 2. 1　优化设计模块简介　/ 226

9. 2. 2　弹丸侵彻的优化分析　/ 227

9. 3　Workbench 显式动力学插件　/ 232

9. 3. 1　Drop Test 跌落模块　/ 232

9. 3. 2　EnSight 软件后处理　/ 235

9. 3. 3　Keyword Manager 关键字管理　/ 236

本章小结　/ 237

参考文献

238

第 1 章 ANSYS/Workbench 软件基础

1.1 ANSYS/Workbench 简介

自 ANSYS 7.0 开始，ANSYS 公司推出了 ANSYS 经典版（Mechanical APDL）和 ANSYS Workbench 版两个计算平台，并且目前均已开发至 2022 R1 版本。Workbench 是 ANSYS 公司提出的协同仿真环境平台，通过融合多个计算模块于一个界面中，解决企业产品研发过程中 CAE 软件的异构问题。

本书主要是基于 ANSYS 2022 R1 版本❶。在 2022 R1 版本中，Workbench Explicit Dynamics 主要更新了针对 2D 欧拉域的计算方式的支持，Autodyn 软件没有更新，Workbench LS-DYNA 主要更新了对于重启动的进一步支持。

Workbench 中包含有多种求解模块，如 Static Structure、Fluent、Icepak、Electric、Optical 等，可用于结构、流体、电磁、光学等问题的求解以及多物理场的求解。其通用的功能模块包括材料库（Engineering Data）、几何模型（Geometry、SpaceClaim）、网格划分模块（Mesh 模块、ICEM 模块、External Model 网格导入模块）等，对于不同的求解问题，一般是在 Model 或者 Setup 中单独进行设置。

如图 1-1 所示，对于单个计算模块来说，一般都包括如下几个部分：

【Engineering Date】：设置修改材料、加载材料库中材料模型、构建自定义材料库等关于材料方面的工作。

【Geometry】：主要包括 SpaceClaim 和 Design Model 模块，用于构建、修改和清理几何

---

❶ 不同版本中对于显式动力学（Explicit Dynamics、Autodyn 和 LS-DYNA）的支持差异比较大，较早的版本可能没有本书中的一些功能。

模型，导入几何等关于几何模型方面的工作。

【Model】：定义模型。Workbench 中模块基本都包含以下设置：①【Geometry】，给几何模型赋予材料、网格算法，设置分析模型类型，定义对称性，构建辅助几何等；②【Materials】，可以查看修改材料参数；③【Coordinate Systems】，定义坐标系；④【Connections】，定义接触；⑤Mesh，定义划分网格。

【Setup】：与 Model 在同一个界面，根据不同的模块拥有选项。对于显式动力学模块，主要包括【Initial Conditions】（初始条件）和【Analysis Settings】（分析设置），其他相关条件的加载都可以通过右击插入相应的命令或者在菜单栏中找到对应的图形用户接口（GUI）。

【Solution】：计算。可以通过【Solution Information】查看计算信息，如时间步长、计算所需时间、能量变化等，右击选择 Solve 可进行计算。

【Result】：计算结果查看。可以通过右击插入对应的计算结果，如变形、应力、应变以及各种自定义的结果等。

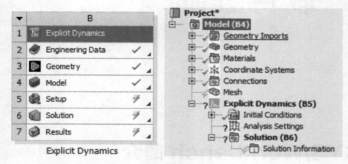

图 1-1　Workbench 模块求解的基本流程

1.2　Workbench 平台界面

Workbench 平台主要由 Mainmenu bar 主菜单栏、Basic bar 基本工具栏、Toolbox 工具箱、Project Schematic 项目简图、Message 及 Progress 信息等组成，如图 1-2 所示。

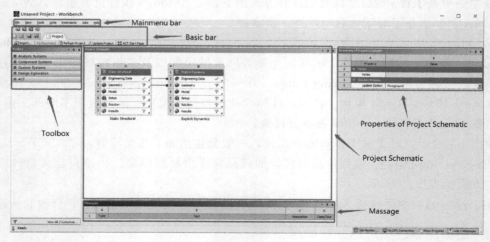

图 1-2　Workbench 平台界面

1.2.1 Mainmenu bar 主菜单栏

Mainmenu bar 主菜单栏包括文件操作【File】、窗口显示【View】、工具【Tools】、单位【Units】、扩展工具【Extensions】、作业【Jobs】、帮助【Help】，如图 1-3 所示。

图 1-3　Mainmenu bar 选项

【File】：打开与保存文件；

【View】：设置文件的显示；

【Tools】：工具箱，其中 Options 可以设置 Workbench 的默认选项；

【Units】：设置计算的单位制；

【Extensions】：设置加载插件等扩展工具；

【Jobs】：查看任务及任务计算进程；

【Help】：提供帮助文档。

1.2.2 Basic bar 基本工具栏

Basic bar 基本工具栏包括新建文件【New】、打开文件【Open】、保存文件【Save Project】、文件另存为【Save Project As】、导入模型【Import】、再次连接【Reconnect】、项目刷新【Refresh Project】、项目更新【Update Project】、全部更新设计点【Update All Design Points】和 ACT 起始页【ACT Start Page】等，如图 1-4 所示。

图 1-4　Basic bar 选项

1.2.3 Toolbox 工具箱

Toolbox 工具箱窗口中包含了数值模拟所需的模块，包括分析系统【Analysis System】、组件系统【Component Systems】、用户自定义系统【Custom Systems】、优化设计系统【Design Exploration】、扩展连接系统【External Connection Systems】和仿真自定义工具【ACT（ANSYS Customization Tool）】等，如图 1-5 所示。

图 1-5　Toolbox 选项

1.2.4 Project Schematic 项目简图

Workbench 以 Project Schematic 项目简图方式连接各个模块，管理多物理场的仿真分析数据。通过拖动左侧 Toolbox 中的模块或者双击模块，将模块在 Project Schematic 中进行执行。对于不同模块中数据可以共用的部分（如几何、材料等），一直按住鼠标左键拖动可以将不同模块之间的数据相互链接，或者点击鼠标右键，选择【Transfer Data From New】或者【Transfer Data to New】将数据进行传输等操作，完成仿真流程的设计。

例如，针对静力学计算后的结构，右击【Solution】，选择【Transfer Data To New】，然后选择 Explicit Dynamics 模块，可以将静力学中的模型和计算结果导入显式动力学中。或者通过 Explicit Dynamics 中的【Setup】与 Autodyn 中的【Setup】链接，可以将 Explicit Dynamics 模块中的前处理模型导入 Autodyn 模块中进行计算，如图 1-6 所示。

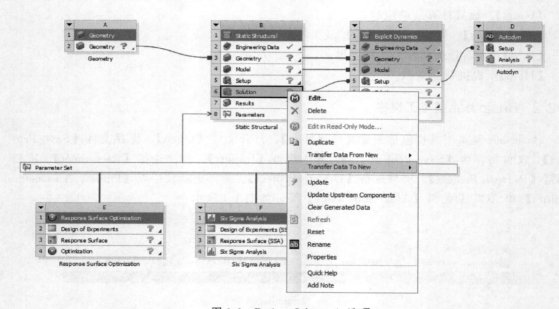

图 1-6　Project Schematic 选项

1.2.5 Message 及 Progress 信息

Message 用于显示在建模或者计算过程中的信息、错误提示、状态提示等，Progress 用于显示计算的进程，如图 1-7 所示。

	A	B	C	D
Messages				
1	Type	Text	Association	Date/Time

	A	B	C
Progress			
1	Status	Details	Progress

图 1-7　Message 和 Progress 信息

此外，ANSYS Workbench 中一些常见的图标含义见表 1-1，对于完整的计算模型来说，其所有参数设置状态应该是 ✔️ 。

表 1-1　常见图标含义

图标	含义
?	缺少上游数据，或者需要修正上游数据
⟳	刷新要求：上游数据已更改，需要刷新数据
⟳✗	刷新失败，或数据传递失败
⚡	更新要求：数据已变，需更新
✔	更新完成
✔	输入变化等待，由于上游数据变化，可能会改变下次的更新

1.3　ANSYS Workbench 的文件管理

在 ANSYS Workbench 中新建一个仿真项目，保存后，会生成单个项目保存文件（后缀为 wbpj）和对应的文件夹。

例如，创建 blast_3D 的计算文件时，会生成 blast_3D.wbpj 和 blast_3D_files 文件夹。blast_3D.wbpj 是项目启动文件，blast_3D_files 文件夹是项目详细内容，包括几何、材料、网格、计算结果等信息，如图 1-8 所示。

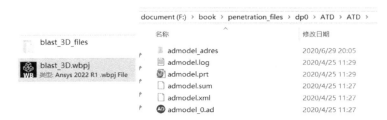

图 1-8　ANSYS Workbench 的文件管理示例

典型 Workbench Explicit Dynamics 模块中文件格式的目录结构如下：

dpn：设计点目录，有多少个分析就会有多少个设计点目录，一般在一个单一的模块分析中就只有一个 dpn 目录。

Geom：仿真几何体目录，用于存放几何文件。

ATD：Autodyn 文件保存目录。

global：包含每个子目录的应用分析。

SYS：包含每个系统类型的子目录项目。

DM：DesignModeler 中计算几何模型文件。

MECH：计算结果文件，一般为 .adres 文件。

User_files：包含用户宏文件、输入文件等。

必须保证项目文件.wbpj 和对应的项目文件夹的完整，才能保证模型的顺利进行。在进行计算文件传递时，需要将这两个文件同时复制（或者可以压缩传递）。如想要看清整个项目的文件，可以从主界面中【View】菜单，激活【Files】选项，就可以显示相关文件的路径。

如图 1-9 所示，在 ANSYS Workbench 中可以将文件快速打包成一个压缩文件，包含所有的相关文件。在【File】菜单栏中选择【Archive】，然后选择保存路径，在弹出的【Archive Options】中可以勾选【Imported files external to project directory】，当有外部导入的文件，如几何文件，就可以统一保存；如果需要保存结果文件，需要勾选【Result/solution and retained design point files】，不勾选时不保存计算结果，可以减少数据量。在使用时打开 Workbench 软件，可以选择直接使用【Open】命令打开，或者使用【Restore Archive】进行解压保存，或者直接双击文件也能打开。

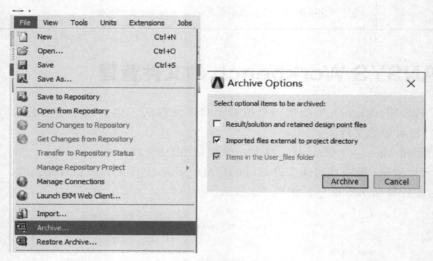

图 1-9　生成压缩文件

1.4　Workbench 中显式动力学模块

显式动力学软件最适合模拟发生在短时间，如几毫秒或更小时间内的事件。持续 1s 以上的事件可以模拟但是需要较长的时间，可通过诸如质量缩放和动态松弛之类的数值技术提高模拟效率减少计算时长。显式动力学的一些典型应用有：材料的动态力学响应、汽车的碰撞、高速切削、电子产品的跌落、流固耦合作用、军事工业中的战斗部的设计等，如图 1-10 所示。

目前主流的显式动力学软件主要有 LS-DYNA、Abaqus/Explicit、Autodyn、Workbench/Explicit Dynamics、MSC Dytran 等。其中，ANSYS/Workbench 中的显式动力学主要包括有 Explicit Dynamics、Autodyn 和 LS-DYNA 三个模块，如图 1-11 所示。

Explicit Dynamics 模块是 ANSYS 公司在收购世纪动力公司的 Autodyn 软件后进行开发的，调用 Autodyn 软件进行计算，其计算会默认生成.ad 和.adres 的 Autodyn 文件，计算

图 1-10　显式动力学的典型应用

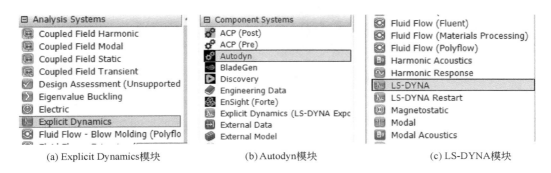

(a) Explicit Dynamics模块　　　　(b) Autodyn模块　　　　(c) LS-DYNA模块

图 1-11　Workbench 中的显式动力学模块

结果用 Autodyn 软件也可以打开。可以说，Explicit Dynamics 模块是 Autodyn 软件的前处理软件，Autodyn 是 Explicit Dynamics 的计算求解器。

Autodyn 是著名的显式动力学软件，其主要特色在于其前后处理一起，纯图形用户界面操作，包含有材料库，简单方便，在计算爆炸、高速侵彻方面有独特的优势，主要应用在军工领域。

LS-DYNA 是原 LSTC 公司开发的显式动力学软件，其主要特点是算法丰富，兼有隐式和显式算法，多物理场耦合功能较强，以 K 文件关键字为计算核心，其上手难度较大，被广泛应用在汽车、军工、航天等领域。2019 年，LSTC 公司被 ANSYS 公司收购后，LS-DYNA 被进一步在 Workbench 中进行整合。

1.4.1　Explicit Dynamics 模块

Explicit Dynamics 模块是 ANSYS 公司在收购 Autodyn 软件的基础上开发的显式动力学软件模块，集成在 Workbench 平台，目前更新到 2022 R1 版本，相比较老的版本，功能逐渐丰富，支持了如 2D 欧拉算法、SPH 算法、Drop-test 和 Joint 等功能，可更好地用于模拟结构的运动、产品的跌落等。依托 Workbench 平台，Explicit Dynamics 模块可以方便地导入模型、与其他模块进行联合仿真，拥有丰富的材料模型库、简单的几何建模方式、高效的网格划分方式、简单的并行计算的设置等优点，如表 1-2 所示。该模块能够模拟的非线性结构力学涉及以下特性：

① 从低速（1m/s）到非常高的速度（5000m/s）；

② 应力波、冲击波、爆轰波在固体和液体中传播；

③ 高频动态响应；

④ 大变形和几何非线性；

⑤ 复杂的接触条件；

⑥ 复杂的材料行为，包括材料损坏；

⑦ 非线性结构响应，包括屈曲；

⑧ 焊缝/紧固件的失效等。

表 1-2　Workbench Explicit Dynamics 的优势

	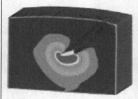		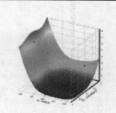
前处理更加方便。更加丰富的材料模型库，方便的几何模型的导入和网格划分。 可以通过 ANSYS Space Claim 进行建模，通过 Mesh 模块和 ICEM 模块进行网格划分	多物理场的耦合优异。可以和 ACP、Structural、Static Structural、Poly Flow 等 Workbench 中各类模块进行耦合	高性能计算。支持更多的网格和网格格式，包括结构和非结构网格，可以方便调用多核进行计算	优化设计。和 ANSYS Design Explorer 结合，使工程师能够执行实验设计（DOE）分析，调查响应曲面，并分析输入约束，以追求最佳设计候选者

1.4.2　Autodyn 模块

Autodyn 最早是 Century Dynamics 公司研发的软件产品，为线性、非线性、显式以及多物质流体动力学问题提供成熟易用的仿真软件。该公司已被 ANSYS 公司收购，被收购后，新 Autodyn 版本的功能有了较大的增加，增强了对非结构网格的支持，可以集成于 Workbench 平台，与各个模块进行联合仿真，在一个统一的计算环境中提供强大的工程设计和仿真能力。

Autodyn 是一个显式有限元分析软件，主要基于有限差分法，用来解决固体、流体、气体及其相互作用的高度非线性动力学问题，具有深厚的军工背景，在国际军工行业占据非常大的市场。Autodyn 的典型应用如下：

① 装甲和反装甲的优化设计；

② 航天飞机、火箭等点火发射性能研究；

③ 战斗部设计及优化；

④ 水下爆炸对舰船的毁伤评估；

⑤ 针对城市中的爆炸效应，对建筑物采取防护措施，并建立风险评估；

⑥ 石油射孔弹性能研究；

⑦ 国际太空站的防护系统设计；

⑧ 内弹道气体冲击波性能研究；

⑨ 高速动态载荷下材料的特性研究。

Autodyn 软件含有多个网格类型和求解器：拉格朗日（Lagrangian）网格、欧拉（Eulerian）网格、任意拉格朗日欧拉（ALE）网格、光滑粒子流（SPH）等，用于多种物理现象耦合情况下的求解。Autodyn 含有丰富的冲击动力学材料库模型，包括金属、陶瓷、玻璃、水泥、岩土、炸药、水、空气以及其他固体、流体和气体的材料模型。同时，Autodyn 集成了前处理、后处理分析模块，并支持多种格式的网格导入。Autodyn 软件特点如表 1-3 所示。

表 1-3 Autodyn 软件特点

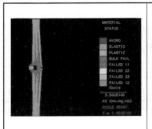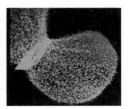

丰富的材料库模型。含有脆性、复合材料、炸药、流体等 200 多种材料，并拥有多种状态方程、强度、破坏模型	多种算法，简单的接触定义。拥有拉格朗日、欧拉、ALE、SPH 等算法，可模拟高度非线性问题，并且计算具有较好的稳定性	多物理场的耦合，对于流体和固体在不同物理条件下的状态均可以模拟。结合结果映射技术，极大地节省了计算时间	简单的前处理和后处理。Autodyn 软件可以兼有前处理和后处理，可以方便地自建简单模型，也可通过多种格式的网格将模型导入求解器中

1.4.3 LS-DYNA 模块

LS-DYNA 是 LSTC 公司著名的显式动力学软件，广泛应用于汽车、军工、航空航天、电子、机械制造等领域。1996 年，LSTC 公司与 ANSYS 公司合作，为 ANSYS 提供求解器，最早可以通过 Mechanical APDL Product Launcher 进行调用。2019 年，LSTC 公司被 ANSYS 公司收购后，LS-DYNA 主要被集成在 Workbench 平台中，也可以通过 LS-RUN 软件进行单独求解。

LS-DYNA 在 Workbench 平台最早是通过 14.5 版本中的 Explicit Dynamics（LS-DYNA Export）输出 K 文件，不能直接进行计算。自从 Workbench19.0 版本新增 Extension 模块，使得在 Workbench 平台可以直接调用 LS-DYNA 求解器，极大地简化了建模、网格划分等仿真程序。关键字可以直接在 Workbench 平台通过 GUI 进行相应参数的定义。发展到 2022 R1 版本后，LS-DYNA 支持包括 SPH、SALE、ALE 等多种算法，可以针对冲击、爆炸等复杂问题进行模拟。

LS-DYNA 软件是功能齐全的非线性求解器，包括求解几何非线性（大位移、大转动和大应变）、材料非线性（140 多种材料动态模型）和接触非线性（50 多种）。它以拉格朗日算法为主，兼有 ALE、自适应网格和欧拉算法；以显式求解为主，兼有隐式求解功能；以结构分析为主，兼有热分析、流体-结构耦合功能；以非线性动力分析为主，兼有静力分析功能（如动力分析前的预应力计算和薄板冲压成型后的回弹计算）；是军用和民用相结合的通用结构分析非线性有限元程序。LS-DYNA 软件的特点如表 1-4 所示。

表 1-4   LS-DYNA 软件特点

众多的前处理和快速的求解。可以通过外部导入复杂模型、定义关键字的方式，方便编程及修改模型。多种控制选项，使得用户在分析问题时拥有很大灵活性	多种算法和接触方式。拥有拉格朗日、ALE、欧拉、SPH 等算法。可兼容隐式和显式算法。自适应网格剖分方式可方便地模拟薄板冲压等问题	在汽车碰撞领域应用广泛，拥有假人、安全带、牵引器、气囊等专业开发工具	多物理场耦合。拥有热分析、ICFD、CESE、NVH 分析等功能，可与结构耦合，用于求解非线性力学、热学、声学、电磁、化学反应等问题

注：ICFD—不可压缩计算流体力学；CESE—时空守恒元解元可压缩计算流体力学；NVH—噪声、振动与声振粗糙度。

1.4.4   三种模块比较

（1）前处理

Workbench Explicit Dynamics 带有 Workbench 平台中各类前处理软件，如 Space Claim、DM 等几何建模软件，自带 Mesh、ICEM 等网格划分模块，并可以通过各种外部软件导入几何和网格，其前处理功能非常丰富。

Autodyn 自带前处理软件，进行简单模型的建立、网格划分，在 2D 条件下可以导入 TrueGrid 文件，在 3D 条件下可以导入 K 文件等格式的文件。相对来说，Autodyn 的前处理较弱，对于复杂模型，一般可以通过 Workbench Explicit Dynamics 生成前处理模型。

LS-DYNA 一般通过 LS-Prepost、Hypermesh、ANSYS-APDL 等方式进行几何模型及网格模型的生成，可以直接使用 Workbench 平台中的前处理软件。

（2）材料

Workbench Explicit Dynamics 自带材料库模型，可以在平台中构建自定义材料库，有较好的材料编辑界面。Explicit Dynamics 中显式动力学材料库收纳了 Autodyn 中绝大多数材料库模型（部分材料没有收纳，如冲击起爆材料模型、复合材料等）。

Autodyn 自带材料库模型，一般不用修改其中的参数。Autodyn 的材料库模型比较丰富，一般都是高速冲击类材料模型，支持超过 200 多种材料。

LS-DYNA 支持的材料模型非常多，远超 Autodyn 和 Explicit Dynamics 模块材料模型，但是部分材料模型在 Workbench 平台并不支持，可以加载显式动力学材料库中的部分参数。对于平台不支持的部分材料，可以通过右击插入 Command 的命令进行材料的添加；或者直接修改 K 文件，输入材料的参数（注意单位制），提交 LS-RUN 进行计算。

（3）计算

Autodyn 可以在内部进行计算并实时显示，也可以通过批处理计算，并行计算效率较低，且操作复杂，但是其提交计算非常方便，计算结果稳定。

Explicit Dynamics 会直接调用 Autodyn 软件进行计算，其结果和 Autodyn 计算结果完全一致，并行计算支持较好，设置简单，不能实时显示，但是可以通过 Autodyn 单独打开数据点查看。

LS-DYNA 一般可以通过 APDL-Launch、LS-Run、Launch manager 等计算启动软件调用 LS-DYNA _ smp _ d _ R11 _ 0 _ winx64 等计算程序进行计算。在 ANSYS 2022 Workbench 平台中可以直接求解。对于 Workbench LS-DYNA 中不支持的某些算法，可以通过自带的 LS-RUN 专业求解器进行求解，目前求解器基于的版本是 R12.1 版本。LS-DYNA 计算参数控制选项较多，可以修改的空间大。

三种模块计算提交的计算界面如图 1-12 所示。

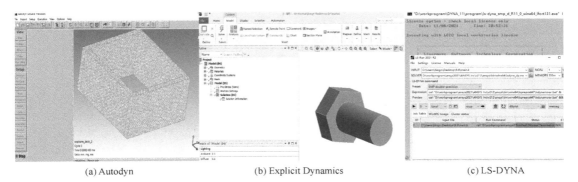

(a) Autodyn　　　　　　　　(b) Explicit Dynamics　　　　　　　　(c) LS-DYNA

图 1-12　三种模块计算提交计算界面

（4）后处理

Explicit Dynamics 中带有后处理软件，操作简单，可以进行云图显示和数据生成、导出，自动生成计算报告、截取高清图例等，对于大模型可以结合 Ensight 模块进行后处理。

Autodyn 自带后处理软件，可以直接在内部进行云图的显示、结构破坏显示、数据的导出等工作，但是 Autodyn 软件后处理占用内存较大，在针对大模型计算时，会出现卡顿的现象。

LS-DYNA 可以使用 Workbench 平台自带的后处理软件，但是其只支持部分的后处理。对于更复杂的后处理结果，可以将计算文件通过单独的 LS-Prepost 软件打开后进行后处理，或者可以通过 Workbench 中的 LS-Prepost 插件进行查看。

三种模块的后处理界面如图 1-13 所示。

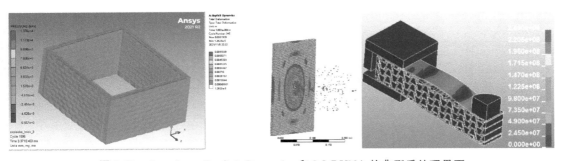

图 1-13　Autodyn、Explicit Dynamics 和 LS-DYNA 的典型后处理界面

本章小结

　　本章对 ANSYS Workbench 操作界面、操作流程和文件类型进行了简单的介绍，还介绍了 Workbench 平台中的三个显式动力学计算软件（Explicit Dynamics、Autodyn 和 LS-DYNA）及各自的特点。通过本章内容，读者可对 ANSYS Workbench 及显式动力学计算模块有一个直观的认识，便于后续内容学习的展开。

第2章 显式动力学软件介绍

包装跌落、金属冲压、汽车碰撞、子弹侵彻、炸药爆炸等物理过程和现象都具有动力接触或冲击，属于动力学范畴，这类现象往往具有高度非线性特征，包括大变形、高应变率、非线性材料、非线性接触和冲击等。对于此类现象，如果需要通过数值的方法去展现结构的变化，传统的隐式方法通常受到正在发生的变形量和接触非线性的影响，其数值计算结果容易不收敛。而采用显式的数值计算方式不需要针对系统的刚度矩阵求逆的计算，因此避免了隐式方法中遇到的不收敛问题。隐式求解和显式求解速度范围如图 2-1 所示。

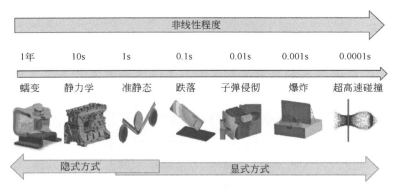

图 2-1　隐式求解和显式求解速度范围

动力学分析方程如下：

$$Mu''+Cu'+Ku=F(t) \tag{2-1}$$

式中，M 为结构质量矩阵；C 为结构阻尼矩阵；K 为结构刚度矩阵；$F(t)$ 为随时间变化的载荷函数；u 为节点位移矢量；u' 为节点速度矢量；u'' 为节点加速度矢量。

这个方程可以通过显式或者隐式进行求解。其中，显式求解方式不同于隐式求解，不要求矩阵可逆，其特点如下：

① 可以轻松处理非线性问题（无收敛问题）；

② 积分时间很小（积分时间主要与最小网格大小相关）；

③ 对于短时间的瞬态分析有效，如波的传播、冲击载荷和高度非线性问题（炸药爆炸、子弹侵彻、高速碰撞、金属成型、跌落等）；

④ 当前时间点的位移 $\{u\}$ 是由包含时间点 $t-1$ 的时间推导出来。

使用显式方法，计算成本消耗与单元数量成正比，并且大致与最小单元的尺寸成反比；使用隐式方法，计算成本大致与自由度数目的平方成正比。

动态显式算法采用动力学方程的差分格式，不用直接求解刚度矩阵，不需要进行平衡迭代，计算速度快，时间步长只要取足够小，一般不存在收敛性问题，因此需要的内存也比隐式算法要少，对于材料的大变形和非线性的求解有较好的模拟。并且数值计算过程可以很容易地进行并行计算，程序编制也相对简单。但显式算法要求质量矩阵为对角矩阵，对网格质量要求较高。只有在单元计算尽可能少时速度优势才能发挥，因而往往采用减缩积分方法，容易激发沙漏模式，影响应力和应变的计算精度。

隐式算法中，在每一增量步都需要对静态平衡方程进行迭代求解，并且每次迭代都需要求解大型的线性方程组，这个过程需要占用相当数量的计算资源、磁盘空间和内存。该算法中的增量步可以比较大，至少比显式算法大得多，但是实际运算中要受到迭代次数及非线性程度的限制，需要取一个合理值。

可以这样认为：显式求解器更适合高度非线性问题，工作计算量较小，但可以在更高的频率下进行大量的迭代，这些迭代可以跟随物理参数的变化；隐式求解器适合求解一般非线性问题，对每次迭代的计算都要复杂得多，但是迭代点的数量要少得多。

2.1 隐式与显式算法

2.1.1 隐式算法

（1）隐式算法的动力学方程

通过隐式瞬态动力分析求解的基本运动方程为

$$mx'' + Cx' + kx = F(t) \tag{2-2}$$

式中，m 为质量矩阵；C 为阻尼矩阵；k 为刚度矩阵；$F(t)$ 为加载矢量。

在任何给定的时间 t，这些方程可以被认为是一组"静态"平衡方程，也考虑惯性力和阻尼力。Newmark 时间积分方法（或称为 HHT 的改进方法）用于在离散时间点求解这些方程。连续时间点之间的时间增量称为积分时间步长。

（2）隐式的时间积分

对于线性问题，隐式时间积分是稳定的。时间步长会有所不同，以满足精度要求。对于非线性问题，使用一系列线性近似（Newton-Raphson 方法）获得解，因此每个时间步可能有许多平衡迭代，需要小的迭代时间步骤来实现收敛，但对于高度非线性问题无法保证收敛性。

2.1.2 显式算法

(1) 显式算法中的动力学方程

显式动力学分析中需要用求解的偏微分方程表示拉格朗日坐标中质量、动量和能量的守恒。结合材料模型、初始条件和边界条件，可以解决显式动力学问题。

对于当前在显式动力学系统中可用的拉格朗日公式，网格会随着它所建模的材料移动和变形，并自动满足质量守恒。显式动力学分析中需要求解的偏微分方程表示拉格朗日坐标中质量、动量和能量的守恒。

任何时候的密度都可以根据区域的当前体积和初始质量来确定，计算如下：

$$\frac{\rho_0 V_0}{V} = \frac{m}{V} \tag{2-3}$$

表示动量守恒的偏微分方程将加速度与应力张量 σ_{ij} 相关联，计算如下：

$$
\begin{aligned}
\rho x'' &= b_x + \frac{\partial \sigma_{xx}}{\partial x} + \frac{\partial \sigma_{xy}}{\partial y} + \frac{\partial \sigma_{xz}}{\partial z} \\
\rho y'' &= b_y + \frac{\partial \sigma_{yx}}{\partial x} + \frac{\partial \sigma_{yy}}{\partial y} + \frac{\partial \sigma_{yz}}{\partial z} \\
\rho z'' &= b_z + \frac{\partial \sigma_{zx}}{\partial x} + \frac{\partial \sigma_{zy}}{\partial y} + \frac{\partial \sigma_{zz}}{\partial z}
\end{aligned}
\tag{2-4}
$$

能量的守恒计算如下：

$$\dot{e} = \frac{1}{\rho}(\sigma_{xx}\dot{\varepsilon}_{xx} + \sigma_{yy}\dot{\varepsilon}_{yy} + \sigma_{zz}\dot{\varepsilon}_{zz} + 2\sigma_{xy}\dot{\varepsilon}_{xy} + 2\sigma_{yz}\dot{\varepsilon}_{yz} + 2\sigma_{zx}\dot{\varepsilon}_{zx}) \tag{2-5}$$

根据前一时间步结束时的输入值，对模型中的每个单元求解这些方程。通过较小的时间步长来保证解决方案的稳定性和准确性。在显式动力学中，不寻求任何形式的均衡，只需从上一个时间点的结果中计算下一个时间点的结果，没有迭代的要求。

(2) 显式的时间积分

显式动态求解器使用中心差分时间积分方案。在网格节点（由内部应力、接触或边界条件产生）计算出力之后，节点加速度通过将加速度与力除以质量而得出，因此加速度表示为

$$x_i'' = \frac{F_i}{m} + b_i \tag{2-6}$$

式中，x_i'' 为节点加速度的组成部分（$i=1$，2，3）；F_i 为作用于节点的力；b_i 为节点的加速度；m 为节点的质量分布。

随着加速度在 n 时刻的确定，$n+1/2$ 时间的速度可以表示为

$$x_i'^{n+1/2} = x_i'^{n-1/2} + x_i''^n \Delta t^n \tag{2-7}$$

所以 $n+1$ 时速度的积分表示为

$$x_i^{n+1} = x_i^n + x_i'^{n+1} \Delta t^{n+1/2} \tag{2-8}$$

使用这种方法对非线性问题进行时间积分的优点有：

① 等式解耦，可以直接解决，在时间积分期间不需要迭代；

② 由于方程未耦合，因此不需要收敛检查；

③ 不需要反转刚度矩阵，所有的非线性（包括接触）都包含在内力矢量中。

时间步长是前后两个计算循环之间的时间增量。时间步长越小，每个循环的计算越复杂（可能是因为较小的网格、复杂的材料模型、复杂的边界等），解决方案需要的运行时间越长。对时间步进行控制，对于实现有效的模拟非常重要。有很多方法来跟踪和控制时间步长，影响时间步长值的主要因素是最小的网格单元大小和质量。最小时间步长确定如下：

$$\Delta t \leqslant f \left[\frac{h}{c} \right]_{\min} \tag{2-9}$$

式中，f 为安全系数；h 为单元尺寸；c 为声速。时间步安全系数通常是默认值 0.9，对于欧拉网格一般推荐 0.667。

可以看出，时间步长主要由单元尺寸和材料声速控制，材料声速 $c = \sqrt{E/\rho}$，所以一般如果显式求解中单元网格划分过小，或者材料参数设置不合理（可能也是单位制输入错误），将会导致错误的时间步长，从而导致总体计算时间的不合理。

2.1.3 动力学网格算法介绍

在 Explicit Dynamics 模块中实体单元主要有三种算法可用：拉格朗日网格算法、欧拉网格算法和 SPH 算法，此外还有壳单元 shell 和梁单元 beam。欧拉和拉格朗日网格算法可以进行耦合，尤其在解决流固耦合的问题上，一般需要兼用两种不同的网格类型；SPH 算法和拉格朗日网格算法也可以耦合，但是无法和欧拉网格算法耦合。

（1）拉格朗日网格算法

拉格朗日网格算法中，网格分布于材料中，默认情况下，显式动力学分析系统中的所有实体都在拉格朗日网格中进行求解，网格的每个单元都用于表示一定数量的材料，网格随材料变形而变形（图 2-2）。使用拉格朗日网格求解是大多数结构模型使用的最有效和最准确的方法。

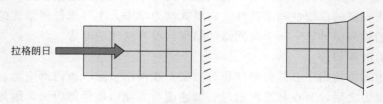

图 2-2 拉格朗日网格算法

（2）欧拉网格算法

欧拉网格算法中，网格分布于空间中（图 2-3）。在材料发生极端变形的模拟中，如在障碍物周围流动的流体或气体中，随着材料变形的增加，单元将非常扭曲，最终单元会因为变形严重无法进行计算。欧拉网格不需要定义材料的侵蚀，不过需要定义网格的边界条件，如流入流出的边界条件。欧拉网格算法一般用于爆炸问题的求解。

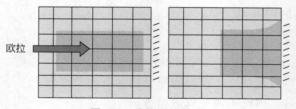

图 2-3 欧拉网格算法

（3）SPH 算法

SPH 算法是解决计算连续体动态力学问题新发展的计算方法。连续体等效为相互作用的粒子组成任意的网格，无需数值网格（图 2-4）。SPH 算法本质算是一种拉格朗日网格算法，只能利用标准的接触算法与拉格朗日、壳单元、ALE 部件耦合，不能和欧拉网格算法耦合。

SPH 算法是一种无网格方法，适用于模拟破片飞散、裂纹扩展等问题。SPH 方法本质是一种积分核变换的近似方法，它基于以密度、速度、能量等为变量的偏微分方程组。

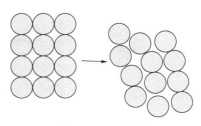

图 2-4　SPH 算法

在 SPH 方法中，任意函数 $f(x)$ 在空间某一点 x 处的核估计值都可以通过函数 $f(x)$ 在域 Ω 中的积分获得：

$$f(x) = \int_{\Omega} f(x')W(x-x',h)\mathrm{d}x' \tag{2-10}$$

式中，$W(x-x',h)$ 为核函数；h 为光滑长度，是核宽度的一种度量；$\mathrm{d}x'$ 表示体积。采用不同粒子大小对于破片飞散的计算效果有较大的影响。

2.1.4　隐式与显式分析比较

（1）算法

一般隐式动力学主要使用拉格朗日网格算法；显式动力学为解决材料动态破坏、流固耦合等复杂问题，使用算法种类较多，如拉格朗日网格、ALE 网格、欧拉网格、SPH、DEM 等多种算法，如图 2-5 所示。

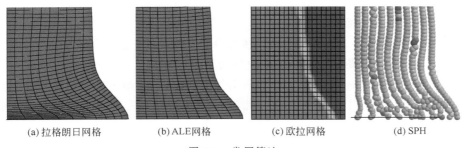

(a) 拉格朗日网格　　　(b) ALE网格　　　(c) 欧拉网格　　　(d) SPH

图 2-5　常用算法

（2）材料

隐式动力学中材料比较简单，一般是线弹性模型或者弹塑性模型；显式动力学中材料就相对复杂很多。所以，一般隐式动力学中的材料可以用在显式动力学分析中（在小变形及中低速冲击下），但是显式动力学中的材料一般不能全部用在隐式动力学分析中。

同隐式中的小变形不同，一般而言，材料对动态载荷具有复杂的响应，可能需要考虑材料的应变率效应，材料在高速动载荷情况下发生严重的破坏和失效，一些特殊材料，如炸药，可能发生了相变等，如图 2-6 所示，所以显式动力学中的材料参数要比隐式动力学中的复杂。

如果材料有不合理的参数，在 Workbench 中求解时会有相应的提示。不支持的材料模型类型的问题通常在 Solver. log 文件中显示，或者直接在 Message 中提示。例如，可能是

(a) 材料破坏　　　　　　　　(b) 聚能装药成型　　　　　　　　(c) 高速碰撞

图 2-6　显式动力学材料问题

缺少密度值或尚未设置的参数，静力学的分析不需要材料的密度也可以进行，但是对于显式动力学来说，密度是必需的，密度和弹性模量是控制时间步长的关键。

（3）网格

显式和隐式求解器需要不同类型的网格。使用 Explicit Dynamics 区分网格类型最简单的方法是在 Mesh 模块中的【Physics Preference】定义【Explicit】或者【Mechanical】等选项。如果使用模型互相连接，模型将使用相同的网格，如预应力状态下的显式动力学就需要都使用 Explicit 网格。

对于隐式分析，一般关注的区域需要设置更密集的网格。但是显式求解器不是这种情况，这是由于：

① 时间步长由最小网格单元尺寸控制，因此模型中最小单元的大小将控制整个模型的求解，从而增加运行时间。显式动力学求解器的性质是能够使整个模型中所有网格单元一起工作。

② 由于在计算中使用了每个单独的单元质量、变形和速度，所以这个单元尺寸差异将比隐式求解器更多地偏离结果。

③ 显式动力学中网格一般是对称性较好的网格，尤其是在发生高速碰撞、侵蚀现象时，网格会被破坏和删除，需要设置对称性的均匀六面体网格。

为确保良好的显式求解，需要查看网格统计信息中的网格最大和最小单元尺寸，保证网格均匀一致性。尽量使用六面体网格。此外，一些材料模型必须使用特定的网格，如 Crushable Foam 的材料必须使用六面体网格。

（4）接触

在 Workbench 平台中，显式动力学的接触选项要比隐式动力学中的简单很多，一般采用自动接触即可，无须进行特别的设置。隐式动力学或者静力学在处理接触问题中的滑动、冲击等非线性问题，存在很大的收敛性难题，所以其有一些非线性接触选项控制，用来减少收敛性问题。但是对于显式动力学来说，其本身算法就是专门用于求解非线性问题，一般不会存在求解过程收敛性问题。

Explicit Dynamics 模块中主要包括【Contacts】和【Body Interactions】两个接触选项的设置，如图 2-7 所示。对于【Contacts】接触选项，其选项和隐式动力学或者静力学基本类似，支持包括 Frictionness（无摩擦）、Frictional（有摩擦）和 Bound（绑定）的面面接触。默认情况下，Explicit Dynamics 模块中始终存在【Body Interactions】接触选项，这是一个全局的自动接触选项，非常适合显式求解器，基本包括了固体与固体之间、流固耦合、流体与流体之间的接触。

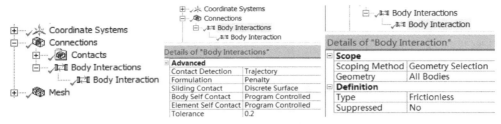

图 2-7 接触设置

【Body Interactions】中有一些常规选项，默认接触的检测方式是 Trajectory，该接触设置可优化接触选项和范围，达到求解时间最短的目的。【Body Interactions】可以添加不同的指定接触类型，包括主要类型接触，如 Frictioness、Frictional 和 Bound，还包括特定的显式动力学类型，如 Reforcement，它用于钢筋混凝土、复合材料等方面的建模。

（5）边界条件

一般来说，显式动力学中的边界条件较隐式动力学中的要简单。但是显式动力学与隐式动力学相比，会考虑到应力波的传播问题，常见的显式动力学边界有 Fix（固定）、Velocity（恒定速度）、Impedance boundary（非反射边界）等。

（6）求解时间设置

隐式静态结构求解器对惯性没有真正的依赖关系，一般隐式动力学中的负载情况通常是每步 1s，这是一个任意数量，改变这个值并不会对解决方案产生任何影响。显式动力学求解器使用时间是计算的主要参考，因为显式问题中的持续时间非常短，通常都是毫秒级别。

2.2 几何建模

在 ANSYS Workbench 中，建模非常灵活，通常有以下几种形式：

① 通过 DesignModeler 进行参数化建模。

② 通过 SpaceClaim Modeler 进行建模。

③ 通过外部 CAD 软件导入，如通过 Solidworks、UG NX、CATIA 等软件导入几何模型进行处理后，转为分析可用几何模型。也可以导入中间格式的几何文件，如 stl、sat、igs、xt 等格式的文件。

④ CAD 软件关联建模，可以通过将 CAD 软件与 ANSYS 关联后，双向建模和修改。

⑤ 外部网格文件直接导入建模。

⑥ Model 中简单模型（如平面、块体等）构建。

2.2.1 DesignModeler 建模平台

DesignModeler（以下简称 DM）是 ANSYS Workbench 几何建模最主要的平台之一。DM 可以全参数化进行实体建模，其基本创建过程同主流 CAD 软件类似，建立草图，通过 Concept 菜单进行 1D 或者 2D 模型构建，通过拉伸、旋转进行 3D 模型的建立；也可以直接建模，通过插入块、球体、椎体等形状进行 3D 模型的建立。DesignModeler 的主要特点是可以为 CAE 分析提供独特的几何模型，如梁的建模、点焊的设置、2D 对称模型的建模等。

下面以 Explicit Dynamics 模块为例，介绍 DM 的模型建模。首先拖动 Explicit Dynamics 模块到 Project Schematic 中，右击【Geometry】命令，选择【New DesignModeler Geometry】，如图 2-8 所示。默认条件下，一般双击【Geometry】命令将进入到【New SpaceClaim Geometry】中。

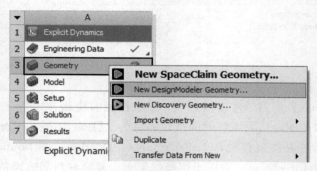

图 2-8　DM 模块打开方式

DM 用户界面同主流的三维 CAD 软件类似，主要包含主菜单和工具栏、模型树、详细列表、模型主窗口、信息栏，如图 2-9 所示。主菜单栏包括所有的几何建模操作；工具栏主要是提供建模工具，如草图、拉伸、旋转、抽壳等快捷操作；模型树主要包括所有的操作过程的记录，可随时修改查看；详细列表可以修改和查看模型的具体参数，如尺寸等；模型主窗口是查看或者预览模型的主要窗口；信息栏可提供错误信息，查看模型信息。

图 2-9　DM 模块用户界面

【File】：基本的文件操作，如导入导出、保存脚本、更新几何模型等。

【Create】：创建模型和修改模型，如拉伸、旋转、布尔运算、倒角、抽壳、直接建模、阵列、移动模型、创建焊点等。

【Concept】：创建梁单元、2D 壳体，赋予梁单元截面等。

【Tools】：整体建模操作、参数管理和定制程序等，包括抽中间面、创建 Section、拓展面、修复几何体、简化几何体等。

【Units】：设置单位。

【View】：设置显示项，如设置梁单元的横截面、显示标尺、显示框线图等。

【Help】：提供帮助文档。

2.2.2 DesignModeler 建模实例

2.2.2.1 子弹侵彻靶板建模

建立如图 2-10 所示的几何模型，模型关于 Y 轴对称，其中子弹直径为 6mm，长度为 20mm，靶板厚度为 4mm，长度为 50mm。

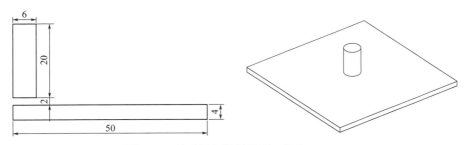

图 2-10　子弹侵彻靶板模型（单位：mm）

选择 Explicit Dynamics 模块，右击【Geometry】选择【New DesignModeler Geometry…】，进入 DM 几何编辑界面。

如图 2-11 所示，选择【XYPlane】，选择快捷工具栏中的，插入草图，选择 Sketching 进入草图编辑界面，在左上角选择【XYPlane】，对齐 XY 平面作为操作面，通过左侧的【Draw】→【Rectangle】选择插入矩形，选择坐标原点为起始点，绘制关于 Y 轴对称的矩形，选择【Dimensions】→【General】，定义矩形的长宽，在【Details Views】中给矩形设置 H2 半径为 6mm，V1 长度为 20mm。然后通过【Concept】→【Surfaces From Sketches】，选择草图模型，点击【Generate】即可生成 2D 的平面模型。

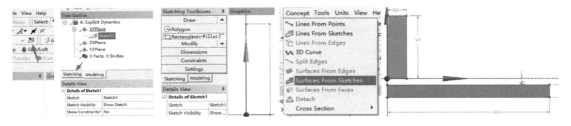

图 2-11　2D 弹靶模型建立

同样采用相同的方式，在【XYPlane】中新建草图 2，建立靶板模型，靶板的长度为 50mm，厚度为 4mm，距离子弹的底部为 2mm。

对于三维模型来说，可以通过上述建立的 Sketch 草图模型，在快捷工具栏中，通过【Revolve】进行旋转，选择对应的子弹草图，设置对称轴为 Y 轴，旋转的角度 FD1 为 360°，即可绕着 Y 轴旋转成圆柱体，如图 2-12 所示。对于靶板，可以通过快捷工具栏中的【Extrude】，选择靶板的 Sketch，通过拉伸的操作，建立靶板的方块模型。

对于此模型，还可以直接建模，在顶部菜单栏点击【Create】→【Primitives】→【Cylinder】，创建圆柱模型；然后点击快捷工具栏的【Generate】，生成模型。通过【Details View】可以查看模型的信息，具体如下：

Cylinder：Cylinder1（代表模型的名称，即圆柱模型）。

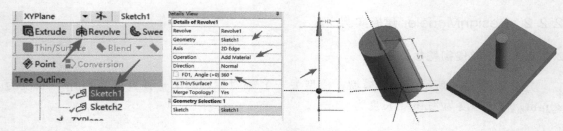

图 2-12　3D 弹靶模型建立

Base Plane：XYPlane（代表参考坐标系是 XYPlane，即轴向是 Z 方向，径向是 X 或者 Y 方向）。

Operation：Add Material（代表生成方式是增加材料）。

FD3，Origin X Coordinate：起始点的 X 坐标，0。

FD4，Origin Y Coordinate：起始点的 Y 坐标，0。

FD5，Origin Z Coordinate：起始点的 Z 坐标，0。

Axis Definition：Componets（代表的是通过坐标系生成模型）。

FD6，Axis X Component：终点 X 轴坐标，0。

FD7，Axis Y Component：终点 Y 轴坐标，0。

FD8，Axis Z Component：终点 Z 轴坐标，0.02m。

FD10，Radius（＞0）：半径，0.006m。

AS Thin/Surface：选择 NO，不生成薄壁模型；选择 Yes，可生成带孔的圆柱模型，可进行孔径的参数编辑。

同样插入靶板模型，在顶部菜单栏点击【Create】→【Primitives】→【Box】（图 2-13），创建矩形靶板；然后点击【Generate】，生成模型。通过【Details View】可以查看模型的信息，具体如下：

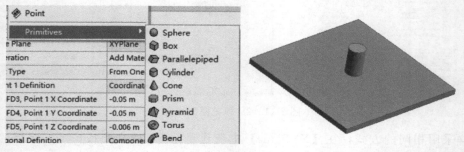

图 2-13　3D 模型生成

Cylinder：Box1（代表模型的名称，即矩形块）。

Base Plane：XYPlane（代表参考坐标系是 XYPlane，即轴向是 Z 方向，径向是 X 或者 Y 方向）。

Operation：Add Material（代表生成方式是增加材料）。

Point 1 Definition：Coordinates（代表矩形块起始点采用坐标系方式生成）。

FD3，Point1 X Coordinate：起始点的 X 坐标，−0.05m。

FD4，Point1 Y Coordinate：起始点的 Y 坐标，−0.05m。

FD5，Point1 Z Coordinate：起始点的 Z 坐标，−0.006m。

Diagonal definition：Componets（代表的是通过坐标系生成模型）。

FD6，Diagonal X Component：终点 X 轴坐标，0.1m。

FD7，Diagonal Y Component：终点 Y 轴坐标，0.1m。

FD8，Diagonal Z Component：终点 Z 轴坐标，0.004m。

AS Thin/Surface：选择 NO，不生成薄壁模型；选择 Yes，可生成抽壳的矩形块。

对于此模型的四分之一模型的建立，可以采用绘制草图，然后旋转 90°即可。也可以在建立的全模型基础上进行分割，如图 2-14 所示，在菜单栏点击【Create】→【Slice】，选择【ZXPlane】，点击【Generate】后进行切割；再次通过菜单栏点击【Create】→【Slice】，选择【YZPlane】，点击【Generate】后进行切割，将模型分成 4 份；通过在窗口中选择第二、第三、第四象限的模型，右击选择【Suppress Body】，将其抑制，建立 1/4 对称模型。

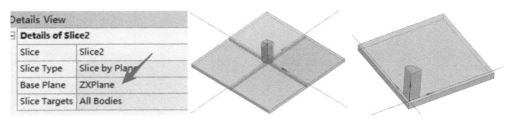

图 2-14　1/4 对称模型

2.2.2.2　爆炸流固耦合建模

建立炸药在空气中爆炸对靶板作用的几何模型，其中球形炸药半径为 0.05m，空气域为 1m×1m×1m，靶板长宽厚为 0.8m×0.8m×0.1m，炸药距离靶板 0.5m，如图 2-15所示。

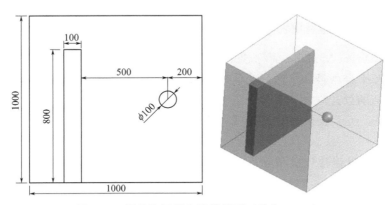

图 2-15　爆炸流固耦合计算模型（单位：mm）

右击【Geometry】选择【New DesignModeler Geometry…】，进入 DM 几何编辑界面。

① 炸药模型：在菜单栏点击【Create】→【Primitives 】→【Sphere】，设置 FD3 为 0，FD4 为 0，FD5 为 0，FD6 为 0.05m，点击【Generate】即可建立起始球心坐标为（0，0，0）、半径为 0.05m 的球形炸药模型。

② 空气模型：在菜单栏点击【Create】→【Primitives 】→【Box】，设置 FD3 为－0.5m，FD4 为－0.5m，FD5 为－0.2m，FD6 为 1m，FD7 为 1m，FD8 为 1m，即代表设

置起始点为（-0.5, -0.5, -0.2）、长宽高为 1m 的空气域模型（图 2-16）。修改【Operation】为【Add Frozen】，即将模型冰冻，不进行任何布尔运算，默认是【Add Material】。如果不修改，会将新建的空气域与炸药进行自动的布尔加运算。一般针对流固耦合问题，流体域之间不重合或者不干涉，固体与流体之间需要干涉。

③ 布尔运算：在菜单栏点击【Create】→【Boolean】，修改【Operation】为【Substract】，选择【Target Body】为方块空气域，选择【Tool Bodies】为球形炸药，设置【Preserve Tool Bodies】为 Yes，点击【Generate】即可，这样能够保证炸药与空气之间不干涉，同时保留球形炸药模型。

④ 靶板模型：在菜单栏点击【Create】→【Primitives】→【Box】，设置 FD3 为 -0.4m，FD4 为 -0.5m，FD5 为 0.5m，FD6 为 0.8m，FD7 为 0.8m，FD8 为 0.1m，点击【Generate】建立如图 2-16 所示模型，即靶板距离球形炸药中心 0.5m，贴近地面，靶板的长宽厚为 0.8m×0.8m×0.1m。

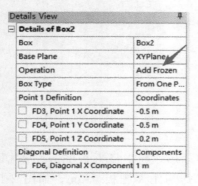 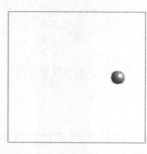 

图 2-16　空气中爆炸流固耦合模型

2.2.3　SpaceClaim 建模平台

SpaceClaim Direct Modeler 简称 SCDM，是基于直接几何建模的三维软件，目前是 ANSYS/Workbench 平台中最为灵活的几何建模和清理软件。其特点是可快速地处理大规模装配体的 CAE 几何前处理软件，具体如下：

① 快速建模：可参数化与非参建模，支持线、面、体等仿真计算模型建立，支持 Python 语句建模。

② 模型处理：覆盖常规模型处理，如布尔运算、投影、移动、阵列、倒角、镜像、腔道填充与抽取等；可同样针对导入的模型进行快速处理。

③ 模型清理：可批量去除孔、特征、倒角、凸台，可按参数去除，等等。

④ CAE 工具：可快速全体抽中间面、点焊创建、快速梁单元抽取、细小特征检查、模型合并、干涉检测等。

⑤ 模块联合：可结合 Material Designer 模块，针对蜂窝、点阵、UD 及随机 UD 复合材料、编织复合材料、随机粒子材料等各类异型构件进行快速建模。

⑥ 网格划分：可以使用 SpaceClaim 进行网格划分。

如图 2-17 所示，进入 Workbench 模块，右击【Geometry】，选择【Edit Geometry in SpaceClaim】或者【New SpaceClaim Geometry】打开 SCDM 软件，或者直接在程序中选择

SCDM 软件进行建模或者模型修改，SCDM 支持几乎所有主流的 CAD 格式的导入和导出。

图 2-17　启动 SpaceClaim

SCDM 的主要菜单栏如图 2-18 所示。

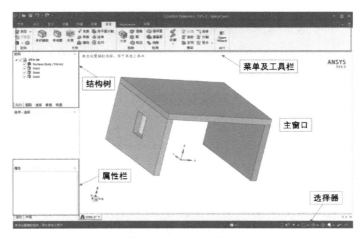

图 2-18　SCDM 界面

【文件】：主要用于打开、保存文件，同时可以对软件进行默认参数设置。

【设计】：用于模型的建模，主要有草图、编辑、创建、主体等功能，SCDM 中主要建模方式为拉动、移动、组合和填充工具，通过这些方式即可方便地对模型进行修改和建立。

【显示】：主要设置图层、模型的显示方式，如透明，半透明等，设置窗口为多个或者单个窗口等。

【测量】：主要用于模型的测量，包括体积、长度，可设置材料。计算模型质量等。

【刻面】：主要用于 3D 打印模型的处理。

【修复】：可进行模型的修复，包括模型的简化、合并模型曲线间隙等功能。

【准备】：包括体积抽取、中间面提取、外壳设置、干涉检查、梁单元的抽取、焊点的创建等功能，是 CAD 模型转化为 CAE 模型的主要准备工作。

【Workbench】：可进行模型简化、共享拓扑、参数关联设置等。

【详细】：主要用于工程图的创建。

> **注**：图 2-18 为中文界面。将界面设置为中文的操作为：在 Workbench 主界面的菜单栏中，依次选择：【Tools】 → 【Options】 → 【Geometry Import】，在 SpaceClaim Preferences 中勾选【Use Workbench Language Settings】，选择中文后重新启动 Workbench，再次打开 SpaceClaim，即可变成中文界面。

2.2.4 SpaceClaim 建模及几何清理实例

2.2.4.1 弹靶模型创建

弹靶模型尺寸为：子弹直径为 20mm，长度为 30mm，靶板长和宽为 100mm，厚度为 10mm。右击【Geometry】，选择【Edit Geometry in SpaceClaim】，进入 SpaceClaim 中进行模型的创建。

① 创建圆柱模型：在菜单栏中，通过草图【圆】，在 XY 面上构建圆的模型，设置圆的直径为 20mm，选择窗口中下方的 返回三维模式，软件自动创建圆面；然后通过菜单栏的【拉动】选项，点击圆面，可拉动圆面，同时可以设置拉伸的长度为 30mm，如图 2-19 所示。

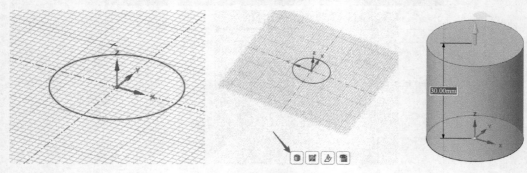

图 2-19　圆柱模型创建

② 创建靶板模型：在菜单栏中，通过草图【矩形】，在圆柱底面上构建矩形模型，矩形长宽为 100mm，圆柱处于中心位置，可以通过草图菜单栏中的尺寸设置对应的尺寸，选择窗口中下方的 返回三维模式，软件自动创建四条曲线；然后通过菜单栏的【填充】，选择四条边，可形成矩形面；再通过【拉动】选项，点击矩形面，在左侧选项中，选择不合并，即不进行布尔运算，拉动高度为 10mm；最后通过菜单栏的【移动】命令，将靶板下移 2mm，如图 2-20 所示。

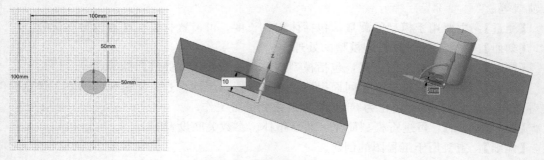

图 2-20　靶板模型创建

2.2.4.2 SpaceClaim 进行几何清理

导入相应的几何文件，如含有多个孔或者倒角的装配体，可以先在主窗口中选择其中一个孔，在左侧模型树中点击【选择】，会出现与孔相关的参数设计，如"孔等于 1.99mm"

"孔小于或等于 1.99mm"，可以对孔径大小进行修改，如图 2-21 所示，如设置"孔小于或等于 3.00mm"，这样就会选中所有孔径小于 3mm 的孔，选中的孔在窗口会高亮显示。勾选【搜索所有主体】，就会针对模型中所有的"Part"进行选择。

选择好对应的孔后，通过【填充】或者【删除】的方式批量去除小特征，或者直接使用快捷键"F"可快速填充。

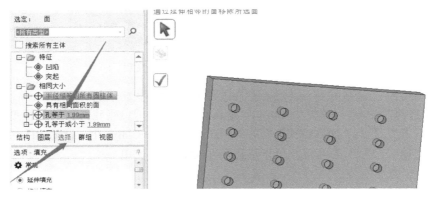

图 2-21　去除小特征

2.2.4.3　SpaceClaim 抽取梁单元及中间面

导入相应的几何文件，点击【准备】→【中间面】，选择板结构的上下面进行抽取中间面的操作，如图 2-22 所示，即可创建 shell 单元，方便针对薄壳单元进行分析。

点击【准备】→【抽取】，选择细长杆件进行抽取梁单元的操作，如图 2-22 所示，即可创建 beam 单元，方便针对细长杆件的分析，如钢筋混凝土中的钢筋、桁架、框架结构等。

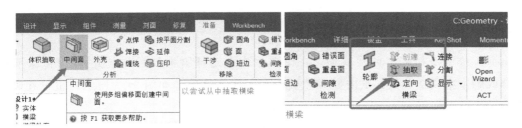

图 2-22　抽取中间面和梁单元

2.2.4.4　SpaceClaim/Material Designer 蜂窝结构构建

Material Designer 是 Workbench 平台中专门针对异型构件进行材料参数设计的模块，如纤维增强、颗粒增强、复合材料、蜂窝材料和点阵材料等。其主要有两个功能：①使用基础材料的已知特性，计算异型构件材料的特性参数；②快速创建异型构件的几何模型。

如针对蜂窝铝材料，通过设计蜂窝铝材料的结构，采用成型的基础铝材料参数，通过设计相应的蜂窝结构，可以得到基于此整体蜂窝微结构的材料参数，如整体蜂窝微结构的弹性模量、泊松比、导热率等。其几何设计与 SpaceClaim 是相关的，可以将设计的异型结构另存成几何格式文件。

在 Workbench 工具栏中，加载 Material Designer 到工作台中，双击【Engineering Data】可以创建和修改基础结构材料。双击【Material Designer】，进入材料设计器中，在顶部的菜单栏中选择蜂窝材料（图 2-23）。根据材料设计器的导航顺序，依次建立蜂窝设计模型。

图 2-23　Material Designer 模块应用

在蜂窝选项中，设置蜂窝材料采用叶形片厚度，叶形片厚度为 0.5mm，侧边长度为 10mm，单元格角度为 60°，厚度为 40mm，重复计数为 5，即可创建蜂窝结构模型，如图 2-24 所示。点击右上方【退出 MD 模式】，可以直接进入 SpaceClaim 中，生成相应的几何模型，并进行相应的抽取中间面的处理，可以供进一步分析计算使用。

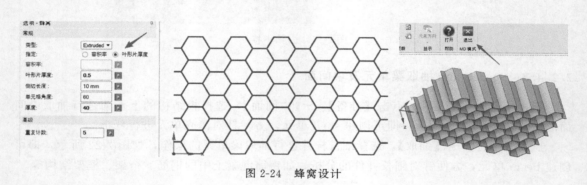

图 2-24　蜂窝设计

2.2.4.5　Python 脚本语言创建模型

SpaceClaim 支持脚本创建模型。在菜单栏中点击【脚本】后，点击●可记录所有操作，修改脚本中模型参数；点击▶可重新生成对应的模型，如图 2-25 所示。也可在脚本编辑器中输入自定义 Python 语句进行直接建模。

例如，建立一个以圆心为（0，0）、半径为 15mm、长度为 30mm 的圆柱体。进入 SpaceClaim 界面中，点击【脚本】并记录，在草图创建圆形，然后通过拉伸草图面，创建圆柱体。

图 2-25　使用 Python 脚本生成的模型

Python 创建模型代码如下，可直接复制在脚本编辑器中，点击 ▶ 即可运行。运行后会自动生成以上模型。

```
# 设置新草绘
result = SketchHelper. StartConstraintSketching()
# EndBlock
# 草绘圆
origin = Point2D. Create(MM(0),MM(0))
result = SketchCircle. Create(origin,MM(15))
baseSel = SelectionPoint. Create(CurvePoint1)
targetSel = SelectionPoint. Create(DatumPoint1)
result = Constraint. CreateCoincident(baseSel,targetSel)
# EndBlockp
# 实体化草绘
mode = InteractionMode. Solid
result = ViewHelper. SetViewMode(mode,Info4)
# EndBlock
# 拉伸 1 个面
selection = Face1
options = ExtrudeFaceOptions()
options. ExtrudeType = ExtrudeType. Add
result = ExtrudeFaces. Execute(selection,MM(30),options,Info5)
# EndBlock
```

2.2.5 外部几何模型导入

ANSYS 支持几乎所有的主流 CAD 格式（如 SolidWorks、UG NX、CATIA 等）文件，并支持各类中间文件（如 stl、sat、xt、stp 等）的导入。选择对应的模块后，右击【Geometry】，选择【Import Geometry】，通过【Browse】找到几何文件即可，如图 2-26 所示。导入完成，右击选择【Edit in DesignModeler Geometry…】，进入 DM 模块中，点击【Generate】生成导入的几何模型，可以在 DM 中进行删除、移动、布尔运算等操作。

图 2-26 外部几何模型导入

还可以将 Workbench 与几何建模软件双向关联。下面以 UG NX 软件为例。首先打开 ANSYS CAD Configuration Manager 2022 R1，关联所需要的 CAD 程序；勾选 NX 软件，勾选 Workbench Associative Interfaced，点击 Next；选择 NX 软件的安装目录，点击 Next；点击 Configure Selected CAD Interfaces，即完成 CAD 软件的关联。再次打开 NX 软件就会多出 ANSYS 模块，可以点击 ANSYS Workbench 启动 Workbench，如图 2-27 所示。通过 CAD 软件的间接启动，可以双向连通 CAD 与 Workbench 中的几何数据，对于几何参数化分析具有较好的帮助。

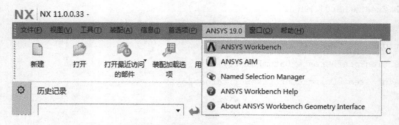

图 2-27　几何建模软件与 Workbench 关联

2.3　材料定义与加载

2.3.1　Engineering Data 模块简介

Engineering Data 模块是 Workbench 平台的通用材料定义模块，允许创建、修改、保存材料，允许从默认的材料库中加载材料，也允许用户自定义材料库等。Engineering Data 界面主要包括菜单栏、工具栏、工作面板、大纲面板、属性面板、表格面板、图面板等，如图 2-28 所示。如果不小心关闭了其中某个面板，可以通过在菜单栏中点击【View】→【Reset Workspace】进行重置。

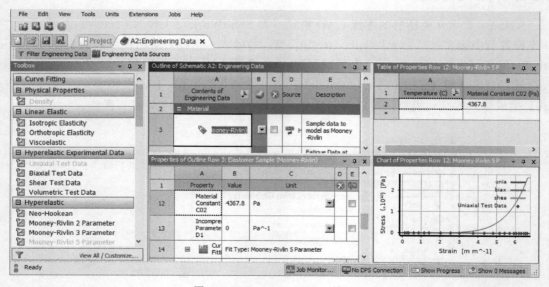

图 2-28　Engineering Data 模块

（1） Workbench 平台创建材料

双击 Engineering Data 模块后进入材料编辑主界面，在空白栏【Click here to add a new material】中输入自定义的材料名称，然后通过左侧的工具栏，双击需要添加的材料参数。

以创建弹塑性模型的 Q235 钢为例，材料名称可以自定义为"Steel-Q235"，在工具栏中依次双击【Density】【Isotropic Elasticity】【Bilinear Isotropic Hardening】，输入密度 Density 为 7850kg/m³，杨氏模量（又称弹性模量）Young's Modulus 为（2E+11）Pa，泊松比 Poisson's Ratio 为 0.3，屈服强度 Yield Strength 为（2.35E+08）Pa，切线模量 Tangent Modulus 为（6.1E+09）Pa，如图 2-29 所示。

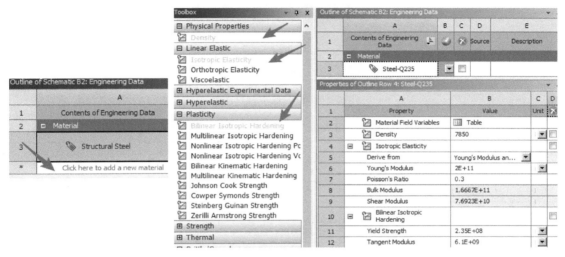

图 2-29 材料参数设计

（2） Workbench 平台加载材料库材料

Engineering Data 中含有多个材料库，如默认有 ANSYS GRANTA Materials Data for Simulation、General Materials、Geomechanical Materials、Additive Manufacturing Materials、Composite Materials、General Non-linear Materials、Explicit Materials 和 Hyper elastic Materials 等材料库，覆盖了静力学、动力学、线性、非线性、超弹性、复合材料等多种材料。

点击菜单栏的【Engineering Data Sources】可以进入材料库，一般 Workbench 根据不同的模块会有对应的材料库，不同的模块材料适用的参数也不一致，如热力学中可能存在导热率、比热容等，电磁方面可能会有电阻、电压、磁通量等。在显式动力学中最为常用的是 Explicit Materials 材料库，此材料库主要是基于 Autodyn 材料库模型，覆盖了主要的显式动力学材料参数。点击【Explicit Materials】，然后选择【Outline of Explicit Materials】下方对应的材料，点击 ，添加材料库中的材料，如图 2-30 所示。再次点击菜单栏上方的【Engineering Data Sources】即可回到材料编辑的主界面中。

通过材料库添加的材料，也可以在主界面中进行修改，如修改数值、添加或者删除材料的参数等。

在 Explicit Materials 材料库中的材料一般都是适用于显式动力学计算的。部分材料参数可能会缺失，需要手动进行添加。对于其他库中的材料，显式动力学会支持部分选项，但是可能会有一些选项被抑制。显式动力学中的材料库所包含的材料如表 2-1 所示。

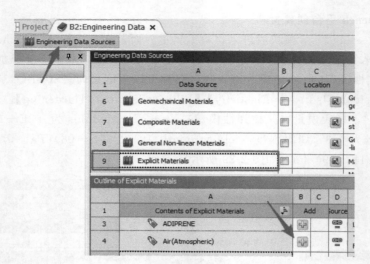

图 2-30　材料库中材料加载

表 2-1　显式动力学材料库中的材料目录

序号	材料	序号	材料	序号	材料
1	ADIPRENE(二烯丙基)	24	BRASS(黄铜)	47	EL-506C(炸药)
2	Air(AtmoSPHeric)(空气)	25	BTF(BTF 炸药)	48	EPOXY RES(环氧树脂)
3	AL 1100-O(纯铝)	26	C4(C4 炸药)	49	EPOXY RES2(环氧树脂)
4	AL 2024(LY12 铝)	27	CADMIUM(镉)	50	EXPLOS. D(炸药)
5	AL 2024-T4(LY12 硬铝)	28	CALCIUM(钙)	51	FEFO(炸药)
6	AL 6061-T6(铝)	29	CART BRASS(外包覆黄铜)	52	FLOATGLASB(浮法玻璃)
7	AL 7039(铝)	30	CHROMIUM(铬)	53	FLOATGLASS(浮法玻璃)
8	AL 7075-T6(铝)	31	COBALT(钴)	54	GERMANIUM(锗)
9	AL 921-T(铝)	32	COMP A-3(炸药 A-3)	55	GOLD(黄金)
10	AL/AP HE(含铝炸药)	33	COMP B(B 炸药)	56	GOLD 5％ CU(金铜合金)
11	AL2024T351(铝)	34	CONC140MPA(高强度混凝土)	57	GOLD2(黄金)
12	AL203-99.5(氧化铝陶瓷)	35	CONC-35MPA(混凝土)	58	H-6(炸药)
13	AL203-99.7(氧化铝陶瓷)	36	CONCRETE-L(贫混凝土)	59	HAFNIUM(铪)
14	AL2O3 CERA(氧化铝陶瓷)	37	COPPER(铜)	60	HAFNIUM-2(铪)
15	AL5083H116(铝)	38	COPPER2(铜)	61	HMX(炸药)
16	ALUMINUM(铝)	39	CU OFHC(无氧铜)	62	HMX-INERT(炸药)
17	ANFO(铵油炸药)	40	CU-OFHC(无氧铜)	63	HMX-TNT(炸药)
18	ANTIMONY(锑)	41	CU-OFHC2(无氧铜)	64	HNS 1.00(炸药)
19	BARIUM(钡)	42	CU-OFHC-F(无氧铜)	65	HNS 1.40(炸药)
20	BERYLLIUM(铍)	43	CYCLOTOL(赛克洛托炸药)	66	HNS 1.65(炸药)
21	BERYLLIUM2(铍)	44	DIPAM(炸药)	67	INCENDPOWD(火药粉)
22	BISMUTH(铋)	45	DU-.75TI (贫铀)	68	INDIUM(铟)
23	BORONCARBI(碳化硼)	46	EL-506A(炸药)	69	IRIDIUM(铱)

序号	材料	序号	材料	序号	材料
70	IRON(铁)	106	OCTOL(炸药)	142	RX-01-AE(炸药)
71	IRON-ARMCO(低碳铁)	107	PALLADIUM(钯)	143	RX-03-BB(炸药)
72	IRON-ARMCO2(低碳铁)	108	PARAFFIN(石蜡)	144	RX-04-DS(炸药)
73	IRON-C. E. (铸铁)	109	PBX-9010(炸药)	145	RX-06-AF(炸药)
74	LEAD(铅)	110	PBX-9011(炸药)	146	RX-08-AC(炸药)
75	LEAD2(铅)	111	PBX-9404-3(炸药)	147	RX-08-BV(炸药)
76	LEAD3(铅)	112	PBX-9407(炸药)	148	RX-08-DR(炸药)
77	LITHIUM(锂)	113	PBX-9501(炸药)	149	RX-08-DW(炸药)
78	LITHIUM F(锂)	114	PBX-9502(炸药)	150	RX-23-AA(炸药)
79	LITH-MAGN(锂)	115	PENTOLITE(炸药)	151	RX-23-AB(炸药)
80	LUCITE(卢塞特树脂)	116	PERICLASE(方镁石)	152	RX-23-AC(炸药)
81	LX-01(炸药)	117	PETN 0.88(炸药)	153	SAND(沙土)
82	LX-04-1(炸药)	118	PETN 1.26(炸药)	154	SEISMOPLAS(炸药)
83	LX-07(炸药)	119	PETN 1.50(炸药)	155	SiC(碳化硅)
84	LX-09-1(炸药)	120	PETN 1.77(炸药)	156	SILVER(银)
85	LX-10-1(炸药)	121	PHENOXY(苯氧基)	157	SILVER2(银)
86	LX-11(炸药)	122	PLAT 20%IR(铂铱合金)	158	SIS2541-3(硫化硅)
87	LX-14-0(炸药)	123	PLATINUM(铂金)	159	SOD. CHLOR. (氯酸钾)
88	LX-17-0(炸药)	124	PLATINUM2(铂金)	160	SODIUM(钠)
89	MAG AZ-31B(镁)	125	PLEXIGLAS(树脂玻璃)	161	SS 21-6-9(钢)
90	MAGNESIUM(镁)	126	POLYCARB(聚碳酸酯)	162	SS 304(304 钢)
91	MAGNESIUM2(镁)	127	POLYETHYL(聚乙烯)	163	SS-304(304 钢)
92	MERCURY(水银)	128	POLYRUBBER(橡胶聚合)	164	STEEL 1006(08F 钢)
93	MOLYBDENUM(钼)	129	POLYRUBBER(橡胶)	165	STEEL 4340(钢)
94	MOLYBDENUM2(钼)	130	POLYSTYREN(聚苯乙烯)	166	STEEL S-7(钢)
95	NEOPRENE(氯丁橡胶)	131	POLYURETH(聚氨酯)	167	STEEL V250(钢)
96	NICKEL(镍)	132	POLYURETH(聚氨酯)	168	STNL. STEEL(不锈钢)
97	NICKEL ALL(镍)	133	POTASSIUM(钾)	169	STRONTIUM(锶)
98	NICKEL2(镍)	134	QUARTZ(石英)	170	SULFUR(硫磺)
99	NICKEL-200(镍)	135	RHA(均质装甲钢)	171	TANT 10% W(钽钨合金)
100	NICKEL3(镍)	136	RHENIUM(铼)	172	TANTALUM(钽)
101	NIOBIUM(铌)	137	RHODIUM(铑)	173	TANTALUM2(钽)
102	NIOBIUM AL(铌)	138	Rubber1(橡胶)	174	TANTALUM3(钽)
103	NIOBIUM2(铌)	139	Rubber2(橡胶)	175	TEFLON(特氟龙)
104	NM(炸药)	140	RUBIDIUM(铷)	176	TEFLONh(特氟龙)
105	NYLON(尼龙)	141	RX-01-AD(炸药)	177	TETRYL(特屈儿炸药)

续表

序号	材料	序号	材料	序号	材料
178	THALLIUM（铊）	190	TUNGSTEN（钨）	202	VANADIUM2（钒）
179	THORIUM（钍）	191	TUNGSTEN2（钨）	203	W 4％NI2％FE（钨镍钢合金）
180	THORIUM2（钍）	192	TUNGSTEN3（钨）	204	WATER（水）
181	TI 6％AL4％V（TC4 钛）	193	U 0.75％TI（铀钛合金）	205	WATER2（水）
182	TIN（锡）	194	U 5％MO（铀钼合金）	206	WATER3（水）
183	TIN2（锡）	195	U 8％NB3％ZR（铀铌锆合金）	207	X-0219（炸药）
184	TITANIUM（钛）	196	U-0.75％TI（铀钛合金）	208	XTX-8003（炸药）
185	TITANIUM2（钛）	197	U3 WT ％ MO（铀钼合金）	209	ZINC（锌）
186	TITANIUM-2（钛）	198	URANIUM（铀）	210	ZIRCONIUM（锆）
187	TNT（TNT 炸药）	199	URANIUM2（铀）	211	ZIRCONIUM2（锆）
188	TNT-2（TNT 炸药）	200	URANIUM3（铀）	212	—
189	TUNG. ALLOY（钨合金）	201	VANADIUM（钒）	213	—

（3）Workbench 平台自建材料库模型

Workbench 平台可以建立自己常用的材料库，方便每次使用时直接调用。在 Engineering Data 材料库中，选择【Engineering Data Sources】，在【Click here to add a new library】处输入自定义的材料库名称，如图 2-31 所示，根据提示，设置保存路径，自动生成.xml 格式的材料库文件。

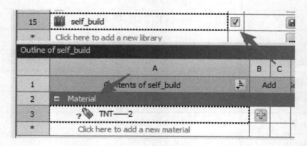

图 2-31　自定义材料库模型

点击自定义的材料库，在【Click here to add a new material】中输入自定义材料的名称，通过添加材料的具体参数，可生成自定义的材料，在右侧的【Description】中添加文献的详细资料作为备注，如文献的链接或者名称等。材料定义完成后，点击 B 列中的方框，退出编辑模式，在弹出的对话框【Modification may have been made to this library】，再次点击【保存】即可。需要加载自定义的材料时，按照其他材料库中的加载方式来操作即可。

（4）Workbench 平台材料模型数据导入

Workbench 平台可批量导入实验测试数据。例如，导入泡沫模型的体积应变和应力的参数，在 Engineering Data 中，新建一个材料，名称为 "foam"，在左侧工具栏中选择材料模型为【Crushable Foam】，在【Maximum Principal Stress Vs Volumetric Strain】中选择【Tabular】，在右上角的【Table of Properties Row】中，右击选择【Import Delimited Data...】，选择合适的材料数据文件（.txt 和.csv 格式），勾选【Import】，可以选择【Variable】和对应的单位制等，点击【OK】即可导入数据，如图 2-32 所示。

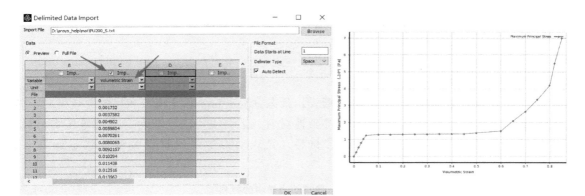

图 2-32　材料数据模型导入

（5）Workbench 平台材料参数拟合

Workbench 平台 Engineering Data 模块可自动针对部分材料参数曲线根据其对应的方程进行参数拟合。以橡胶材料的参数拟合为例，在 Engineering Data 中选择 Hyperelastic Materials 材料库，选择【Elastomer Sample（Mooney-Rivlin）】添加，然后进入材料编辑界面，在左侧工具栏添加【Mooney-Rivlin 5 Parameter】，右击【Curve Fitting】选项选择【Solve Curve Fit】，然后选择【Copy Calculated Values To Property】，即可完成参数的拟合，并将对应的拟合参数自动填充，如图 2-33 所示。此橡胶对应 Mooney-Rivlin 方程的参数为：C10＝－3196.4Pa，C01＝4242.3Pa，C20＝624.13Pa，C11＝－2632.5Pa，C01＝4367.8Pa。

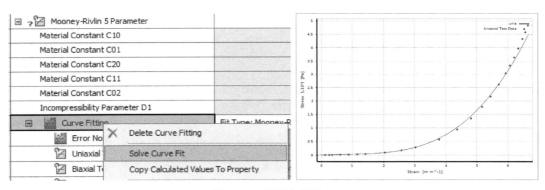

图 2-33　材料参数拟合

2.3.2　显式动力学材料基础

显式动力学中的材料参数比较复杂。通常，显式模拟需要对以下现象进行建模：
① 材料非线性压力响应；
② 应变硬化；
③ 应变率硬化；
④ 压力硬化；
⑤ 热软化；

⑥ 压实（如多孔材料）；

⑦ 各向异性的响应（如复合材料）；

⑧ 破坏（如陶瓷、玻璃、混凝土）；

⑨ 化学能沉积（如爆炸物）；

⑩ 拉伸失效；

⑪ 相变（如炸药爆炸）。

显式动力学中描述材料主要有三种形式：状态方程、材料强化模型和材料失效模型。显式动力学中的材料非常丰富，包括金属等延性材料、混凝土等脆性材料、土壤等压实材料、橡胶等超弹性材料以及各向异性的复合材料。显式动力学中的材料类型及状态如表 2-2 所示。

表 2-2　显式动力学中的材料

材料类型	材料的状态
金属	Elasticity（弹性） Shock Effects（冲击效应） Plasticity（塑性） Isotropic Strain Hardening（各向同性的应变强化） Kinematic Strain Hardening（运动应变硬化） Isotropic Strain Rate Hardening（各向同性应变率强化） Isotropic Thermal Softening（各向同性热软化） Ductile Fracture（韧性断裂） Brittle Fracture（Fracture Energy based）（脆性断裂，基于破坏能量） Dynamic Failure（Spall）（动力学失效）
混凝土/岩石	Elasticity（弹性） Shock Effects（冲击效应） Porous Compaction（多孔压实） Plasticity（塑性） Strain Hardening（应变强化） Strain Rate Hardening in Compression（压缩应变率强化） Strain Rate Hardening in Tension（拉伸应变率强化） Pressure Dependent Plasticity（依赖压力的塑性） Lode Angle Dependent Plasticity（依赖角度的塑性） Shear Damage/Fracture（剪切破坏/断裂） Tensile Damage/Fracture（拉伸破坏/断裂）
固体/沙子	Elasticity（弹性） Shock Effects（冲击效应） Porous Compaction（多孔压实） Plasticity（塑性） Pressure Dependent Plasticity（依赖压力的塑性） Shear Damage/Fracture（剪切破坏/断裂） Tensile Damage/Fracture（拉伸破坏/断裂）
橡胶/聚合物	Elasticity（弹性） Viscoelasticity（黏性） Hyperelasticity（超弹性）
各向异性材料	Orthotropic Elasticity（各向异性的弹性材料）

2.3.3　显式动力学材料模型

2.3.3.1　显式动力学材料平衡状态区域图

承受碰撞、高应变率变形、能量输入或其他约束的物体在其整个容积范围内，其材料的热力学状态将会发生很大的变化，在任意时刻都可能处于固态、液态、气态甚至是气液混合状态。在爆炸与冲击显式动力学研究中，一般仅研究压缩阶段的状态方程，很少考虑密度小于常态时材料的性能。

理想状态方程包括平衡状态图的所有区域（图 2-34），具体有：

① 固体区域；

② 包含固液的多形态区域；

③ 附有固体变为液体的熔化轨迹数据的液态区域；

④ 定义了饱和线的液-气两态混合区域；

⑤ 高温和高膨胀的气体区域。

两相状态应包括高温和正压力下的液-气区域和气穴状态，气穴状态是指当压力低于某一基准状态并且温度较低时，液体中会形成气泡。很明显，确定某一单一的解析式来包容所有这些差异很大的状态区间是不可能的。过去的许多方法提供的解析式只是在内能和体积（e，V）这一有限区间内有效。

因为在流体程序中早期考虑的许多问题是因强动力碰撞（或冲击）而变形的材料问题，所以早期状态方程的形式集中于材料可达到的状态范围或其附近范围的材料性能（假设材料是从初始状态被冲击）。从某一初始状态（p_0，V_0）开始冲击材料，在所有可达到的状态的压力/体积（p，V）图上的轨线称作冲击 Hugoniot 曲线，如图 2-34 所示。

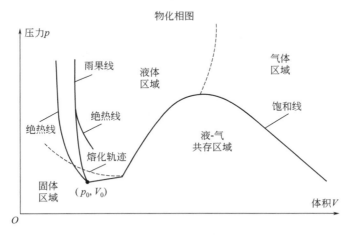

图 2-34　Hugoniot 和绝热相图

2.3.3.2　状态方程

状态方程（Equation of State）描述材料压力、密度以及能量的变化情况。一般的材料模型是将应力与变形和内部能量（或温度）相关联的方程。在大多数情况下，应力张量可以分为均匀的静水压力（所有三个正应力相等）和与材料抗剪切变形相关的应力偏量张量。静水压力、局部密度（或比容）和局部比能（或温度）之间的关系就称为状态方程。状态方程可由材料的热力学性质来确定。理论上讲，建立此方程不需要动力学数据。但实际上，获得高应变率下此材料性能数据的唯一有效途径就是做动力学实验。

胡克定律是状态方程的最简单形式，当使用线性弹性材料属性时，一般可以采用 Bulk Modulus。胡克定律是独立于能量的，一般在模拟的材料经历相对较小的体积变化（小于约 2%）时有效。如果材料预测在分析过程中体积变化较大，则应使用不同的状态方程。在研究可用的各种状态方程之前，需要理解其参数背后的一些基础物理意义。

Explicit Dynamics 中支持的常用状态方程有理想气体状态方程 Ideal Gas EOS、体积模量 Bulk Modulus、剪切模量 Shear Modulus、多项式状态方程 Polynomia EOS、线性冲击状态方程 Shock EOS Linear、双线性冲击状态方程 Shock EOS Bilinear、炸药 JWL 状态方程 Explosive JWL、线性压缩状态方程 Compation EOS Linear、多孔材料状态方程 P-alpha EOS 等。

Autodyn 支持所有的 Explicit Dynamics 状态方程，此外还支持 Tillotson、Puff、Two Phase、Lee-Tarver、Powder Burn、Porous、Ortho 等多种状态方程。

目前 Workbench LS-DYNA 中支持的状态方程较少，还在持续开发中。ANSYS 2022 R1 版本主要支持 *EOS _ LINER _ POLYNOMIAL、*EOS _ JWL、*EOS _ GRUNEISEN、*EOS _ TABULATED、*EOS _ IDEAL _ GAS 等状态方程。

针对稀有气体，在 Explicit Dynamics 或者 Autodyn 中一般采用 Ideal Gas EOS，在 LS-DYNA 中一般采用 *EOS _ LINER _ POLYNOMIAL、*EOS _ GRUNEISEN 或者 *EOS _ IDEAL _ GAS。

对于非多孔介质的冲击，在 Explicit Dynamics 或者 Autodyn 中，压缩量小一般采用 Linear 状态方程，压缩量大一般采用 Shock、Tillotson、Puff 等状态方程；在 LS-DYNA 中，较小的压缩量可以直接使用线弹性模型，压缩量大可以通过 *EOS _ GRUNEISEN 来定义。

对于多孔材料，在 Explicit Dynamics 或者 Autodyn 中，压缩量小一般采用 Linear 状态方程，压缩量大一般采用 Porous、Compation 或者 P-alpha 状态方程。

对于炸药材料，一般采用 JWL 或者 JWL Miller 状态方程。

对于冲击起爆模型，一般采用 Lee-Tarver 状态方程。

对于爆燃、火药燃烧、含能反应材料等，一般采用 Powder Burn 状态方程。

对于各向异性材料，一般采用 Ortho 状态方程。

(1) 理想气体状态方程

状态方程最简单的一种形式是对理想多方气体而言的，该方程在模拟气体运动中的应用很多。这可从波义耳（Boyle）和吕萨克（Gay-Lussac）定律推导出来，表示如下：

$$pV = RT \tag{2-11}$$

式中，R 可由通用气体常数 R_0 除以要研究气体的摩尔质量来得到，即 $R = R_0/M$。

理想气体的内能仅是温度的函数，并且若气体状态满足多方指数函数，则内能简单地正比于温度，可写成

$$e = c_v T \tag{2-12}$$

式中，常数 c_v 是质量定容热容。这就引出了熵的状态方程：

$$pV^\gamma = f(S) \tag{2-13}$$

式中，S 是比熵；绝热指数 γ 是一个常数（等于 $1+R/c_v$）。因为在绝热线上熵是常量，从而具备均匀初始条件的气体状态方程可写为

$$pV^\gamma = 常数 \tag{2-14}$$

将压力与能量联系起来，可得

$$p = (\gamma - 1)\rho e \tag{2-15}$$

（2）线性状态方程

理想气体方程已表明 p 是比容 V 和比熵 S 的函数。在很多情况下，尤其当材料是固体或液体时，熵的变化带来的影响很小或者可以忽略，因此可认为 p 只是密度（或比容）的函数。另一种方法是考虑初始弹性性能，以虎克定律的近似式表示为

$$p = K\mu \tag{2-16}$$

这种形式的状态方程只对相当小的压缩适用；如果发生大的压缩，则不应该用这种形式的状态方程。在实际的模拟中，用户需输入参考密度（ρ_0）和材料体积模量 K。

（3）Mie-Gruneisen 状态方程

Mie-Gruneisen 状态方程是由热力学与统计力学方法得到的，可以很好地描述绝大多数金属固体在冲击载荷作用下的热力学行为。

如果压力用能量和比容表示为

$$p = f(e, V) \tag{2-17}$$

那么压力变化 $\mathrm{d}p$ 可写为

$$\mathrm{d}p = \left(\frac{\partial p}{\partial V}\right)_e \mathrm{d}V + \left(\frac{\partial p}{\partial e}\right)_V \mathrm{d}e \tag{2-18}$$

对式（2-18）积分，使压力可用与其有关的比容 V 和能量 e 来表示，V 和 e 的起始值为 V_0 和 e_0：

$$\int_{p_0}^{n} \mathrm{d}p = \int_{V_0, e_0}^{V, e} \left(\frac{\partial p}{\partial V}\right)_e \mathrm{d}V + \int_{e_0, V_0}^{e, V} \left(\frac{\partial p}{\partial e}\right)_V \mathrm{d}e \tag{2-19}$$

式（2-19）可沿任意路径积分，比较方便的方案是，首先沿等能量线从 V_0 到 V 积分，再沿等容线从 e_0 到 e 积分，得到

$$P = P_0 + \int_{V_0, e_0}^{V, e_0} \left(\frac{\partial p}{\partial V}\right)_e \mathrm{d}V + \int_{e_0, V}^{e, V} \left(\frac{\partial p}{\partial e}\right)_V \mathrm{d}e \tag{2-20}$$

定义 $\Gamma = V\left(\frac{\partial p}{\partial e}\right)$，若假设 Γ 仅为密度（或比容）的函数，那么可求得式（2-20）的第二项积分为

$$\int_{e_0, V}^{e, V} \left(\frac{\partial p}{\partial e}\right)_V \mathrm{d}e = \frac{\Gamma(V)}{V}(e - e_0) \tag{2-21}$$

式（2-20）的第一项积分只是容积和参考能量 e_0 的函数。如果参考状态用符号 e_r 表示，则式（2-20）以及式（2-21）变为

$$p = p_r(V) + \frac{\Gamma(V)}{V}[e - e_r(V)] \tag{2-22}$$

因为：

$$\int_{V_0,e_0}^{V,e_0} \left(\frac{\partial p}{\partial V}\right)_e \mathrm{d}V = p_{\mathrm{r}}(V) - p_0 \tag{2-23}$$

式（2-22）通常称作 Mie-Gruneisen 状态方程。这种形式的方程，当 V 为常数时，p 随 e 线性变化，因此可直接求得 p 或 e。

函数 $p_{\mathrm{r}}(V)$、$e_{\mathrm{r}}(V)$ 在某参考曲线上假设为 V 的已知函数。可能的参考曲线包括：

① 冲击 Hugoniot 曲线；

② 标准绝热线，如通过初始状态（p_0，V_0）的绝热线，或者在高能炸药情况下的 Chapman-Jouget 绝热线（q，V）；

③ 0 时 K 等温线；

④ 等压线 $p=0$；

⑤ 饱和曲线。

为了完整地覆盖 V 的研究区间，由上述一条或多条曲线组成的复合曲线使用这种形式的方程和不同的参考曲线会导出几种派生形式的状态方程，下面将对其中的一些加以描述。

（4）多项式状态方程

这是 Mie _ Gruneisen 状态方程的一般形式，对压缩和拉伸状态有不同的解析形式。Autodyn 中提示用户输入几个参数：参考密度（ρ_0）和常数 A_1、A_2、A_3、B_0、B_1、T_1 以及 T_2。若输入 T_1 为 0，程序将重新令 $T_1=A_1$。这种形式状态方程将压力定义如下：

$\mu>0$（压缩）：

$$p=A_1\mu+A_2\mu^2+A_3\mu^3+(B_0+B_1\mu)\rho_0 e \tag{2-24}$$

$\mu<0$（拉伸）：

$$p=T_1\mu+T_2\mu^2+B_0\rho_0 e \tag{2-25}$$

如果 A_3 恒等于零，那么压缩阶段的这种形式状态方程被称作简单二维状态方程，在过去它一直有着广泛的应用。注意到此参考曲线为 $e=0$，在这条线上：

$$p_{\mathrm{r}}=A_1\mu+A_2\mu^2+A_3\mu^3 \quad (\mu>0)$$
$$p_{\mathrm{r}}=T_1\mu+T_2\mu \quad (\mu<0) \tag{2-26}$$

其中，

$$\mu=\frac{\rho}{\rho_0}-1 \tag{2-27}$$

但是重新定义系数 A_i，$i=1$，2，3，参考曲线可被重新确定为上面提及的可能的派生曲线之一，如对于压缩范围 $\mu>0$ 的冲击 Hugoniot 曲线和从冲击到膨胀阶段 $\mu<0$ 的某条外推曲线。

方程的有效程度取决于用不超过三项 μ 的简单多项式来表示在 $e=0$（或其他参考曲线）上压力变化的能力。只要密度变化范围（从而 μ 的范围）不太大，这就可能是正确的。式（2-24）可写为

$$\Gamma(V)=\frac{B_0+B_1\mu}{1+\mu} \tag{2-28}$$

这就使得 Mie-Gruneisen 参数的一些有用的派生公式可写作：

① 若 $B_0=\mathrm{B}_1$，则

$$\Gamma=B_0=常数 \tag{2-29}$$

② 若 $B_1=0$，则

$$\Gamma = B_0/(1+\mu) \tag{2-30}$$

$$\Gamma/V = B_0/V_0 = 常数 \tag{2-31}$$

③ 若 $B_0 \neq B_1 \neq 0$，则

$$\Gamma = B_0 + (B_1 - B_0)(V_0 - V)/V_0 \tag{2-32}$$

即 Γ 线性于 V_0。

（5）Shock 状态方程

冲击跃变条件下的 Rankine-Hugoniot 方程被认为是在变量 ρ、p、e、u_p 和 U 的任一对之间确定了一个关系式。很多测量 u_p 和 U 的动力实验已经指出，在很宽的压力范围内，多数固体和许多液体的这两个变量间存在一个经验线性关系式，即

$$U = C_0 + Su_p \tag{2-33}$$

这样，就可方便地建立基于冲击 Hugoniot 的 Mie-Gruneisen 形式状态方程，即

$$p = p_H + \Gamma_\rho(e - e_H) \tag{2-34}$$

其中，假设 $\Gamma_\rho = \Gamma_0\rho_0 =$ 常数，以及

$$p_H = \frac{\rho_0 C_0^2 \mu(1+\mu)}{[1-(S-1)\mu]^2} \tag{2-35}$$

$$e_H = \frac{1}{2} \times \frac{p_H}{\rho_0}\left(\frac{\mu}{1+\mu}\right) \tag{2-36}$$

注意到若压力趋向无穷，对于 $S > 1$，式（2-35）给出了压缩的一个极限值。式（2-35）分母变为零，压力因此而变为无穷大，因为

$$1-(S-1)\mu = 0 \tag{2-37}$$

使密度 $\rho = S\rho_0(S-1)$ 达到最大值。但早在此状态到来之前，Γ_ρ 为常数的假设可能已经无效了，而且冲击速度 U 和质点速度 u_p 之间线性变化的假设不适用于太大的压缩。在高冲击强度，尤其对于非金属物质，式（2-35）中某些非线性是很明显的。在 Explicit Dynamics 中，为了满足这种非线性，输入要求确定冲击速度-质点速度之间的两个线性拟合，一个适用于定义 $v < v_E$ 的低冲击压缩，一个适用于定义 $v > v_B$ 的高冲击压缩。v_E 和 v_B 之间的区域通过在两个线性关系式间平滑插值来确定，如图 2-35 所示。

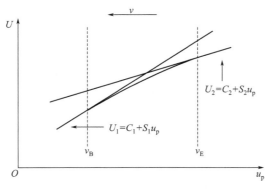

图 2-35　两个线性关系式间平滑插值图

程序通常提示用户输入下列参数值：C_1、C_2、S_1、S_2、v_E、v_B、Γ_0 和 ρ_0，且有

$$U_1 = C_1 + S_1 U_P$$

$$U_2 = C_2 + S_2 U_P$$

$$U = U_1 \quad (v \geqslant v_B)$$

$$U = U_2 \quad (v \leqslant v_E) \tag{2-38}$$

$$U = U_1 + \frac{(U_2 - U_1)(v - v_B)}{v_E - v_B} \quad (v_E < v < v_B)$$

这种形式状态方程适用于大多数材料。此状态方程的数据可在各种文献和 Autodyn 的材料库中得到。

(6) P-alpha 模型

对于多孔及疏松介质，尽管前面的模型对于低应力和低材料给出了良好的结果，但是人们还是非常希望得到一个简单的多孔材料模型公式，对于较宽的应力范围和多孔材料都能给出较好的模拟。

这一模型由 Herrmann （1960） 得到，并在多种数值模拟软件中得以应用。Herrmann 的 P-alpha 模型是一个现象学方法，他设计了这样一个模型：在高应力时能给出正确的性能，但同时它又提供了低应力压实过程的相当详细的描述。其主要假设为：在同样的压力和温度条件下，对于一种多孔材料和在固体密度下的此材料，二者的比内能相同。于是引入参数 α 来表示孔隙度

$$\alpha = \frac{V}{V_s} \tag{2-39}$$

式中，V 为多孔材料的比容；V_s 为在同样的压力和温度下材料在固体状态的比容（注意：V_s 只在零压力时等于 $1/\rho_{ref}$）。

当材料压实成固体时，α 变为 1。如果此固体材料的状态方程（忽略剪切强度影响）表示为

$$p = f(V, e) \tag{2-40}$$

那么多孔材料的状态方程为

$$p = f\left(\frac{V}{\alpha}, e\right) \tag{2-41}$$

式（2-40）和式（2-41）中的 $f(x, y)$ 是同样的函数。这个函数可以是描述材料压缩状态的任何一个状态方程，即线性、多项式和冲击，但不是描述膨胀状态的那些状态方程。

为了完善材料的描述，孔隙度 α 必须要被规定成材料热动力状态的函数，假设：

$$\alpha = g(p, e) \tag{2-42}$$

通常没有足够的数据来完全确定函数 $g(p, e)$，但幸运的是，多数所研究的材料都涉及多孔材料的冲击压实，也就是说，所研究的区域位于或靠近 Hugoniot 曲线。在 Hugoniot 曲线上，压力和内能通过 Rankine-Hugoniot 条件联系起来，于是沿着 Hugoniot 曲线，式（2-42）可表示为

$$\alpha = g(p) \tag{2-43}$$

随隐含的能量的变化，假设式（2-42）在 Hugoniot 曲线附近依然有效，从而暗中假设了在从 Hugoniot 曲线外推微小距离过程中压实强度不受温度微小变化的影响。

压实多孔材料的一般性质前面已经讲过，建立 P-alpha 模型以重视这一性质。图 2-36 说明了 P-alpha 变化形成了这一性质曲线。材料弹性屈服到压力为 p_e，接下来的屈服是塑性

的，直到压力为 p_s 时材料被完全压实。正如前所述，在塑性载荷曲线范围内，中间的卸载和重新加载是弹性的。

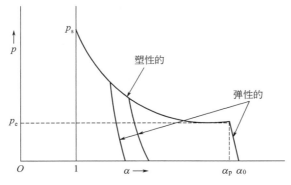

图 2-36 脆性多孔材料的压实过程

（7）JWL 状态方程

JWL 状态方程是描述炸药爆轰产物做功能力的一种不显含化学反应的形式，在炸药爆轰及爆炸驱动的数值模拟中广为采用。1956 年，美国 Lawrence Livermore 实验室的 Lee 等人在 Jones 和 Wilkins 的工作基础上提出了 JWL 等熵方程：

$$p_s = A\,\mathrm{e}^{-R_1 V} + B\,\mathrm{e}^{-R_2 V} + \frac{C}{\overline{V}^{1+\omega}} \tag{2-44}$$

式中，$\overline{V} = \dfrac{V}{V_0} = \dfrac{\rho}{\rho_0}$。

根据等熵微分方程 $\mathrm{d}E_s = -p_s \mathrm{d}\overline{V}$ 将其积分，可以得到能量沿等熵线的变化，描述如下：

$$E_s = \frac{A}{R_1}\mathrm{e}^{-R_1 V} + \frac{B}{R_2}\mathrm{e}^{-R_2 V} + \frac{C}{\omega \overline{V}^\omega} \tag{2-45}$$

使用 Mie-Gruneisen 状态方程描述气体的一般运动，有

$$p(\overline{V}, E) = p_s(\overline{V}) + \frac{\Gamma}{\overline{V}}(E - E_s) \tag{2-46}$$

综上，令 $\Gamma = \omega$，得到 JWL 方程的一般压力形式为

$$p = A\left(1 - \frac{\omega}{R_1 \overline{V}}\right)\mathrm{e}^{-R_1 V} + B\left(1 - \frac{\omega}{R_2 \overline{V}}\right)\mathrm{e}^{-R_2 V} + \frac{\omega E}{\overline{V}} \tag{2-47}$$

式中，$E = \rho_0 \mathrm{e}$ 为单位初始体积的内能；A、B、R_1、R_2、ω 是由实验确定的常数。

2.3.3.3 材料强化模型（Material Strength Model）

固体材料最初可能会弹性回应，但在高动态载荷下，它们会超过其屈服应力并发生塑性变形的应力状态。材料强度法则描述了这种非线性弹塑性响应。

（1）弹性模型

理想弹性材料中，应力和应变满足线性关系，即服从广义胡克定律。应变率和应力增量之间的关系为

$$\dot{\sigma}_i = \lambda\left(\frac{\dot{V}}{V}\right) + 2G\dot{\varepsilon}_i \quad (i = 1, 2, 3) \tag{2-48}$$

式中，λ 为拉梅常数；G 为剪切模量。

表 2-3 为材料在弹性状态下，各力学参数的换算关系。

表 2-3　材料力学参数换算关系

力学参数	剪切模量 G	弹性模量 E	泊松比 u	体积模量 K
剪切模量 弹性模量			$\dfrac{E-2G}{2G}$	$\dfrac{GE}{3(3G-E)}$
剪切模量 泊松比	—	$2G(1+u)$	—	$\dfrac{2G(1+u)}{3(1-2u)}$
剪切模量 体积模量	—	$\dfrac{9KG}{3K+G}$	$\dfrac{3K-2G}{2(3K+G)}$	—
弹性模量 泊松比	$\dfrac{E}{2(1+u)}$	—		$\dfrac{E}{3(1-2u)}$
弹性模量 体积模量	$\dfrac{3EK}{9K-E}$	—	$\dfrac{3K-E}{6K}$	—
泊松比 体积模量	$\dfrac{3K(1-2u)}{2(1+u)}$	$3K(1-2u)$		—

（2）弹塑性模型

弹性变形的概念是：若对材料加载然后卸载，能够收回全部变形能，材料恢复到初始状态。但是实际上，材料不能承受任意大的剪切应力。因此，如果变形太大，材料就会达到它的弹性极限，开始塑性变形。如果随后对材料卸载，只能收回部分弹性变形能并且材料中产生了永久塑性应变。一般选用 Von Mises 屈服准则来描述弹性极限和向塑性流动的转变。这是一个使用起来简单而且方便的准则，它确定了一个光滑的连续屈服表面，在高应力情况下能给出良好的近似。此准则表明：给定主应力 σ_1、σ_2 和 σ_3，局部屈服条件是

$$(\sigma_1-\sigma_2)^2+(\sigma_2-\sigma_3)^2+(\sigma_3-\sigma_1)^2=2Y^2 \tag{2-49}$$

式中，Y 为单向拉伸的屈服强度。

式（2-49）也可写为

$$(s_1-s_2)^2+(s_2-s_3)^2+(s_3-s_1)^2=2Y^2 \tag{2-50}$$

由 $s_1+s_2+s_3=0$ 可简化为

$$s_1^2+s_2^2+s_3^2=\frac{2Y^2}{3} \tag{2-51}$$

因此，屈服（即塑性流动）开始只是偏应力（变形）的函数，而不依赖于局部流体静压的值，除非 Y 本身是压力的函数。

（3）Johnson-Cook 模型

Johnson-Cook（简称 JC）本构关系模型是为了模拟承受大应变、高应变率的材料的强度性能。这些性能可能会出现在由于高速碰撞和炸药爆轰引起的强烈冲击载荷问题中。此模型定义屈服应力为

$$\sigma_{\mathrm{Y}}=(A+B\varepsilon^n)(1+C\ln\dot{\varepsilon}^{\,*})(1-T^{*m}) \tag{2-52}$$

$$T^*=\frac{T-T_{\mathrm{r}}}{T_{\mathrm{m}}-T_{\mathrm{r}}} \tag{2-53}$$

式中，ε 为有效塑性应变；$\dot{\varepsilon}^{*}=\dot{\varepsilon}/\dot{\varepsilon}_{0}$ 为无量纲应变率（$\dot{\varepsilon}=1/s$ 为参考应变率）；T_{r} 为参考温度；T_{m} 为材料熔点；A、B、n、C、m 为材料常数；T^{*} 为相似温度。

常数 A 是低应变下的基本屈服应力，而 B 和 n 表示应变硬化效应。式（2-52）第二个括号和第三个括号内的项分别表示应变率效应和温度效应。尤其是第三个括号的热软化效应，当 T 为熔化温度 T_{m} 时，屈服应力降为零。Johnson 和 Cook 通过在一定范围内的动力霍普金森压杆拉伸试验及其他实验，经验性地得到这些式子中的常数，并通过金属圆柱撞击刚性金属靶的 Taylor 实验的计算结果来进行检验，此金属靶提供的应变率超过 $10^{5}\,s^{-1}$。

（4）Steinberg-Guinan 模型

Steinberg-Guinan 也是爆炸冲击数值模拟中比较常用的一种材料本构模型。其基本假定：虽然屈服应力开始随着应变率增加，但冲击引起的自由面速度随时间变化的实验数据表明，在高应变率（大于 $10^{5}\,s^{-1}$）时，与其他影响相比，应变率的影响变得很微小；屈服应力达到最大值时，已与应变率无关了。研究人员还假设剪切模量随压力增大而增大，随温度增加而减小。为了做到这一点，他们试图将 Bauschinger 效应的模型加入到计算中（Bauschinger 效应是指，弹塑性材料应力卸载然后反向加载的性能，与材料被应力加载时的性能不同）。

基于以上假设对一些金属建立表达式，使剪切模量和屈服强度成为有效塑性应变、应力以及内能（温度）和常数的函数。同时应用这个模型，数值计算已成功地再现了一些冲击波实验测量到的应力和自由表面速度随时间变化的性能。

高应变率的剪切模量 G 和屈服应力 σ 的本构关系为

$$G=G_{0}\left[1+\left(\frac{G_{p}'}{G_{0}}\right)\frac{p}{\eta^{1/3}}+\left(\frac{G_{T}'}{G_{0}}\right)(T-300)\right] \tag{2-54}$$

$$\sigma=\sigma_{0}\left[1+\left(\frac{\sigma_{p}'}{\sigma_{0}}\right)\frac{p}{\eta^{1/3}}+\left(\frac{G_{T}'}{G_{0}}\right)(t-300)(1+\beta\varepsilon)^{n}\right] \tag{2-55}$$

且满足 $\sigma_{0}(1+\beta\varepsilon)^{n}\leqslant\sigma_{max}$。

式中，ε 为有效塑性应变；T 为温度，K；η 为压缩系数 $=V_{0}/V$；有下标 p 和 T 的带撇的参数是在参考状态（$T=300K$，$p=0$，$\varepsilon=0$）下这些参数对压力和温度的导数，带下标 0 的参数也指在该参考状态下 G 和 σ 的值。

（5）RHT 模型

RHT 本构模型是由 Riedel 等人提出。RHT 模型的状态方程也将压缩阶段分为 3 个区，即线弹性区、塑性过渡区、完全密实材料区。其塑性过渡阶段采用了描述多孔材料的状态方程 P-alpha 模型；而完全密实材料区采用了描述密实材料的多项式状态方程。该模型有 3 个极限面，如图 2-37 所示。

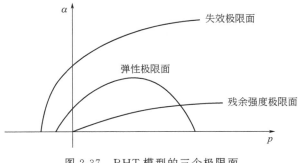

图 2-37　RHT 模型的三个极限面

失效极限面定义为与压力 p、Lode 角 θ、等效应变率 $\dot{\varepsilon}$ 相关的 3 个分函数积：

$$Y_{\mathrm{t}} = Y_{\mathrm{TXC}}(p) R_{\zeta}(\theta) F_{\mathrm{rate}}(\dot{\varepsilon}) \qquad (2\text{-}56)$$

式中，Y_{t} 为失效极限面上的等效强度；$Y_{\mathrm{TXC}}(p)$ 为失效极限面上的压子午线对应的等效强度函数；$R_{\zeta}(\theta)$ 为 Lode 角 θ 的函数；$F_{\mathrm{rate}}(\dot{\varepsilon})$ 为应变率相关函数。

弹性极限面由失效面确定：

$$Y_{\mathrm{et}} = Y_{\mathrm{t}} F_{\varepsilon} F_{\mathrm{CAP}}(p) \qquad (2\text{-}57)$$

式中，Y_{et} 为弹性极限面的等效强度；F_{ε} 为弹性强度与失效强度之比；$F_{\mathrm{CAP}}(p)$ 为弹性极限面盖帽函数，用于限制静水压下的弹性偏应力。

残余强度极限面定义为

$$Y_{\mathrm{t}}^{*} = B p^{*M} \qquad (2\text{-}58)$$

式中，Y_{t}^{*} 为量纲化的残余面强度；B 为残余失效面常数；M 为残余失效面指数。

RHT 本构模型的损伤定义为

$$D_{\mathrm{c}} = \sum \frac{\Delta \varepsilon_p}{\varepsilon_p^f} \qquad (2\text{-}59)$$

式中，$\varepsilon_p^f = D_1 (p^* - p_{\mathrm{spall}}^*)^{D_2} \geqslant \varepsilon_f^{\mathrm{min}}$，$\varepsilon_f^{\mathrm{min}}$ 为最小失效应变，D_1、D_2 为损伤常数；$\Delta \varepsilon_p$ 为等效塑性应变增量。

2.3.3.4 材料失效模型（Material Failure Model）

在极端负载条件下，固体通常会失效，导致材料被压碎或破裂，液体也会失去张力，这种现象通常被称为空化现象。

Explicit Dynamics 中常见的材料失效模型有塑性失效应变【Plastic Strain Failure】、最大主应力失效【Pricipal Stress Failure】、J-C 失效【Johnson Cook Failure】等。失效模型的使用范围见表 2-4。

表 2-4 失效模型的使用范围

使用范围	拉格朗日	ALE	欧拉	Shell
流体动力拉伸极限	√	√	√	×
体积应变	√	√	√	√
方向性失效	√	√	×	×
累积损伤	√	√	√	√

（1）体积失效模型

体积失效模型是以各向同性的方式模拟材料的失效行为，当某些预定变形量达到给定极限值时发生失效。一般包括：流体动力拉伸极限破坏准则、体积应变/极限应变/有效塑性应变等。

（2）方向性失效模型

方向性失效模型可用来模拟与方向有关的失效，在失效发生后，假设被破坏的材料是各向同性的，没有剪切强度，只能承受正的流动压。方向性失效模型可与状态方程和强度模型相结合，一般只适用于拉格朗日网格。一般包括：主应力失效、主应变失效、主应力/应变失效、材料应力失效、材料应变失效、材料应力/应变失效、正交各向异性失效等。

(3) 累积损伤模型

累积损伤模型一般用来描述陶瓷和混凝土材料因压碎而导致强度大幅度减弱的宏观非弹性行为。为模拟逐渐压碎的过程，此模型设计一个损伤因子，通常与材料的变形量有关。这个损伤因子随着计算的进行用来降低弹性模量和材料的屈服强度，这个标准模型中，损伤用参数 D 来表示。对于有效塑性应变小于 EPS1 的所有塑性变形，D 为零；当应变达到 EPS1，损伤参数 D 随着应变线性递增到最大值 D_{max}（<1），此时有效塑性应变为 EPS2。

$$D = D_{max}\left(\frac{\text{EPS}-\text{EPS1}}{\text{EPS2}-\text{EPS1}}\right) \tag{2-60}$$

为了描述材料逐渐压碎的过程，损伤函数被用来描述材料强度降低的过程。材料完全失效后仍保留部分压缩强度，而没有拉伸强度。损伤因子 D 的当前值用于修改材料的体积模量、剪切模量和屈服强度。

① 屈服强度被简化为以下两种情况：

如果流体静压为正，有

$$Y_{dam} = Y(1-D) \tag{2-61}$$

当 D 达到最大值 D_{max} 时，仍保留一定的残余强度。

如果流体静压为负，有

$$Y_{dam} = Y(1-D/D_{max}) \tag{2-62}$$

② 压缩时，体积模量和剪切模量未受到影响，但在拉伸中，当损伤结束时，这些量递减为零。因此，这两个量因系数 $1-D/D_{max}$ 而降低。

2.4　显式动力学网格划分

显式动力学的网格划分对于求解的时间、求解的正确性和求解结果的精度很重要。在 Workbench 平台主要有 4 种网格划分方式：①通用网格划分软件 Mesh 模块；②SpaceClaim 网格划分；③ICEM 模块网格划分；④外部导入网格。

Mesh 模块在一般条件下可以划分出理想的网格，可以结合相应的几何部分优化网格；SpaceClaim 网格划分集成在几何建模中，可以方便修改几何，同时生成网格；ICEM 网格划分集成在 Mesh 模块中，可进行调用；针对更为复杂的模型，一般是通过外部的网格划分软件，如 Hypermesh、ANSA 等，划分好后，通过 K 文件、inp 文件等导入到 Workbench 平台中进行进一步的分析。

如图 2-38 所示，网格按照维度可分为：

零维：节点（质量点）；

一维：线段（梁单元）；

二维：三角形和四边形（壳单元）；

三维：四面体、六面体、棱柱、金字塔（实体单元，金字塔网格过于刚性，一般不采用）。

网格模型的构建过程就是将工作环境下的物体离散成简单网格单元的过程。常用的简单单元包括一维杆元及集中质量元，二维三角形、四边形单元，三维四面体、五面体和六面体

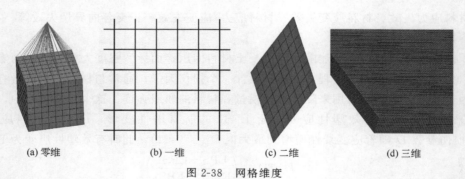

(a) 零维　　　　　　(b) 一维　　　　　　(c) 二维　　　　　　(d) 三维

图 2-38　网格维度

单元。边界形状主要有直线型、曲线型和曲面型。对于边界为曲线（面）型的单元，有限元分析要求各边或面上有若干点，这样既可保证单元的形状，又可提高求解精度、准确性及加快收敛速度。不同维数的同一物体可以剖分为由多种单元混合而成的网格。网格剖分应满足以下要求：

① 合法性。一个单元的节点不能落入其他单元内部，在单元边界上的节点均应作为单元的节点，不可丢弃。

② 相容性。单元必须落在待分区域内部，不能落入外部，且单元并集等于待分区域。

③ 逼近精确性。待分区域的顶点（包括特殊点）必须是单元的节点，待分区域的边界（包括特殊边及面）被单元边界所逼近。

④ 维度尽量简单。根据模拟问题的性质，能够简化为二维网格模型计算的问题，不建议采用三维网络模型。

⑤ 良好的单元形状。单元最佳形状是正多边形或正多面体。

⑥ 良好的剖分过渡性。单元之间过渡应相对平稳，否则将影响计算结果的准确性，甚至使计算无法进行。

⑦ 网格剖分的自适应性。在几何尖角处、应力温度等变化大处，网格应密集，其他部位网格应较稀疏，这样可保证计算解精确可靠。

2.4.1　Mesh 模块网格划分

Mesh 模块是 ANSYS Workbench 的一个单独组件，也会封装在各个计算模块中，它集成了 ICEM、TGrid、CFX-Mesh、Gambit 等多种网格划分功能，具有较强的网格前处理功能，能够根据不同的物理场进行网格的划分。

2.4.1.1　Mesh 模块中的主体设置

Mesh 模块中的主体设置一般采用自动的参数即可，一般条件下，无需修改。这里只做简要的介绍，详细的功能描述可以参考相应的使用手册。

Details of "Mesh"	
□ **Display**	
Display Style	Body Color
□ **Defaults**	
Physics Preference	Explicit
Element Order	Linear

图 2-39　Default 中的设置

（1）Defauts 的设置

Defauts 主要包括有两个选项：物理条件【Physics Preference】和单元阶次【Element Order】，如图 2-39 所示。

①【Physics Preference】：设置网格类型，主要包括有 Explicit、Mechanical 等网格类型。一般

对于显式动力学来说，默认采用 Explicit 网格类型。

②【Element Order】：允许使用中间节点（二次单元）和没有中间节点（线性单元）的方式创建网格。减少中间节点的数量会减少自由度的数量。其选项主要有 Linear 和 Quadratic，如图 2-40 所示。

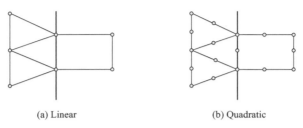

(a) Linear   (b) Quadratic

图 2-40　单元的阶次

a. Linear：线性选项移除所有单元上的中间节点。

b. Quadratic：二次选项在部件或主体中创建的单元保留中间节点。

如果【Element Order】设置为【Quadratic】，则中间节点将放置在几何体上，以便网格单元正确捕捉几何体的形状。但是，如果中间节点的位置影响网格质量，则可以放宽中间节点以改善单元形状。因此，一些中间节点可能不精确地跟随几何形状。

（2）Sizing 的设置

Sizing 主要用于设置网格的大小、控制网格的平滑和过渡等，主要包括【Size Function】、【Refevance Center】、【Element Size】等选项。Sizing 中选项众多，这里只做一些简单常用功能的介绍。

①【Size Function】：主要控制网格尺寸的大小。包括以下内容：

a. Adaptive：无高级尺寸功能时，根据已经定义的单元尺寸对边划分网格。根据曲率和相邻细化，对缺陷和收缩控制进行调整，然后通过面和体网格进行划分。

b. Curvature：边和面的尺寸由曲率法向角度决定，默认为 18°，良好的法向角度会获得优质的面网格，单元过渡尺寸由增长率控制。

c. Proximity：用来控制相邻区域的网格生成，指定狭长缝隙的单元数量，默认为 3，单元过渡尺寸由增长率控制。

d. Proximity and Curvature：整合曲率 Curvature 和相邻 Proximity 的特点。

e. Uniform：采用固定的单元大小和划分网格，不考虑曲率 Curvature 和相邻 Proximity 的特点，根据最大面单元和最大单元尺寸生成面网格和体网格，单元过渡尺寸由增长率控制。

②【Relevance Center】：主要控制网格密度，提供三种度量标准：精细 Fine、中等 Medium、粗糙 Coarse。网格密度随设置由细到粗变化。只适用于尺寸函数【Sizing Function】为 Adaptive 的情况。

③【Element Size】：用于设置整个模型使用的单元尺寸，这个尺寸将应用到所有的边、面和体的划分。只适用于尺寸函数【Sizing Function】为 Adaptive 的情况。

④【Min Size】、【Max Face Size】、【Max Size】：最小和最大尺寸，当设置尺寸功能为 Curvature、Proximity、Proximity and Curvature 时可以设置。最小尺寸单元依赖于边的长度，因此能够小于定义值，最大尺寸通过体网格内部生长。

⑤【Transition】：过渡控制邻近单元增长比，只适用于尺寸函数【Sizing Function】为 Adaptive 的情况。有下面两个选项：

a. slow：产生光滑的网格过渡，一般适用于显式动力学分析。

b. fast：产生突变的网格过渡，不适用于显式动力学分析。

⑥【Span Angle Center】：跨度中心角。设定基于边的细化的曲度，目标网格在弯曲区域细分，直到单独单元跨过这个角。有下面几种选项：

a. 粗糙（Course）：60°～91°。

b. 中等（Medium）：24°～75°。

c. 细化（Fine）：12°～36°。

2.4.1.2　Quality 设置

Quality 用于设置网格的质量和查看网格质量大小的选项，包括【Check Mesh Quility】、【Targe Quality】、【Smoothing】和【Mesh Metic】设置。

（1）【Check Mesh Quality】

检查单元质量，主要选项有 No、Yes、Errors、Erros and Warlings，用于提示网格划分中可能存在的错误和警告。

（2）【Targe Quality】

目标质量，默认为 0.05，可以设定一个预定的网格质量大小，程序会自动划分网格以达到预定的质量目标。但是要求的自动划分网格质量太高时，不一定会达到预定的质量目标。

（3）【Soothing 】

光滑选项，通过移动周围节点和单元节点位置来改进网格质量，主要有高级（High）、中级（Medium）和初级（Low）三个选项。对于显式动力学默认为 High。

（4）【Mesh Metric】

网格质量，用于显示网格质量和类型（图 2-41），主要的网格类型有：

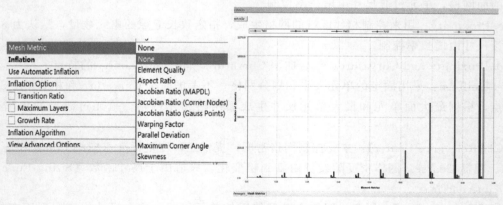

图 2-41　网格质量选项

① Tet4：4 节点的四面体网格。

② Hex8：8 节点的六面体网格。

③ Wed6：6 节点的棱柱网格。

④ Pyr5：5 节点的金字塔网格。

⑤ Quad4：4 节点的四边形网格。

⑥ Tri3：3 节点的三角形网格。

同时还存在有 Tet10、Hex20、Wed15、Pyr13、Quad8、Tri6 等网格类型。其中，对于显式动力学网格来说，最好的网格是六面体的网格 Hex8 和 Hex20，一般不允许存在金字塔网格，这样会造成网格过于刚性，使结果失真。

2.4.1.3　使用 Mesh 进行网格划分

右击 Mesh 模块，将会弹出如图 2-42 所示的功能项。其主要包括了【Method】、【Sizing】、【Contact Sizing】、【Refinement】、【Face Meshing】、【Mesh Copy】、【Match Control】、【Pinch】、【Inflation】、【Weld】、【Mesh Edit】、【Mesh Numberding】、【Contact Match Group】、【Contact Match】、【Node Merge Group】、【Node Merge】、【Node Move】、【Pull】等命令。下面对部分命令进行一下简要的介绍。

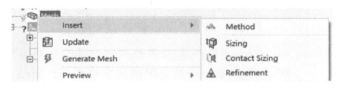

图 2-42　Mesh 右击功能项

(1)【Method】

【Method】主要针对 Part 体进行网格划分类型的确认。在 Workbench 中常用的网格划分类型有：Automatic、Tetrahedrons、Hex Dominant、Sweep、MultiZone、Cartisian、Layered Tetrahedions 和 Particle 等，如图 2-43 所示。【Method】是 Mesh 模块中网格划分最常用的命令之一。

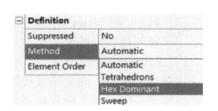

图 2-43　网格划分方式选择

这里使用 Mesh 中不同的方法对一个圆柱体进行网格划分，分别为不设置任何参数的自动划分、Patch Conforming Method 划分、Hex Dominant 网格划分、Sweep Method 网格划分、MultiZone 网格划分和 Cartisian 网格划分，如图 2-44 所示。

① 自动划分：生成 Hex8、少量 Wed6 的网格，网格质量最小为 0.4。

② Patch Conforming Method：生成全部的四面体网格，网格质量最小为 0.36。

③ Hex Dominant：一般外表面生成六面体网格，但是内部会生成 Tet4、Hex8、Wed6、Pyr5 等网格，网格质量最小为 0.07。可以看出，虽然 Hex Dominant 主要是以六面体为主，但是网格质量最差，存在有金字塔网格，不适合显式动力学问题的求解。

④ Sweep Method：生成 Hex8、少量 Wed6 的网格，网格质量最小为 0.4。

⑤ MultiZone：全部生成 Hex8 网格，网格质量最小为 0.82。

⑥ Cartisian：生成 Hex8、少量 Wed6 网格，网格质量最小为 0.52。

⑦ Layerd Tetrahedrons：生成 Tet4 网格，网格质量最小为 0.2。

⑧ Partical：生成粒子网格。

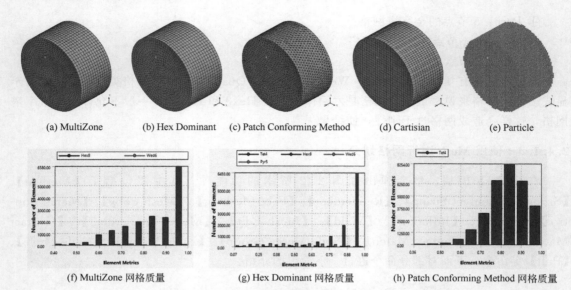

(a) MultiZone　　(b) Hex Dominant　　(c) Patch Conforming Method　　(d) Cartisian　　(e) Particle

(f) MultiZone 网格质量　　(g) Hex Dominant 网格质量　　(h) Patch Conforming Method 网格质量

图 2-44　几种典型的网格划分方式

综合以上看来，采用 MultiZone 的网格划分能够得到全部的六面体网格，网格质量也较好；采用 Hex Dominant 网格质量最差，而且会出现金字塔网格。Hex Dominant 一般用在流体网格划分中，不利于显式动力学的求解。

（2）【Sizing】

用于控制网格的大小，包括对体、面、边点的控制。

（3）【Contact Sizing】

用于控制接触处的网格大小，在接触面上产生近似尺寸单元的方式。

（4）【Refinement】

用于加密网格，在全局或者局部网格已经生成的情况下进行面、边、点网格细化。网格细化的水平分为 3 级，级别越高表明网格越密。

（5）【Face Meshing】

用于生成面的四边形网格。对于一些壳体能够划分出较好的网格。

（6）【Mesh Copy】

用于将生成的网格复制到另一个 Part 上。

（7）【Match Control】

匹配控制，用于在 3D 对称面或者 2D 对称边上划分一致的网格，尤其是对于旋转机械的旋转对称分析有用。

（8）【Pinch】

收缩控制，可以在一定尺寸下收缩，来移除导致差的单元质量特征。收缩只对顶点和边有用，在面和体上不能进行收缩。

（9）【Inflation】

用于对膨胀层的控制，一般适用于圆柱、球体等形状，主要用于控制表面网格的尺寸。典型膨胀层如图 2-45 所示。表面层的网格质量较高，多用于流体中，下面对其做简要介绍。

Sweep Mesh-No Inflation：扫掠网格-无膨胀层；

Sweep Mesh with Inflation：含膨胀层的扫掠网格。

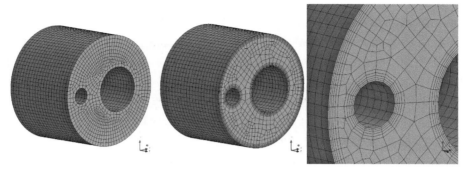

图 2-45　典型膨胀层

膨胀层选项【Inflation Option】包括以下内容：

① Smooth Transition：在邻近层之间保持平滑的体积增长率，总厚度依赖于表面网格尺寸的变化。

② Fist Layer Thickness：保持第一层高度恒定。

③ Total Thickness：保持整个膨胀层总体高度恒定（一般采用这个控制比较好）。

④ Fist Aspect Ratio：根据基础膨胀层拉伸的纵横比来控制膨胀层的高度。

⑤ Last Aspect Ratio：通过使用第一层的高度和最大层数以及纵横比来创建膨胀层。

膨胀层算法【Inflation Algorithm】包括以下内容：

① Post：基于 ICEM CFD 算法，只对 Patching Conforming 和 Patch Independent 四面体网格有效，先生成四面体，再生成膨胀层，四面体网格不受膨胀层选项修改的影响。

② Pre：首先表面网格膨胀，然后生成体网格，基于 TGrid 方法，不邻近面设置不同的层数，可应用于扫掠和 2D 网格划分。

（10）【Weld】

用于焊接处网格设置。

2.4.1.4　综合使用 Mesh 工具进行网格划分

对高度为 30mm、直径为 30mm 的圆柱进行网格划分，网格尺寸为 1mm。

如图 2-46 所示，可以使用【MultiZone】、【Face Meshing】和【Inflation】的控制去对称划分六面体网格。网格操作如下（不区分顺序）：

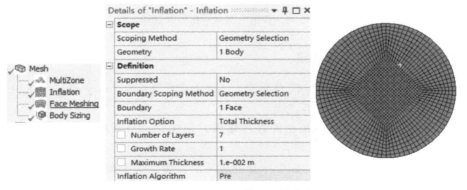

图 2-46　圆柱的六面体网格综合划分

① 右击 Mesh，插入【Method】，选择体模型，修改划分方式为【MultiZone】。

② 插入【Inflation】，在【Details of Inflation】中，设置【Geometry】为圆柱体，设置【Boundary】为圆弧面，修改【Inflation Option】为 Total Thickness，设置【Number of Layers】膨胀层的层数为 7 层，设置【Maximum Thickness】的膨胀层厚度为 0.01m（一般为圆柱半径的 1/3～1/2）。

③ 选择圆柱上下两个端面，插入【Face Meshing】，生成表面的四边形网格。

④ 针对整体模型右击插入【Body Sizing】，设置整体网格大小为 1mm。

⑤ 右击【Generate Mesh】即可生成良好的网格。

Workbench 2022 R1 版本中，更新了一些对于显式动力学网格的优化，尤其是简化了纯六面体网格划分，如图 2-47 所示。对于上述圆柱形或者球体结构，可以直接通过【MultiZone】和【Face Meshing】进行划分，不设置膨胀层也可以。

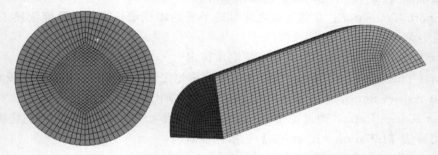

图 2-47　使用 Workbench 2022 R1 版本划分网格

针对大多数模型，可以使用【MultiZone】＋【Face Meshing】的方式生成良好的网格；对于圆弧面，可以使用【MultiZone】＋【Face Meshing】＋【Inflation】生成良好的六面体网格划分，如图 2-48 所示。

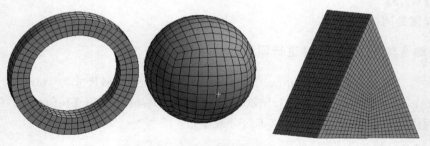

图 2-48　其他六面体网格综合划分

2.4.2　几何分割后进行网格划分

对于一些体和面的网格划分，需要事先在 CAD 或者在 Geometry 模块中进行分割以满足划分六面体及高质量网格的基本"块"。

如图 2-49 所示，通过 UG NX 软件进行建模，先建立一个圆柱，在一个底面建立要切分的草图模型，拉伸为片体，选择拆分体；然后选择过圆心的两个基准面，将其再次拆分体；接着选择布尔运算，将中间的四个体合并成一个，完成"天圆地方"的切割方式；完成后，将模型输出为 Parasolid 格式。

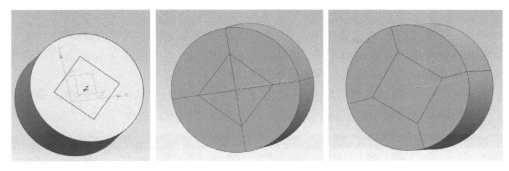

图 2-49 UG NX 中的几何分块思路

打开 Workbench，导入模型，通过 Geometry 中的 DesignModeler 打开，模型导入后如图 2-50 所示。选择圆柱中不同的 Solid，右击选择【Form New Part】进行合并成一个 Part，以便于共节点。

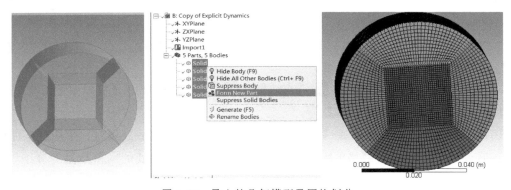

图 2-50 导入的几何模型及网格划分

打开 Model，在 Mesh 中自动划分，即可完成模型的全六面体、共节点的网格划分。

在 Geometry 模块中划分网格也同样操作，只不过对于一般的几何建模软件，如 UG NX、SolidWorks 和 ProE 等，对于几何模型的处理更加高效。同理，可以通过不同的剖切方式提高网格网的质量，如图 2-51 所示，可以采用弧形的边去切割体，形成的网格质量更高。其他的建模方式也基本类似，可以通过在前处理中进行多次的切割，保证网格的质量。

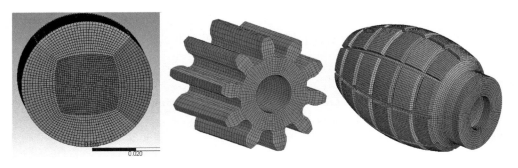

图 2-51 各类切割后网格模型

2.4.3 SpaceClaim 网格划分

SpaceClaim 具有交互式网格工具，可直接在几何模型上创建高质量的网格。由于几何建模和网格划分都在同一应用程序中，可结合 SpaceClaim 本身的高效几何清理简化网格生成，减少在复杂模型上创建高质量网格所需的时间。

在 SpaceClaim 进行网格划分，首先点击【文件】→【SpaceClaim】选项进行设置，在功能区选项卡中勾选【网格】，这样会在菜单栏中出现【网格】选项，如图 2-52 所示。

图 2-52　SpaceClaim 网格划分

以 30mm×15mm 圆柱体网格划分为例，具体操作如下：

① 在 SpaceClaim 中构建 30mm×15mm 的圆柱，点击菜单栏中的【网格】，选择 ⏻，开启网格划分模式。

② 选择菜单栏【新增】 选项，在网格选项中，设置网格形状为 ⊞⬚，设置【元素尺寸】为 4mm，其他参数默认即可。

③ 选择菜单栏【映射/扫略】 ，在映射选项中设置面模型为【映射四边形】 ，设置【Blocking Options】为【映射】 。

④ 选择圆柱体的圆弧面，通过【图层】 选项进行网格膨胀层设置，采用默认即可。

⑤ 通过【尺寸】 对网格的大小进行设置，设置剖分链接处的网格数量为 8 个，点击【OK】即可生成良好的网格，如图 2-53 所示。

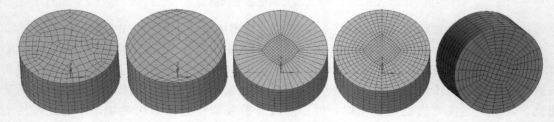

图 2-53　SpaceClaim 中生成的网格

以上操作都可以通过 Python 的脚本语言记录并生成，在 SpaceClaim 的 Python 脚本编辑器中输入代码，运行后即可生成以上模型。具体代码如下：

```
# 创建草绘圆柱体
result = CylinderBody. Create(Point. Create(MM(0),MM(0),MM(0)),Point. Create(MM(30),MM(0),MM(0)),
Point. Create(MM(30),MM(15),MM(0)),ExtrudeType. None,Info2)
# EndBlock
# 创建/编辑网格
options = CreateMeshOptions()
options. SolidElementShape = ElementShapeType. Hexahedral
```

```
options. SurfaceElementShape = ElementShapeType. AllQuad
options. BlockingType = BlockingDecompositionType. Standard
options. ElementSize = MM(4)
bodySelection = Body2
sweepFaceSelection = Selection. Empty()
result = CreateMesh. Execute(bodySelection, sweepFaceSelection, options)
# EndBlock
# 转换块体体积
options = ConvertBlockVolumeOptions()
options. ConvertType = ConvertBlockType. ToMapped
options. ElementShape = ElementShapeType. AllQuad
blockSelection = BlockVolume1
sweepFaceSelection = Selection. Empty()
result = ConvertBlockVolume. Execute(blockSelection, sweepFaceSelection, options)
# EndBlock
# 创建 O 形格栅
options = CreateOGridOptions()
options. OffsetMethod = OGridLayerMethod. Relative
options. OffsetValue = 1
options. Modify = False
options. LinkShape = False
selection = Selection. Create(BlockFace1, BlockFace2)
result = CreateOGrid. Execute(selection, options)
# EndBlock
# 块体边缘网格参数
options = BlockEdgeParamsOptions()
options. SizeMode = AnalysisEdgeControlSizeMode. Division
options. NumberDivision = 8
options. ElementSize = MM(18. 0188044905663)
options. Behavior = AnalysisSizeControlBehavior. Soft
options. Bias = AnalysisMeshControlBiasType. Out
options. BiasOption = BiasOptions. GrowthLaw
options. BiasFactor = 0
options. LeftSpacing = MM(18. 0188044905663)
options. RightSpacing = MM(18. 0188044905663)
options. LeftGrowthRate = 2
options. RightGrowthRate = 2
options. CopyToParallelEdges = False
options. LinkSourceBlockEdge = False
edgeSelection = BlockEdge1
sourceEdge = Selection. Create(GetRootPart())
result = BlockEdgeParams. Execute(edgeSelection, sourceEdge, options)
# EndBlock
```

2.4.4　ICEM 网格划分

ICEM 是 ANSYS 的一个通用流体网格划分软件，可以集成于 ANSYS Workbench 平台，获得 Workbench 的所有优势。ICEM 可以对网格进行六面体划分，输出超过 100 种求解器接口，如 Autodyn、FLUENT、ANSYS、CFX、Nastran、Abaqus、LS-DYNA。尤其是可以生成 Autodyn 软件 Geo 格式的结构化网格文件，修改数据排列方式可以得到 zon 格式文件。

下面进行 30mm×15mm 圆柱体的 ICEM 实例分析：

选择 Explicit Dynamics 模块，构建好圆柱体的几何模型，打开模型，进入界面后，在 Mesh 中右击【Insert】，选择【Method】，选择圆柱体。可以通过右击插入【Method】，选择【Method】为 MultiZone（多块求解）。在【Advanced】中，选择【Write ICEM CFD Files】为 Interactive，即可与 ICEM 软件进行双向交互，如图 2-54 所示。

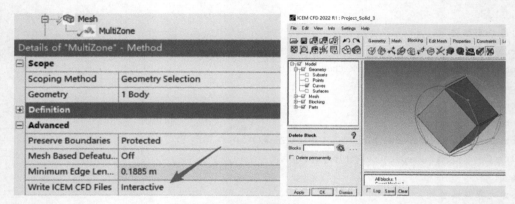

图 2-54　Method 的选择图 ICEM 的调用方式

点击【Updata】，就进入了 ICEM 界面。默认是自动进行了分块并且网格已经划分完全，将右侧状态栏中的 Mesh 关掉，重新进行网格的划分。

① 新建块：通过快捷工具栏的 删除已有的 Block，通过 新建一个 Block，Block 的名称一般是这个 Part 的名称，否则可能会无法导出网格到 Workbench 中。本例中，在【Creat Block】选项中，选择 Part 为 SOLID_1_1，如图 2-55 所示。

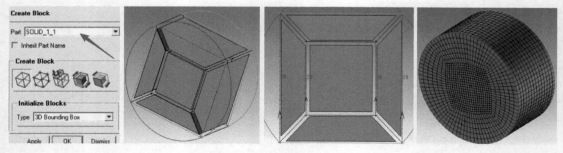

图 2-55　ICEM 中的网格划分

② O-block 块划分：选择 → ，选择 Block 的上下面，进行 O-block 的网格划分方

式，点击鼠标中键确定，即可完成 O-block 块划分。

③ 关联线：选择![icon]→![icon]，选择关联线，选择 Block 上面的四周线，按住鼠标中键，再选择圆柱的一端边线，点击【确定】，同样关联好圆柱另一端边线，关联好的线是呈现绿色，然后选择![icon]对齐 Block。

④ 设置网格大小：选择![icon]→![icon]进行网格大小设置，为 O-block 的内切分斜线设置 7 个网格节点，为 O-block 外边设置 28 个节点，勾选 Copy Parameters 可以将网格复制给其他相似边，生成网格模型。

⑤ 预览网格：打开左侧模型树的【Pre-Mesh】可预览网格，右击可以选择【Convert to Unstruct Mesh】，转化为非结构网格。

⑥ 导出网格：在菜单栏选择【File】→【Mesh】→【Load From Blocking】，在弹出的对话框中选择【Merge】。

关闭 Icem，选择保存网格，进入 Model 中，可以看到 Model 的网格已经按照 ICEM 的网格划分完成，如图 2-56 所示。打开网格质量，可以看到网格全部为六面体，网格质量较好。

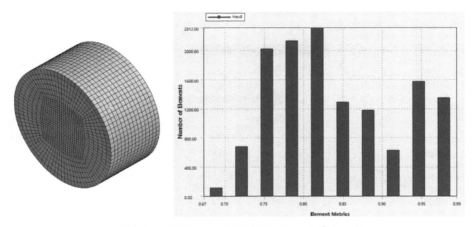

图 2-56　通过 ICEM 导入到 Workbench 中的网格

由于不同的软件对于网格质量的评价不一样，所以会有一些差别，这里不做进一步探讨。

2.4.5　外部网格划分软件导入

在 Workbench 平台中，可以支持多种网格的导入，如 ANSA、Hypermesh、Patran 等。这里选用 Hypermesh 网格生成的 K 格式文件进行外部网格导入的演示，其他格式的网格文件导入方法类似。

以 30mm×15mm 圆柱体网格导入为例：

① 首先打开 Hypermesh 软件，选择网格类型为 LS-DYNA。

② 选择导入的几何模型，Hypermsh 默认的长度单位制是 m。

③ 导入后的几何模型如图 2-57 所示，在控制面板最右侧选择"3D"网格划分，然后选择"Solid Map"六面体网格划分，设置网格大小为 0.002m，点击【mesh】即可生成网格。

④ 导出网格，设置网格名称和保存路径，选择导出即可。

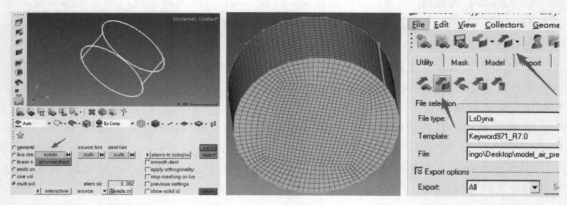

图 2-57　Hypermesh 中的几何模型

如图 2-58 所示，网格导出后，打开 Workbench，在左侧工具栏中选择【External Model】和【Explicit Dynamics】模块，并将其关联。双击【External Model】中的【Setup】，进入其中编辑，在【Data Source】中通过 ⬚ 选择 Hypermesh 中生成的网格文件（file. inp）。

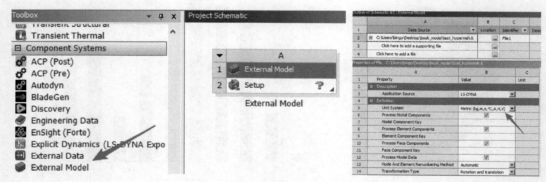

图 2-58　Workebench 导入外部网格模型

导入成功后，将长度的单位制改为 m，对应 Hypermesh 中的单位制，导入完成的网格如图 2-59 所示，网格质量在 0.8 以上，且全部为六面体网格。

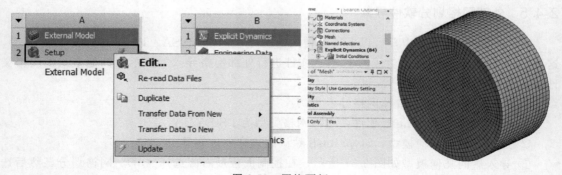

图 2-59　网格更新

本章小结

　　本章比较了隐式算法和显式算法；介绍了几何建模中的 DM 模块、SpaceClaim 模块和外部模型导入等；介绍了 Workbench 平台中显式动力学材料特性、材料定义、材料库中材料加载等；介绍了 Workbench 平台的网格划分，包括 Mesh 模块、几何剖分、SpaceClaim 网格划分、ICEM 网格划分和外部网格导入等。通过本章学习，读者可了解显式动力学中的基本算法、几何建模、材料定义和网格划分等内容。

第3章 Explicit Dynamics 模块设置

Workbench 显式动力学与隐式动力学分析中有很多的不同之处。一般来说，显式动力学所需要的储备知识更多，在计算设置上也会与隐式动力学有很大的不同。本章主要介绍显式动力学中的 Workbench Explicit Dynamics 模块的设置问题，LS-DYNA 模块的设置也可参考本章。

在求解显式动力学仿真模型时，一般需要注意以下事项：

① 在计算模型时，需要有试算的过程，试算的过程尽量采用最简单的几何模型、材料模型、网格模型、接触参数等，等试算过程调通后再进一步优化相应的设置。一般在试算过程中采用 Workbench 平台中的默认参数即可。

② 在进行收敛性研究或者优化设计时，可能会遇到硬件限制。显式动力学按照时间步长进行保存，确保有足够多的磁盘空间，一般需要准备存储容量为 10GB 以上的硬盘空间。

③ Workbench 可以支持 1 亿个以上实体单元，但是为了保证计算效率，需要确保网格划分合理可行，不出现极小单元。

3.1 显式动力学中接触设置

显式动力学中的接触与隐式动力学中的接触有很大的不同。在 Workbench 平台中，接触设置主要是通过 GUI 的形式进行。如图 3-1 所示，主要的接触有三种：①【Contacts】，主要针对面接触；②【Body Interactions】，主要针对体接触，一般默认都会有；③【Joints】，关节，主要是运动副。

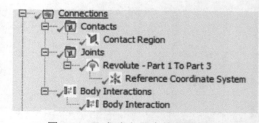

图 3-1　显式动力学中接触设置

3.1.1 Contacts 接触设置

Explicit Dynamics 中接触设置和隐式分析中类似，对于【Contacts】的自动检测判定接触选项是相同的。

【Contacts】是 Workbench 平台中定义不同部件之间接触的通用工具，可以自动识别不同部件之间接触，一般如果两个面共面或者在一定微小距离内，会自动定义绑定接触。隐式分析中的【Contacts】选项要比显式分析中多出很多选项，这是由于在隐式分析中更多地需要考虑接触的非线性导致的结果不收敛。而显式计算过程结果在大多数情况下都是收敛的，更多考虑时间步长和材料的非线性问题，一般默认采用【Body Interactions】，考虑的是体与体的相互作用。

显式动力学分析接触实际作用的有 3 种：Bonded、Frictionless、Frictional。

① Bonded：绑定接触，相当于焊接。对于隐式分析不存在可脱落的选项，在显式动力学分析中可以设置【Breakable】的状态。在【Breakable】设置为 No 的情况下，不允许面或者线之间有相对的滑动或者分离；当【Breakable】设置为 Yes 时，可以设定分离的条件。

② Frictionless：无摩擦接触。代表单边接触，如果出现分离则法向压力为 0。该选项只适用于面接触。模型之间可以出现间隙。这是一种非线性的求解。假设摩擦因数为 0，因此允许自由滑动。

③ Frictional：摩擦接触。允许面面直接有摩擦，一般可以设置静摩擦因数和动摩擦因数等。

焊点（Spotweld）也是【Contacts】中的一个选项，焊点提供了一种刚性连接模型中两个离散点的机制，并可用于代表焊接、铆钉、螺栓等。在几何建模时，可以在两个靠近的不同面上建立点，在 Model 中会自动变成焊点。右击【Contacts】可以插入焊点接触。

在模拟中使用可分开的应力或力选项来使焊点失效。如果超过下列标准，焊点将断开（失效）：

$$\left(\frac{|f_{\mathrm{n}}|}{S_{\mathrm{n}}}\right)^{n}+\left(\frac{|f_{\mathrm{s}}|}{S_{\mathrm{s}}}\right)^{s}\geqslant 1 \tag{3-1}$$

式中，f_{n} 和 f_{s} 为法向和切向的力；S_{n} 和 S_{s} 代表需用的法向和切向的力；n 和 s 是自定义的指数参数，一般默认定义为 1。

点击【Contacts】中的 Spotweld，在 Details 中可以修改【Breakable】为 Force Ctriteria，设置【Nomal Force Limit】为 10N，设置【Shear Force Limit】为 5N，其他参数默认，即焊点达到此状态条件下即可失效。此焊点失效分离模型同绑定接触中的分离模型。

3.1.2 Joints 接触设置

显式动力学求解器运行的模型通常包含 Joints（关节）运动，如同机械系统中的运动副。在 19.0 版本之前，显式动力学分析是不支持 Joints 的，只支持 Spring，但目前的新版本是支持的。主要创建是通过在【Connections】中右击插入【Joints】，然后修改【Joints】的类型，如图 3-2 所示。

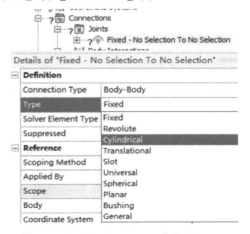

图 3-2 Explicit Dynamics 中的 Joints

Workbench 平台中支持的运动副包括如下：

【Fixed】：固定。UX＝UY＝UZ＝ROX＝ROY＝ROZ＝0，各个方向的自由度为 0。

【Revolute】：旋转 ［图 3-3(a)］。UX＝UY＝UZ＝ROTX＝ROTY＝0，绕着 Z 轴旋转，如齿轮的旋转、锁扣的旋转等。

【Cylindrical】：圆柱 ［图 3-3(b)］。UX＝UY＝ROTX＝ROTY＝0，允许 Z 方向的移动和转动。

【Translational】：移动 ［图 3-3(c)］。UY＝UZ＝ROTX＝ROTY＝ROTZ＝0，允许 X 方向上的移动，如滑动筒等。

  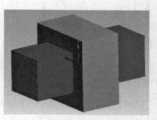

| (a) Revolute | (b) Cylindrical | (c) Translational |

图 3-3　几种典型的 Joints

【Slot】：插槽。UY＝UZ＝0，如结构在槽中的运动。

【Universal】：万向轴。UX＝UY＝UZ＝ROTY＝0，如一些万向轴类的零件。

【Spherical】：圆球。UX＝UY＝UZ＝0。

【Planar】：平面。UZ＝ROTX＝ROTY＝0，如在一个平面上运动的物体。

【Bushing】：套管。具有六个自由度：三个平移和三个旋转，可以将衬套的范围限定为单个或多个面、单个或多个边或单个顶点。对于 Body-to-Body 的范围，有一个参考和移动方向；对于 Body-Ground，参考面假设为接地（固定），范围只在移动端提供。

【General】：可以根据需要设置任意方向的自由度。

【Point on Curve】：曲线上的点。可以将曲线关节上的点范围限定为单个曲线或多个参考曲线。有一个或多个方向表面，移动坐标系必须被限定到一个顶点，并且关节坐标系必须被定位和定向，使得起点在曲线上，X 轴与曲线相切，Z 轴是表面的外法线。

当几何网格划分不够平滑（并且相互贯穿）时，由于在自由度方向上的附加接触力，这些运动副可能会出现意外行为。通常情况下，最好的做法是在要确定接触的表面之间留出足够的偏移。隐式动力学求解使用【Joints】可能会存在缺少约束度的情况，但是显式动力学不会出现这种情况。

3.1.3　Body Interactions 接触设置

默认情况下，【Body Interactions】会被自动插入到模型分析树中，包含所有的 Bodies。定义全局自动的接触，一般条件下无需修改即可计算。【Body Interactions】通常情况下是显式动力学中最主要的接触方式。

【Body Ineractions】中的选项如图 3-4 所示。

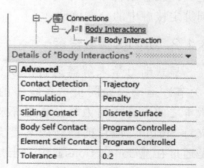

图 3-4　Body Inerations 中的选项

3.1.3.1 Contact Detection 接触检测

(1) Trajectory

大多数情况下，轨迹接触 Trajectory 算法是默认的和推荐的选项。如果节点和面部的轨迹在计算循环期间相交，则检测到接触事件。显式动力学分析中，接触节点/面可以在分析开始时最初分离或重合。基于轨迹的接触检测不施加任何约束的分析时间步长，因此往往提供最有效的解决方案。

① 【Formulation】：在 Trajectory 接触算法下，默认采用的为 Penalty。如果检测到接触，则计算本地惩罚力，将涉及接触的节点推回到面部。为了保持线性和动量守恒，在面的节点上计算相反的力。

轨迹探测的惩罚力：

$$F = 0.1 \times \frac{M_N M_F}{M_N + M_F} \times \frac{D}{\Delta t^2} \tag{3-2}$$

基于接近度的惩罚力：

$$F = \frac{M_N M_F}{M_N + M_F} \times \frac{D^2}{\text{Gap} \times \Delta t^2} \tag{3-3}$$

式中，D 为侵彻深度；M 是节点（N）和面（F）的有效质量；Δt 为时间步长。

Decomposition Response：分解响应算法。首先检测到在同一时间点发生的所有接触，然后计算系统对这些接触事件的响应，以保持动量和能量守恒。在这个过程中，力的计算以确保节点和面的结果位置不会导致进一步穿透。Decomposition Response 算法不能与 Bonded 接触区域结合使用。如果模型中存在 Bonded 区域，将自动转为 Penalty。Decomposition Response 比 Penalty 方法更不稳定，这可能会导致大量的沙漏能量和能量误差。

② 【Sliding Contact】：在一个循环中，当一个接触事件被检测到，并且接触节点相对于它所接触的面具有切向速度时，该节点需要在该周期的其余部分沿着面滑动。如果节点应在循环结束前滑到面的边缘，则有必要确定节点是否需要开始沿着相邻面滑动。主要有下面两个选项：

Discrete Surface：一般为默认设置，计算时间较短，当一个节点滑动到一个面的边缘时，节点需要滑动的下一个面使用接触检测算法确定。如果节点滑动的表面正在经历大的变形或在旋转的情况下，可能发现有节点的穿透。当发生这种穿透时，推荐用户切换到 Connected Surface 选项。

Connected Surface：当一个节点滑动到一个面的边缘时，节点需要滑动的下一个面使用网格连通性来确定。

③ 【Body Self Contact】：默认设置为 Yes。当设置为 Yes 时，接触检测算法将检查除了与其他物体外，与同一物体的面部接触的物体的外部节点。如果一个物体在分析过程中可能会发生自身的碰撞，如在塑料弯曲过程中，它就应该使用自接触（图 3-5）。当设置为 No 时，接触检测算法只检查与其他物体外表面接触的物体外部节点。这种设置减少了可能的接触事件的数量，因此可以提高分析效率。

④ 【Element Self Contact】：设置为 Yes，当单元变形时，自动侵蚀（移除单元），使单元在它们退化之前被移除。单元自接触对冲击穿透非常有用。

⑤ 【Tolerance】：如果【Contact Detction】设置为 Trajectory 且【Element Self Con-

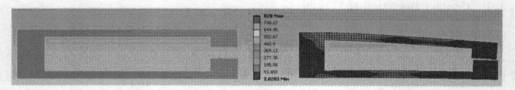

图 3-5　自接触

tact】设置为 Yes，则此属性可用。当使用轨迹接触选项时，【Tolerance】定义了单元自行接触的检测区域的尺寸。输入值为 0.1～0.5 的因子，该因子乘以网格中单元的最小特征尺寸以给出物理尺寸；设置为 0.5，实际上等于模型中最小单元尺寸的 50%。

（2）Proximity Based 基于接近度接触

网格的外表面、边缘和节点通过接触检测区域封装。如果在分析一个节点进入这个检测区域，它将使用基于惩罚的力来排斥。在计算时，不同几何在接触处需要存在物理间隙，如果不满足此标准，则会出现错误消息（Autodyn 中的自动接触），此约束意味着此选项对于复杂的问题可能不适用。

Advanced	
Contact Detection	Proximity Based
Pinball Factor	0.1
Timestep Safety Factor	0.2
Limiting Timestep Velocity	1.e+020 m/s
Edge On Edge Contact	No
Body Self Contact	Program Controlled
Element Self Contact	Program Controlled

图 3-6　Proximity Based 设置

Proximity Based 的设置如图 3-6 所示。

①【Pinball Factor】：定义了基于接近度接触的检测区域的大小。输入值为 0.1～0.5 的因子，该因子乘以网格中元素的最小特征尺寸以给出物理尺寸；设置为 0.5，实际上等于模型中最小单元尺寸的 50%。

②【Timestep Safety Factor】：对于基于接近度的接触，分析中使用的时间步长还受到接触的限制。使得在一个循环中，模型中的节点不能行进超过检测区域与安全系数乘积的大小，建议的默认值为 0.2。增加系数可能会增加时间步长，从而减少运行时间，但也可能导致错过了接触，指定的最大值是 0.5。

③【Limiting Timestep Velocity】：此设置限制将用于计算基于接近度的接触时间步长的最大速度。

④【Edge On Edge Contact】：默认情况下，显式动力学中的接触由接触面的节点检测。使用此选项可将接触检测扩展为包含影响模型接触的离散边。这个选项显著增加运行时间。此外，边接触的模型不能并行计算。

3.1.3.2　Body Interaction 接触类型

和隐式动力学类似，显式动力学中的【Body Inter-action】中主要包括下列 4 种接触类型：无摩擦 Frictionless、有摩擦 Frictional、绑定 Bonded、线性体增强 Reinforcement。

（1）Frictionless（图 3-7）

无摩擦接触，是一般默认的接触类型。将【Type】设置为 Frictionless，可激活任何外部节点与范围内任

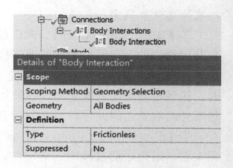

图 3-7　Frictionless 接触

何外部面之间的无摩擦滑动接触，在分析过程中检测并跟踪接触事件。接触在物体之间是对称的，即每个节点属于受相邻从节点影响的主表面，每个节点也将作为影响主表面的从属装置。

（2）Frictional（图 3-8）

摩擦接触，定义摩擦因数即可。将【Type】设置为 Frictional，可激活任何外部节点与范围内任何外部面之间的摩擦滑动接触，在分析过程中检测和跟踪单个接触事件。接触在物体之间是对称的，即每个节点属于受邻近从节点影响的主表面，每个节点也将作为影响主表面的从节点。

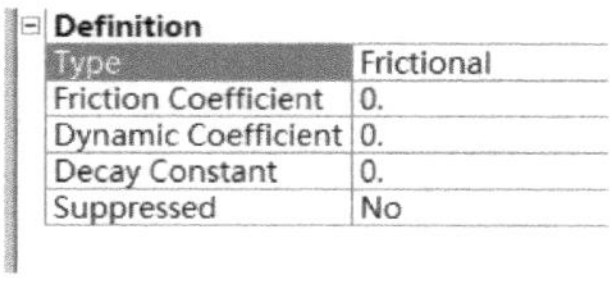

图 3-8　Frictional 接触

分别定义 Friction Coefficient 静摩擦因数、Dynamic Coefficient 动摩擦因数，Decay Constant 衰减常数。摩擦因数可表示为

$$u = u_{\mathrm{d}} + (u_{\mathrm{s}} - u_{\mathrm{d}})\mathrm{e}^{-\beta v} \tag{3-4}$$

式中，u_{s} 为静摩擦因数，对应 Friction Coefficient；u_{d} 为动摩擦因数，对应 Dynamic Coefficient；β 为指数衰减常数，对应 Decay Constant；v 为接触点处的相对滑动速度。

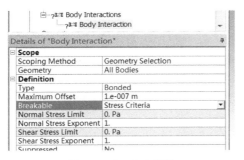

图 3-9　Bonded 接触

（3）Bonded（图 3-9）

绑定接触。如果外部节点与面部之间的距离小于用户在最大偏移量中定义的值（Maximum Offset），解算器会自动检测结合的节点/面（注意，选择最大偏移量的适当值很重要）。自动搜索将把小于此距离的所有的 Part 结合在一起。

定义可脱离的【Breakable】。在 Bonded 接触中，修改【Breakable】为 Stress Criteria，设置【Normal Stress Limit】、【Nomal Stress Exponent】、【Shear Stress Limit】和【Shear Stress Exponent】，即可定义可分离的绑定接触。

使用自定义结果变量 Bond_Status 在显式动态结果中检查绑定连接。结果变量记录在分析过程中绑定到单元上的节点数目。这不仅可以用来验证初始绑定是否产生，而且还可以识别在模拟过程中绑定接触是否发生分离。

绑定接触的脱离可表示如下：

$$\left(\frac{\sigma_{\mathrm{n}}}{\sigma_{\mathrm{n}}^{\mathrm{limit}}}\right)^{n} + \left(\frac{|\sigma_{\mathrm{s}}|}{\sigma_{\mathrm{s}}^{\mathrm{limit}}}\right)^{m} \geqslant 1 \tag{3-5}$$

式中，σ_{n} 和 σ_{s} 分别表示法向应力和切向应力；$\sigma_{\mathrm{n}}^{\mathrm{limit}}$ 和 $\sigma_{\mathrm{s}}^{\mathrm{limit}}$ 表示许用的法向应力和切向应力；n、m 是对应的指数，可根据工况调节，建议采用默认值1。

（4）Reinforcement（图 3-10）

线性体增强接触。在模型中包含在物体内的线体的所有梁单元将被转换成离散的增强体。位于所有体外的单元将保持为标准的线体单元。这种相互作用类型被用来将离散强化应用于固体，典型的应用有钢筋混凝土或纤维增强橡胶结构等。

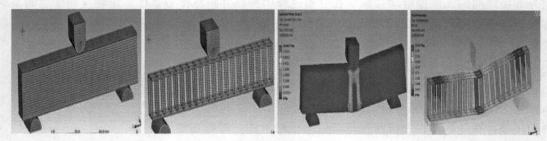

图 3-10　Reinforcement 接触

3.2　显式动力学计算条件设置

在显式动力学分析中，初始条件的设置与隐式动力学有较大的不同。显式动力学的初始条件主要有：①初始条件，包括速度施加、初始状态应力等；②边界条件，包括力学加载条件、固定边界等；③分析条件，包括计算时间、单元算法等。

3.2.1　Initial Conditions 初始条件设置

在显式动力学分析中，默认情况下，假设所有物体处于静止状态，没有外部约束或施加载荷。一般要求模型包含一个初始条件（速度或角速度）、非零约束（位移或速度）或有效载荷。如图 3-11 所示，可以通过右击，对模型插入速度的初始条件，如果考虑预应力，也可以通过 Static Structural 进行静力学分析后导入到 Explicit Dynamics 模块中，形成 Pre-Stress。

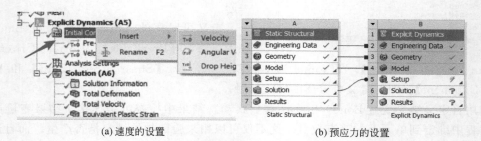

(a) 速度的设置　　　　　　　　　　　　(b) 预应力的设置

图 3-11　显式动力学中初始条件设置

3.2.2　Loads 和 Supports 边界条件设置

边界条件的设置可以选择 Explicit Dynamics（A5），通过菜单栏 Environment 进行设置，如设置加载条件、炸点等选项，如图 3-12 所示。

图 3-12　Environment 选项

（1）常用的 Loads

- Acceleration 加速度
- Standard Earth Gravity 标准重力
- Pressure 压力
- Hydrostatic Pressure 静水压力
- Force 力
- Remote Force 远端力
- Joint Load 运动副施加
- Detonation Point 炸点

（2）常用的 Supports

- Fix Support 固定约束
- Displacement 位移
- Remote Displacement 远端位移
- Velocity 速度
- Impedance Boundary 阻抗边界条件

> **注：**
> - 圆柱坐标系允许在刚性体或柔性体上定义单个旋转位移或速度约束。这些坐标系是固定的。
> - 位移和旋转边界条件的设置必须是渐变的，这意味着它们在第一个循环中数值为 0。
> - 对于显式动态分析，压力、速度和远程力边界条件支持由函数定义的载荷，但只有在定义为随时间变化时才支持，显式动力学不支持空间变化的函数定义。
> - 对于具有欧拉网格的物体，一些 Loads 和 Supports 选项会无效。

（3）阻抗边界的设置问题

阻抗边界仅适用于显式动力学分析，可以使用阻抗边界条件，通过单元面传输应力波。其目的是减小模型大小，节约计算时间。边界条件根据阻抗、质点速度和参考压力（P_0）来预测单元中的压力 P，由于压力是球形的，所以只传输垂直分量，如图 3-13 所示。因此，阻抗边界条件只是近似的，应尽可能远离感兴趣区域。

对于弹性波来说，其在介质中传播时，阻抗 $K = \rho c$，即材料的密度和声速的乘积，一般采用默认值即可。

3.2.3　Analysis Settings 分析设置

Analysis Settings 中有很多显式动力学控制选项，包括求解类型、时间步长、欧拉网格控制、阻尼设置、侵蚀设置、输出控制和分析数据管理设置等。一般情况下，只需要设置求解时间，其他参数采用默认数值。

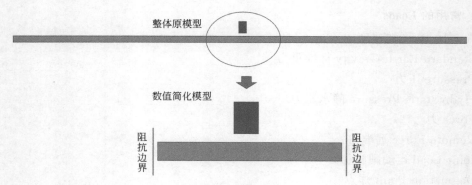

图 3-13　阻抗边界

3.2.3.1　基本分析设置

（1）Type 求解类型设置

Type 求解类型默认是 Program Controlled，可以选择 Low Velocity（低速）、High Velocity（高速）、Efficiency（有效率的）、Quasi Static（准静态）和 Drop Test（跌落测试模块），如图 3-14 所示。应该首先使用默认的 Program Controlled 选项，它会自动检测模拟设置的最佳默认选项。

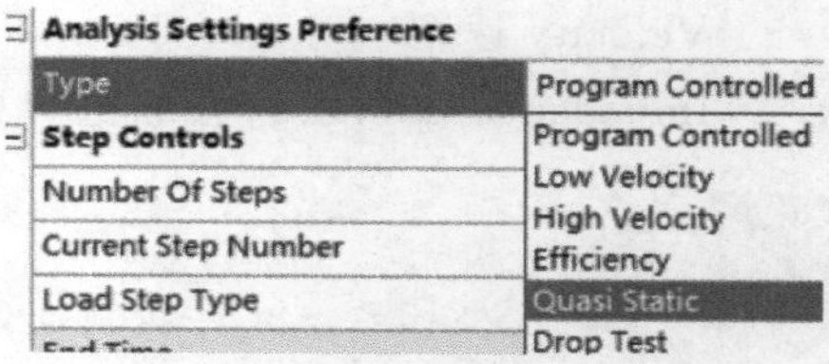

图 3-14　Type 设置

可以根据模型的工况，选择合适的求解类型。常见的求解类型及其对应的特点如表 3-1 所示。

表 3-1　求解类型

求解类型	特点
Program Controlled	默认设置，推荐使用，一般可保证最合适的稳定性
Efficiency	更有效率，为了最小的求解时间（但可能会导致不稳定或者不精确）
Low Velocity	推荐速度为 $v<100\text{m/s}$
High Velocity	推荐速度为 $v>100\text{m/s}$
Quasi Static	准静态的仿真模拟
Drop Test	跌落仿真模块（19.0 版本以后新增）

（2）Step Controls 步长控制设置

Step Controls 设置对于求解非常重要，一般都是选用默认参数设置，根据模型需要，输入计算时间 End Time，修改控制相关参数能够有效地减少时间步长和计算时间，保证结果不出现大的能量误差。Step Controls 的设置如图 3-15 所示。

【Number Of Steps】：设置分析步。

【Current Step Number】：当前分析步。

【Load Step Type】：一般默认是 Expliciti Time Intergration。

【End Time】：设置求解时间。这里需要设置一个合理的时间，对于高速的冲击碰撞问题，一般设置为毫秒级别。

【Resume From Cycle】：设置求解的重启动开始时间，如图 3-16 所示。如中途暂停计算，可以选择不同的开始循环后，重新开始在此节点基础上计算（此设置和保存的 Autodyn 文件有关）。

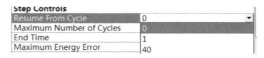

图 3-15　Step Controls 设置　　　　图 3-16　Resume From Cycle 设置

【Maximum Number of Cycles】：计算允许的最大循环。这里需要设置一个较大的值，一旦循环达到这个值，就会终止计算，默认是 10000000。

【Maximum Energy Error】：允许的最大能量误差，一般默认为 0.1，即 10% 的能量误差。这个是衡量动力学问题分析质量的度量，可以在【Solution Information】中查看，如果能量误差大于设置的值，可能出现 Energy Error Too Large 提醒，将会导致计算停止。

【Reference Energy Cycle】：参考能量循环。希望求解器计算参考能量对应的循环，它将根据该循环计算能量误差。通常是启动周期（Cycle＝0）。如果模型在 Cycle＝0 时具有零能量（如没有定义初始速度），则可能需要增加此值。当有爆炸时的流出边界，可以适当增加能量循环，减少错误发生。

【Initial Time Step】：初始的时间步长，一般默认使用 Program Controlled。如果保留设置为 Program Controlled，则时间步长将自动设置为计算出的单元稳定时间步长的 1/2。建议使用 Program Controlled 设置。

【Minimum Time Step】：最小时间步长，使用分析中允许的最小时间步长，或使用 Program Controlled 默认值。如果时间步长降至此值以下，分析将停止。如果设置为 Program Controlled，该值将被选为初始时间步长的 1/10。如果出现时间步长问题，可以手动修改减少时间步长，然后通过【Resume From Cycle】选择合适的重启动循环，再次进行计算。出现时间步长过小的原因一般是在冲击碰撞的过程中，采用拉格朗日网格会出现网格的变形压缩，从而导致计算的时间步长减少，出现时间步长错误。

【Maximum Time Step】：最大时间步长，使用分析中允许的最大时间步长，或使用 Program Controlled 默认值。

【Time Step Safety Factor】：时间步长安全系数。安全系数用于限制时间步长，以帮助保持求解的稳定性。对于拉格朗日网格一般采用 0.9 的默认值，对于欧拉网格推荐使用 0.667。

【Characteristic Dimension】：特征维度。主要有三个选项：Diagonals、Opposing

Faces、Nearest Faces，如图 3-17 所示。默认为 Diagonals 选项。

① Diagonals：用于确定六面体单元时间步长的特征维度，为单元的体积除以最长单元对角线的平方，然后按 $\sqrt{2/3}$ 进行缩放。

② Opposing Faces：用于确定六面体单元时间步长的特征尺寸。选择此选项可获得六面体单元的最佳时间步长，提高 3D 拉格朗日网格模拟的效率。然而，在某些情况下，当单元畸变时，会导致计算出现能量误差终止。可以通过正确选择侵蚀应变来减少这些问题，一般在【Type】为 Efficiency 时使用。

③ Nearest Faces：用于确定六面体单元的时间步长，特征维度将基于相邻面之间的最小距离。

【Automatic Mass Scaling】：自动质量缩放，默认设置是 No。当设置为 Yes 时，会出现如图 3-18 所示的选项。质量缩放主要通过增加一定过小单元质量的形式，来加速模型计算。

Time Step Safety Factor	0.5
Characteristic Dimension	Diagonals
Automatic Mass Scaling	Diagonals
Solver Controls	Opposing Faces
Solve Units	Nearest Faces
Beam Solution Type	Bending

图 3-17　Characteristic Dimension 设置

Characteristic Dimension	Diagonals
Automatic Mass Scaling	Yes
Minimum CFL Time Step	1.e-020 s
Maximum Element Scaling	100.
Maximum Part Scaling	5.e-002
Update Frequency	0

图 3-18　Automatic Mass Scaling 设置

为确保解决方案的稳定性和准确性，显式时间积分中使用的时间步长的大小受到 CFL（Courant Friedrichs Lewy）条件的限制。在一个时间步长中，使得干扰（应力波）不能传播得比最小网格中的单元尺寸更大。因此，时间步长一般表示如下：

$$\Delta t \leqslant f \left[\frac{h}{c} \right]_{\min} \tag{3-6}$$

式中，Δt 为时间步长；f 为稳定的时间步长因素（默认为 0.9），即 Time Step Safey Factor；h 为单元的特征尺寸（表 3-2）；c 为单元材料中的声速。

表 3-2　单元的特征尺寸

单元	特征尺寸
六面体/五面体	单元的体积除以该区域的最长对角线的平方，并按 $\sqrt{2/3}$ 比例缩放
四面体	任何单元节点与其相对的单元面的最小距离
四边形壳	壳单元面积的平方根
三角形壳	任何单元节点与其相对的单元边缘的最小距离
梁	单元的长度

模型中所有单元的最小 h/c 值用于计算模型中所有单元的时间步长。这意味着计算时间取决于模型中最小的单元。因此，在显式动力学网格中应避免生成一个或两个非常小的单元，从而避免非常小的时间步长。

此外，需要设置合理的材料参数，显式时间积分中的时间步长与材料的声速成反比，与单元中材料质量的平方根也成反比：

$$\Delta t \propto \frac{1}{c} = \frac{1}{\sqrt{C_{ii}/\rho}} = \sqrt{\frac{m}{VC_{ii}}} \tag{3-7}$$

式中，C_{ii} 是材料刚度（$i=1,2,3$），对于各向同性材料，$C_{ii}=E$（弹性模量）；ρ 是

材料密度；m 是单元材料质量；V 是单元的体积。

　　通过人工增加单元的质量，可以增加最大允许稳定时间步长，从而减少计算时间。在显式动力学系统中应用质量缩放时，它仅适用于稳定时间步长小于指定值的那些单元。如果模型包含相对少量的小单元，这是减少完成显式模拟所需时间的最有效方式。当选择准静态或低速分析类型时，质量缩放会自动打开。使用 Mass Scaling 时，需要考虑几个参数，但主要的参数是 Minimum CFL Time Step。这应该设置为时间步的最小期望值，通常质量缩放的最小时间步长为正常时间步长的 5～10 倍。需要的时间步长越大，设置的缩放比例越大。有时为了达到最小时间步长，必须增加默认的最大质量缩放比例。质量缩放改变了应用缩放的网格部分的惯性属性，需要谨慎使用，确保增加质量不会对计算结果影响过大。

　　【Minimum CFL Time Step】：最小质量缩放时间步长。质量缩放会在系统中引入额外的质量来增加计算的 CFL 时间，引入过多的质量会导致非物理结果。

　　注：可使用用户定义的结果 MASS_SCALE（比例质量/物理质量）和 Time Step 来检查自动质量比例对模型的影响。

　　【Maximum Element Scaling】：最大单元缩放。此值限制了可应用于模型中每个单元的缩放质量/物理质量的比率。

　　【Maximum Part Scaling】：该值限制了可应用于 Part 的缩放质量/物理质量的比例。如果超过此值，分析将停止并显示错误消息。

　　【Update Frequency】：允许控制解算过程中质量缩放的频率。频率等于基于单元的当前形状重新计算质量比例因子的周期的增量。默认值为 0，这意味着质量比例因子仅在求解开始时计算一次，在并行解决方案中，更新频率始终设置为 0。

　　（3）Solver Controls 求解控制设置

　　Solver Controls 用于控制模型的计算 Beam 单元、Shell 单元、Solid 单元、SPH 粒子等单元的积分方式、对称性设置等，具体选项如图 3-19 所示。

　　【Solve Units】：所有模型输入将在求解过程中转换为这组单位。对于显式动力学计算，此设置始终为 mm、mg、ms，导入到 Autodyn 时，默认也是采用此单位。

　　【Beam Solution Type】：梁单元的类型，主要有 Bending 和 Truss 两种方式。

　　① Bending：弯曲，任何线体将被表示为包括完整弯矩计算的梁单元。

　　② Truss：桁架，任何线体将被表示为桁架单元，没有计算弯矩。

　　【Beam Time Step Safety Factor】：添加安全因子，以确保梁单元的计算稳定性。默认值可确保大多数情况下的稳定性。

　　【Hex Integration Type】：主要有 Exact 和

Solver Controls	
Solve Units	mm, mg, ms
Beam Solution Type	Bending
Beam Time Step Safety Factor	0.5
Hex Integration Type	Exact
Shell Sublayers	3
Shell Shear Correction Factor	0.8333
Shell BWC Warp Correction	Yes
Shell Thickness Update	Nodal
Tet Integration	Average Nodal Pressure
Shell Inertia Update	Recompute
Density Update	Program Controlled
Minimum Timestep for SPH	1.e-010 s
Minimum Density Factor for SPH	0.2
Maximum Density Factor for SPH	3.
Density Cutoff Option For SPH	Limit Density
Minimum Velocity	1.e-006 m s^-1
Maximum Velocity	1.e+010 m s^-1
Radius Cutoff	1.e-003
Minimum Strain Rate Cutoff	1.e-010
Detonation Point Burn Type	Program Controlled

图 3-19　Solver Controls 中的选项

1Pt Gauss 两种形式。

① Exact：精确，提供单元体积的精确计算，即使对于变形单元也是如此。

② 1Pt Gauss：单点积分，近似体积计算，对于具有翘曲面的单元不太准确。这个选项计算高效。

【Shell Sublayers】：通过各向同性壳体厚度的积分点数量。默认值为 3，适用于多数场景，增加数量可以实现更好的贯穿厚度塑性变形效果。

【Shell Shear Correction Factor】：外壳剪切修正系数。单元横向剪切假设在厚度上不变，这个校正因子解释了均匀的横向剪切应力响应，通过厚度代替真正的抛物线变化，一般采用默认值。

【Shell BWC Warp Correction】：壳的 Belytschko-Wong-Chiang 扭曲校正。如果单元翘曲，Belytschko-Lin-Tsay 单元公式将变得不准确，建议将此设置为 Yes。

【Shell Thickness Update】：壳的厚度更新，用于控制壳单元的厚度更新方式。选项如下：

① Nodal：在壳单元的节点处计算壳厚度的变化。

② Elemental：在单元积分点处计算壳厚度的变化。

【Tet Integration】：用于控制四面体单元的积分方式。选项如下：

① Average Nodal Pressure：四面体单元公式包括平均节点压力积分。该公式不具有体积锁定性，可用于大变形和几乎不可压缩的行为，如塑性流动或超弹性。该公式推荐用于大多数四面体网格。

② Constant Pressure：采用完整恒压四面体。这个公式比平均节点更有效率，但是在恒定的体积变形下它受到体积锁定的影响。

③ Nodal train：当四面体积分设置为节点应变时，显示 Puso 稳定系数。对于展示零能量模式的 NBS 模型，可以将 Puso 系数设置为非零值，建议值为 0.1。

【Shell Inertia Update】：用于控制壳的惯性更新。选项如下：

① Recompute：旋转惯性的主轴在每个周期默认重新计算。

② Rotate：旋转轴，而不是重新计算每个周期。这个选项更高效。然而，由于长时间运行模拟的浮点四舍五入，它可能导致数值不稳定。

【Density Update】：用于控制密度更新。选项如下：

① Program Controlled：解算器根据单元变形的速率和范围决定是否需要更新。

② Incremental：强制解算器始终使用增量更新。

③ Total：强制解算器始终重新计算来自单元体积和质量的密度。

【Minimum Timestep for SPH】：SPH 粒子计算最小时间步长，默认为 1×10^{-10} s。

【Minimum Density Factor for SPH】：SPH 粒子最小密度系数，默认为 0.2，一般不做修改。

【Maximum Density Factor for SPH】：SPH 粒子最大密度系数，默认为 3，一般不做修改。

【Density Cutoff Option for SPH】：SPH 截断密度选项，具体如下：

① Limit Density：按照限制密度来控制。

② Delete Node：删除节点。

【Minimum Velocity】：在分析中允许的最小速度。如果任何模型速度下降到这个最小速度以下，它将被设置为零。默认值为 1×10^{-6} m/s，可用于大多数分析。

【Maximum Velocity】：在分析中允许的最大速度。如果任何模型速度上升到最大速度以上，它将被封顶。这可以在某些情况下提高分析的稳定性/鲁棒性，一般采用默认值。

【Radius Cutoff】：在计算开始时，如果一个节点在对称平面的指定半径范围内，它将被放置在对称平面上。在计算开始时，如果一个节点在对称平面的指定半径之外，则随着计算的进行，它将不允许靠近对称平面的这个半径。

【Minimum Strain Rate Cutoff】：在分析中允许的最小应变率。如果任何模型应变率下降到此值以下，它将被设置为零。默认值为 1×10^{-10}，可用于大多数分析。对于低速或准静态分析，可能需要降低此值。

【Detonation Point Burn Type】：炸点起爆模型。选项如下：

① Program Controlled：程序自动控制。对于 2D 模型，采用 Direct Burn；对于 3D 模型，采用 Indirect Burn。

② Indirect Burn：非直接引爆，爆轰路径由一种间接方法计算，该方法遵循连接炸药单元中心的直线段。

③ Direct Burn：直接引爆，爆轰路径是通过寻找穿过爆炸区域的直接路径来计算的。

（4）Euler Domain Controls 欧拉网格控制设置

Euler Domain Controls 的选项如图 3-20 所示。

Euler Domain Controls	
Domain Size Definition	Program Controlled
Display Euler Domain	Yes
Scope	All Bodies
X Scale factor	1.2
Y Scale factor	1.2
Z Scale factor	1.2
Domain Resolution Definition	Total Cells
Total Cells	2.5e+05
Lower X Face	Flow Out
Lower Y Face	Flow Out
Lower Z Face	Flow Out
Upper X Face	Flow Out
Upper Y Face	Flow Out
Upper Z Face	Flow Out
Euler Tracking	By Body
Damping Controls	

图 3-20 Euler Domain Controls 选项

【Domain Size Definition】：用于控制主体欧拉区域大小及区域的设置。选项如下：

① Program Controlled：自动设置区域的大小。

② Manual：手动设置区域大小。当选择手动设置时，会出现区域大小的设置，通过设置欧拉域的 X、Y 和 Z 起始点坐标和 X、Y、Z 的长度，即可建立一个块状欧拉域，如图 3-21（a）所示。

【Display Euler Domain】：图形窗口中欧拉域可见性，如图 3-21（b）所示。

【Scope】：用于设置欧拉网格的作用范围。选项如下：

① All Bodies：欧拉域包含所有 Body。

② Eulerian Bodies Only：欧拉域只包括指定为欧拉网格的 Body。

【X Scale factor】：设定的关于 X 方向的大小的倍数，默认为 1.2。

【Y Scale factor】：设定的关于 Y 方向的大小的倍数，默认为 1.2。

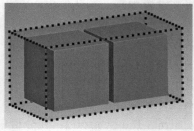

Euler Domain Controls	
Domain Size Definition	Manual
Display Euler Domain	Yes
Minimum X Coordinate	0. m
Minimum Y Coordinate	0. m
Minimum Z Coordinate	0. m
X Dimension	0. m
Y Dimension	0. m
Z Dimension	0. m

(a)欧拉域大小设置　　　　　　　　　(b)欧拉域可见性

图 3-21　欧拉域的设置

【Z Scale factor】：设定的关于 Z 方向的大小的倍数，默认为 1.2。

X、Y、Z 方向设定不同的倍数，效果如图 3-22 所示。

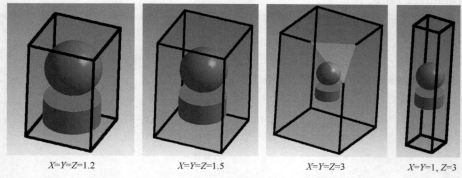

$X=Y=Z=1.2$　　　　　$X=Y=Z=1.5$　　　　　$X=Y=Z=3$　　　　　$X=Y=1, Z=3$

图 3-22　X、Y、Z 方向设定不同的倍数

【Domain Resolution Definition】：用于控制总的网格数量和各个方向的网格数量和大小。选项如下：

① Total Cells：设定总的网格大小，默认为 2.5E5。

② Cell Size：设定网格的大小。

③ Cells Per Component：设定 X、Y、Z 方向上的网格数量。

【Lower X Face】：X 底部的边界条件，默认是 Flow Out，即为流出边界。Impedance 为应力波的无反射边界，Rigid 为刚性边界，下同。

【Lower Y Face】：Y 底部的边界条件。

【Lower Z Face】：Z 底部的边界条件。

【Upper X Face】：X 底部的边界条件。

【Upper Y Face】：Y 底部的边界条件。

【Upper Z Face】：Z 底部的边界条件。

【Euler Tracking】：欧拉跟踪，结果以欧拉方式的 Body 为范围，默认无法修改。

（5）Damping Controls 阻尼控制设置

有时候，特别是当存在高度柔性的材料时，在显式模拟中会出现恒定的频率振荡。这可以使用静态阻尼来避免。将时间步长的两倍除以系统中最长的振荡周期来计算阻尼值。这个值旨在阻止分析中最慢的振动。如果不确定应使用的数值，最好从最小的阻尼值开始，以防过度阻尼。如果模拟欠阻尼，仍然会有振动可见；但是当模拟过阻尼时，可能导致更长的结束时间要求和结果偏差。其他阻尼控制应保持其默认值。

Damping Controls 选项如图 3-23 所示。

【Linear Artificial Viscosity】：人工黏度的
线性系数。该系数用于平滑网格上的冲击不连
续性，一般默认为 0.2。

【Quadratic Artificial Viscosity】：人工黏
度的二次系数。这个系数减少了不连续性振
荡，一般默认为 1。

Damping Controls	
Linear Artificial Viscosity	0.2
Quadratic Artificial Viscosity	1.
Linear Viscosity in Expansion	No
Artificial Viscosity For Shells	Yes
Hourglass Damping	AUTODYN Standard
Viscous Coefficient	0.1
Static Damping	0.

图 3-23 Damping Controls 选项

【Linear Viscosity in Expansion】：压缩材料的线性黏度。人工黏度通常仅用于压缩材
料。这个选项允许在压缩和膨胀时应用材料的黏度。

【Artificial Viscosity For Shells】：除了 Solid 单元外，还对所有壳单元应用人工黏度。

【Hourglass Damping】：沙漏阻尼控制选项，具体如下：

① AUTODYN Standard：AUTODYN 标准，沙漏阻尼的方法与实体六面体单元一起
使用。

② Flanagan-Belytschko：用 Flanagan-Belytschko 方法控制沙漏。

【Viscous Coefficient】：六面体实体单元和四边形壳单元的沙漏阻尼的黏滞系数。

【Static Damping】：静态阻尼。静态阻尼常数可以被指定，其将解从动态解变为松弛迭
代，收敛到应力平衡状态。为获得最佳收敛，阻尼常数 R 选择的值可以定义为：$R = 2 \times$
timestep$/T$。其中，timestep 是时间步的预期平均值，T 是被分析系统的最长振动周期。

（6）Erosion Controls 侵蚀控制设置

侵蚀是显式动力学中表征材料破坏的主要方式，允许在某些情况下将网格删除。一般
Explicit Dynamics 有 3 个标准可以导致单元侵蚀：最大几何变形、最小时间步长和材料失
效。最常用的是关于几何应变极限侵蚀。它用于预计会出现的过度变形，并防止由于网格在
冲击条件下变形严重导致解决方案停止计算。一般默认是 1.5，即当变形达到 150% 时，将
网格删除。

Erosion Controls	
On Geometric Strain Limit	Yes
Geometric Strain Limit	1.5
On Material Failure	No
On Minimum Element Time Step	No
Retain Inertia of Eroded Material	Yes

图 3-24 Erosion Controls 选项

Erosion Controls 的选项如图 3-24 所示。

【On Geometric Strain Limit】：通过几何应变去控制侵
蚀。如果设置为 Yes，则单元中的几何应变超过指定限制
时，单元将被自动侵蚀。

【Geometric Strain Limit】：侵蚀的几何应变极限。建
议值为 0.5～3.0，默认值是 1.5。对于橡胶等大变形的材
料可适当增加侵蚀的几何应变极限。

【On Material Failure】：通过材料的失效去控制侵蚀。如果设置为 Yes，在单元中使用
的材料中定义了材料失效属性，则单元在失效标准达到时，将被自动侵蚀。包含损伤模型的
材质单元在损伤值达到 1.0 时也会受到侵蚀。

【On Minimum Element Time Step】：通过时间步长的大小去控制侵蚀。如果设置为
Yes，则如果计算出的时间步长低于指定值，单元将被自动删除。

【Minimum Element Time Step】：最小的单元时间步长。设定后，当单元的时间步长小
于此值，此单元将被删除。这是控制最小时间步长的一种非常简单的方法，只需简单地删除
导致产生比期望更小的计算时间步长的单元。

【Retain Inertia of Eroded Material】：保留侵蚀后的材料。如果此选项设置为 Yes，则可以保留生成的侵蚀后碎片的惯性，如图 3-25 所示。自由碎片的质量和动量被保留下来，并且可以在随后的计算中保持能量守恒。如果设置为 No，则所有产生的侵蚀碎片将被自动从分析中删除。

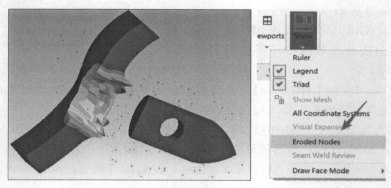

图 3-25　保留侵蚀后的材料

侵蚀的节点会以红点的形式出现在计算结果的主窗口中，可以通过菜单栏中选择【Display】→【Show】→【Eroded Nodes】，查看或者关闭侵蚀的材料单元。

（7）Output Controls 输出控制设置

Output Controls 用于控制模型的输出选项，包括保存的数据点、重启动数据点、测试点的数据跟踪等。其选项如图 3-26 所示。

Output Controls	
Step-aware Output Controls	No
Save Results on	Equally Spaced Points
Result Number Of Points	20
Save Restart Files on	Equally Spaced Points
Restart Number Of Points	5
Save Result Tracker Data on	Cycles
Tracker Cycles	1
Output Contact Forces	Off

图 3-26　Output Controls 选项

【Step-aware Output Controls】：步进输出控制，默认设置为 No。如果设置为 Yes，则重新启动结果频率，这些值表示每一步的频率，输出控件显示在工作表中。

【Save Results on】：控制 Explicit Dynamincs 计算保存方式，推荐使用 Equally Spaced Points。一般保存的文件后缀为 .adres，可以用 Autodyn 打开。

① Cycles：将结果文件按照循环来保存。选定后将会在下一行出现 Result Cycles，设置一个循环一个数值，每计算一组 Result Cycle 后保存一次。

② Time：将结果文件按照时间来保存。选定后会在下一行出现 Result Time，设置一个时间，每隔这么长时间后保存一次。

Equally Spaced Points（默认选项）：在分析过程中保存指定数量的结果文件。频率由终止时间/点数定义。选定后在下一行出现【Result Number Of Points】，输出保存的数量，默认为 20。

【Save Restart Files on】：控制 Autodyn 文件的保存方式，推荐使用 Equally Spaced Points。一般在 Explicit Dynamics 模块中计算，会生成后缀为 .ad 的 Autodyn 文件，可以直接用 Autodyn 打开。

① Cycles：将结果文件按照循环来保存。选定后将会在下一行出现 Result Cycles，设置一个循环一个数值，每计算一组 Result Cycle 后保存一次。

② Time：将结果文件按照时间来保存。选定后会在下一行出现 Result Time，设置一个时间，每隔这么长时间后保存一次。

Equally Spaced Points（默认选项）：在分析过程中保存指定数量的结果文件。频率由终止时间/点数定义。选定后在下一行出现【Result Number Of Points】，输出保存的数量，默认为 5。

【Save Result Tracker Data on】：设置测试点的保存方式，默认为 Cycles，即每计算一个循环保存一下测试点的数据。测试点可以在计算开始之前右击【Solution】，选择合适的参量输出，如图 3-27 所示。如需要测试某一点的冲击波压力，可以选择 Pressure。

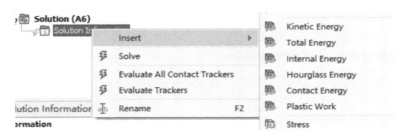

图 3-27 测试点设置

Cycles（默认选项）：在循环次数的指定增量之后保存结果跟踪器和解决方案输出数据。输入循环数值，默认值为 1。追踪的数据不包括：Time Increment、Energy Conservation、Momentum Summary、Energy Summary。这些数据可在【Solution Information】中进行查看。

Time：按照指定的时间增量之后进行结果数据的保存。需要输入 Tracker Time。同理，追踪的数据不包括：Time Increment、Energy Conservation、Momentum Summary、Energy Summary。这些数据可在【Solution Information】中进行查看。

【Output Contact Forces】：默认是 Off。打开后，可以使用此控件定义接触力写入文件的频率。这里需要注意的是：

① 将接触力信息写入解决方案目录到名为 extfcon_*.cfr 的 ASCII 文件中，其中 * 是循环编号。

② 每个文件都包含外部面上节点的全局 X、Y 和 Z 方向的非零的力。

③ 接触力不支持线体或欧拉（虚拟）物体。

④ 接触力只能用于 3D 分析。

（8）Analysis Data Management 分析数据管理设置

如图 3-28 所示，这些设置代表了文件的保存路径，是根据保存文件的文件夹自动生成的，一般不可改变。

【Solver Files Directory】：保存文件的路径，可以在建模开始时设置。

【Scratch Solver Files Directory】：临时文件的保存路径，可以在【Tools】 → 【Options】 →

Analysis Data Management	
Solver Files Directory	F:\workbench\just_for_settin.
Scratch Solver Files Directory	

图 3-28 Analysis Data Management 选项

【Project Management】中进行设置，修改 Default Folder for Temporary Files 的保存路径，如图 3-29 所示。

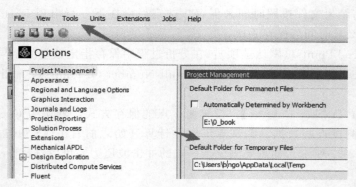

图 3-29 临时文件保存

3.2.3.2 不同求解类型的参数默认设置

不同求解类型的参数会自动定义好，一般不需要改变。默认的不同求解类型的参数如表 3-3 所示。

表 3-3 不同求解类型的参数默认设置

选项	Program controlled	Efficiency	Low Velocity	High Velocity	Quasi Static	Drop Test
Step Controls						
Time Step Safety Factor	0.9	1	0.9	0.9	0.9	0.9
Mass Scaling	No	Yes	Yes	No	Yes	No
Mass Scaling Minimum CFL Time Step	Off	自定义	自定义	Off	自定义	Off
Mass Scaling: Maximum Element Scaling Factor(%)	Off	1000	100	Off	1000	Off
Mass Scaling: Maximum Part Scaling	Off	1000	5	Off	1000	Off
Mass Scaling: Update Frequency	Off	0	0	Off	0	Off
Characteristic Dimension	Diagonals	Opposing Faces	Opposing Faces	Diagonals	Opposing Faces	Opposing Faces
Solver Controls						
Beam Time Step Safety Factor	0.5	1	0.1	0.1	0.1	0.1
Hex Integration Type	Exact	1pt Gauss	1pt Gauss	Exact	1pt Gauss	1pt Gauss
Shell Sublayers	3	2	3	3	3	3
Shell Inertia Update	Recompute	Rotate	Recompute	Recompute	Recompute	Recompute
Tet Integration	ANP	SCP	NBS	ANP	NBS	NBS
Minimum Strain Rate Cut-off	1e-10	1e-10	0.0	1e-10	0.0	0.0

续表

选项	Program controlled	Efficiency	Low Velocity	High Velocity	Quasi Static	Drop Test
Damping Controls						
Hourglass Damping	AUTODYN Standard	AUTODYN Standard	Flanagan Belytschko	AUTODYN Standard	Flanagan Belytschko	Flanagan Belytschko
Static Damping	0	0	0	0	User Must Define	0
Erosion Controls						
On Geometric Strain Limit	Yes	No	No	Yes	No	No
Geometric Strain Limit	1.5	0.75	Unchanged	1.5	Unchanged	Unchanged
Output Controls						
Save Results on：Equally Spaced Points	20	20	50	50	10	50
Save Result Tracker Data：Cycles	1	10	10	1	10	10
Save Solution Output：Cycles	100	1000	100	100	100	100
Body Interactions：Details Options						
Nodal Shell Thickness	No	No	No	No	No	No
Body Self Contact	Yes	No	No	Yes	No	No
Element Self Contact	Yes	No	No	Yes	No	No

3.3　计算设置

3.3.1　并行计算设置

在 Workbench 平台，并行计算设置较为简单。对于 Explicit Dynamics 来说，通过菜单栏【Home】中的【Solve】可设置并行计算，如图 3-30（a）所示。勾选【Distributed】，根据自己电脑的配置合理选择最大可利用的核心数【Cores】。对于 LS-DYNA 来说，可以在【Analysis Settings】中通过设置【Number of CPUS】来设置并行计算，如图 3-30（b）所示。在 2D 分析中，一般不支持并行计算，对于不支持并行计算的算例，程序会自动采用单核进行计算。

(a) Explicit Dynamics　　　　　　　　　(b) LS-DYNA

图 3-30　Workbench 中并行计算的设置

设置好所有条件后，点击【Solve】即可提交计算。实际上，通过调用任务管理器可以看到 Explicit Dynamics 模块的计算是直接调用了 ansys. solvers. Autodyn. exe 主程序进行计算，并行计算是调用了 ansys. solvers. Autodyn. worker. exe 进行计算。表 3-4 描述了不同平台下显式动力学模型的 MPI 并行处理支持类型。

表 3-4　并行计算支持平台

Windows			Linux		
Local Parallel	Distributed Parallel	Windows HPC Jobscheduler	Local Parallel	Distributed Parallel	Windows HPC Jobscheduler
Intel MPI, Microsoft MPI	Intel MPI	N/A	Intel MPI, OpenMPI	Intel MPI, OpenMPI	N/A

3.3.2　计算信息查看

提交计算后，可以通过【Solution Information】查看计算过程，如图 3-31 所示，可以查看 Solve Output（求解信息，包括时间步长、剩余求解时间、求解进度等），计算完成后，会显示总体计算循环、求解时间和使用的处理器个数等信息。

典型的计算信息如下：

Cycle：求解当前循环；

Time：求解时间进度；

Time Inc.：时间步长；

Progress：求解进度；

Est. Clock Time Remaining：剩余计算时间。

```
Cycle:      931, Time: 4.994E-04s, Time Inc.: 5.364E-07s, Progress:  99.89%, Est. Clock Time Remaining: 1s
Cycle:      932, Time: 5.000E-04s, Time Inc.: 5.364E-07s, Progress:  99.99%, Est. Clock Time Remaining: 0s
Cycle:      933, Time: 5.005E-04s, Time Inc.: 5.364E-07s, Progress: 100.00%, Est. Clock Time Remaining: 0s


SIMULATION ELAPSED TIME SUMMARY

EXECUTION FROM CYCLE       0 TO       933
ELAPSED RUN TIME IN SOLVER =      1.18593E+01 Minutes
TOTAL ELAPSED RUN TIME     =      1.56416E+01 Minutes
JOB RAN OVER      6 WORKERS
JOB RAN USING Intel MPI
JOB RAN USING DECOMPOSITION AUTO

Problem terminated .... wrapup time reached
```

图 3-31　计算过程查看

如图 3-32 所示，在计算过程中，可以随时更改【Solution Information】中的显示选项，如查看 Time Increment（时间步长）、Energy Conservation（能量守恒信息，包括总能量、参考能量、能量误差等）、Momentum Summary（动量守恒信息，包括 X 方向、Y 方向和 Z 方向的动量等）、Energy Summary（能量统计，包括内能、动能、沙漏能、接触能量等）等。

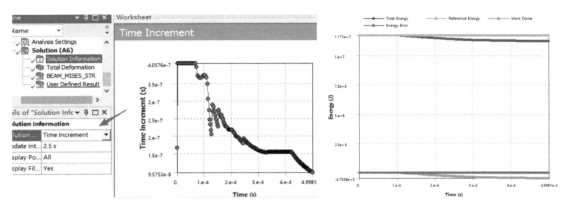

图 3-32　结果输出文件中的信息显示

3.4　后处理设置

计算结果的后处理是数值仿真过程中的一个关键点，Workbench 平台中后处理操作相对统一，可以提供云图、动画、数据表格、自动生成报表等功能。

3.4.1　计算结果文件查看

当计算完成后，可以右击【Solution】，选择【Open Solver Files Directory】，查看计算结果文件，如图 3-33 所示。一般来说，会生成日志文件、计算结果文件和计算过程文件等，主要类型见表 3-5。

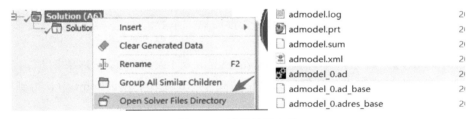

图 3-33　计算结果文件

表 3-5　主要计算文件类型和内容

典型文件	典型文件内容
admodel. log	日志文件,可以查看计算的详细信息,如计算时间、并行计算设置等
admodel. prt	提供了广泛的有关设置和求解的信息,如加载条件、边界条件等,包括哪些操作占用更多 CPU 时间,能量和动量平衡,以及误差等
admodel. sum	二进制文件,包含概要性质的历史数据,如材料概要、零件概要、能量等
admodel. xml	可以查看绝大多数的计算信息,如网格、求解单元、单位制、接触等定义
admodel_0. ad	Autodyn 计算结果文件,可以直接使用 Autodyn 软件打开
admodel_0. adres_base	Explicit Dynamics 计算结果文件,可以使用 Ensight 和 Autodyn 软件打开
assemblymesh. bin	二进制文件、网格及装配信息

3.4.2　结果变量查看

计算完成后或者在计算之前，都可以右击【Solution】插入云图显示，如变形、应变、应力、速度等云图，如图 3-34 所示。

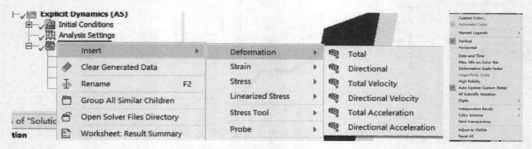

图 3-34　云图显示与设置

可以双击云图中的色块进行编辑，如将原深蓝色的色块替换为白色色块，更加方便打印效果。也可以对【Legend】进行编辑，如调整数值大小、区间、位置、颜色等。

右击【Legend】常见选项如下：

【Custom Color】：设置自定义的颜色。

【Automatic Color】：自动的颜色。

【Named Legend】：可以管理和新建 Legend。

【Vertical】：采用垂直的方式显式 Legend。

【Horizontal】：采用水平的方式显示 Legend。

【Date and Time】：显示模型的时间日期信息。

【Max，Min on Color Bar】：在 Legend 中显示最大值和最小值。

【Deformation Scale Factor】：显示结果变形的放大系数。

【Logarithmic Scale】：Log 云图显示。

【High Fidelity】：高分辨率，选择 High Fidelity 可以得到高分辨率图像，可以通过 Ctrl＋C 键，复制当量窗口中的计算结果再粘贴到 Word 或者 PowerPoint 中，得到较高分辨率的图片。

【All Scientific Notation】：采用科学记数法。

【Digits】：设置显示数值的小数点位数。

【Independent Bands】：可以选择高亮显示最大和最小值。

【Color Scheme】：设置显示颜色。①Rainbow：采用默认彩色设置；②Reverse Rainbow：采用颠倒的彩色设置；③Grayscale：灰度显示；④Reverse Grayscale：颠倒灰度显示；⑤Reset Colors：重置颜色显示设置。

【Semi Transparency】：半透明显示。

【Adjust to Visible】：调整适应窗口。

【Resetall】：重置所有设置。

典型的 Workbench 后处理设置如图 3-35 所示。

在菜单栏【Result】中可以查看后处理结果，如显示比例、几何显示，云图、显示网格或者未变形模型等。有需要放大变形的，可以修改 1.0（True Scale）到合适的值。如图 3-36

所示，在菜单栏可以勾选【Section Plane】，选择模型，划分一条线，即可进行剖切显示。

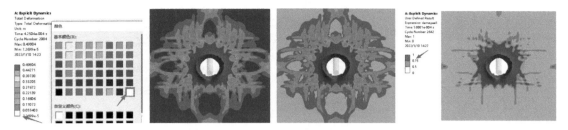

图 3-35　Workbench 中的后处理设置

图 3-36　结果显示设置

计算完成后，可以通过 Graph 查看结果，点击【Animation】▶ 可以查看动画，点击 ▣ 可以保存动画，如图 3-37 所示，点击【Updata Contour Range at Eachanimation Frame】▦ 即可针对每一帧的动画实时更新云图中的变量。右侧为计算结果数据表，可以直接选择复制粘贴到 Excel 或者 Origin 等专业作图软件中。将鼠标定格在某一时刻，右击选择【Retrieve This Result】可以查看对应时刻的云图。

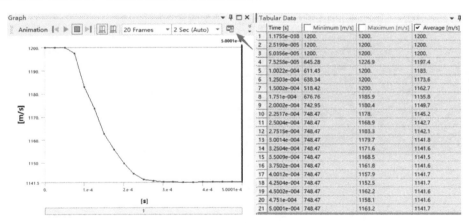

图 3-37　计算曲线及数据

3.4.3　自定义结果

某些计算结果的显示云图并不能通过简单地插入来查看，需要在结果后处理中自定义显示结果，可右击【Solution】插入【User Defined Result】，在【Expression】中插入自定义的显示结果，如图 3-38 所示。或者在【Worksheet：Result Summary】中选择【Available Solution Quantities】，选择需要显示的自定义变量，右击【Create User Defined Result】即可，如图 3-39 所示。

例如，右击插入【User Defined Result】，在【Expression】中输入 Damageall，即自定

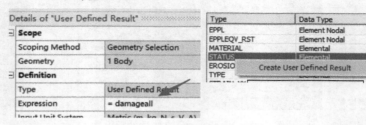

图 3-38　自定义结果显示（Expression）

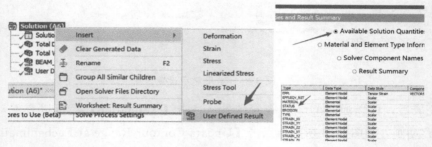

图 3-39　自定义结果显示（Worksheet）

义查看材料的损伤情况。同样，右击插入【User Defined Result】，在【Expression】中输入 Status，可以查看材料的状态，或者在【Expression】中输入 BEAM_MISES_STR 查看梁单元的应力状态等。几种不同结果的显示如图 3-40 所示。

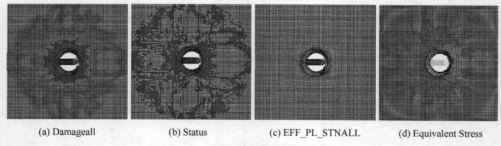

(a) Damageall　　　(b) Status　　　(c) EFF_PL_STNALL　　　(d) Equivalent Stress

图 3-40　几种不同结果的显示

（1）拉格朗日网格自定义结果设置
拉格朗日网格的自定义结果如表 3-6 所示。

表 3-6　拉格朗日网格自定义结果

表达式（Expression）	描述（Description）	类型（Type）
BEAM_LEN	梁的长度	Element Nodal
BOND_STATUS	状态绑定接触的状态，−1 代表绑定的节点脱落	Elemental
C_S_AREA	梁单元的截面面积	Element Nodal
COMPRESSALL	材料的压缩：Compression，$\mu=\rho/\rho_0$	Element Nodal
CROSS_SECTION	梁横截面编号	Elemental

表达式（Expression）	描述（Description）	类型（Type）
DAMAGEALL	材料的破坏,0 表示没有被破坏,1 表示完全被破坏	Element Nodal
DENSITY	材料的密度	Element Nodal
EFF_STN	单元有效几何应变	Element Nodal
EFF_PL_STNALL	有效塑性应变,这是逐步计算的,与等效塑性应变（EPPLEQV_RST）不同,等效塑性应变以瞬时值计算	Element Nodal
ENERGY_DAM	Johnson-Holmquist 脆性强度模型的断裂能量	Element Nodal
EROSION	侵蚀状态,0 表示不侵蚀,＞0 表示侵蚀	Elemental
STOCH_FACT	材料的随机失效	Elemental
STRAIN_XX	XX 总应变	Element Nodal
STRAIN_YY	YY 总应变	Element Nodal
STRAIN_ZZ	ZZ 总应变	Element Nodal
STRAIN_XY	XY 总应变。这些是张量剪切应变,而不是工程剪切应变	Element Nodal
STRAIN_YZ	YZ 总应变。这些是张量剪切应变,而不是工程剪切应变	Element Nodal
STRAIN_ZX	ZX 总应变。这些是张量剪切应变,而不是工程剪切应变	Element Nodal
TASK_NO	为并行处理分配任务编号	Elemental
TEMPERATUREALL	材料温度	Element Nodal
THICKNESS	壳的厚度	Element Nodal
TIMESTEP	单元计算的时间步长	Element Nodal
TYPE	单元的编号类别: HEX:六面体 100,101 PENTA 五面体:102 TET 四面体:103,104,106 PYRAMID 金字塔:105 QUAD 四边形:107 TRI 三角形:108 SHELL 壳:200～202,204 BEAM 梁:203	Elemental
VISC_PRES	由于人造黏度造成的黏性压力	Element Nodal
VTXX	黏弹性应力 XX	Element Nodal
VTYY	黏弹性应力 YY	Element Nodal
VTZZ	黏弹性应力 ZZ	Element Nodal
VTXY	黏弹性应力 XY	Element Nodal
VTYZ	黏弹性应力 YZ	Element Nodal
VTZX	黏弹性应力 ZX	Element Nodal
EPS_RATE	有效塑性应变率	Element Nodal
F_AXIAL	梁轴向力	Element Nodal
INT_ENERGYALL	材料的内能	Element Nodal
MASSALL	材料重量	Element Nodal
MATERIAL	材料编号	Elemental

续表

表达式（Expression）	描述（Description）	类型（Type）
MOM_TOR	梁转动惯量	Element Nodal
POROSITY	材料孔隙率：Porosity，$\alpha = \rho_{Solid}/\rho$	Elemental
PRESSURE	压力	Element Nodal
PRES_BULK	Johnson-Holmquist 脆性强度模型的膨胀压力	Elemental
RB_CONTACT_ENERGY	刚体接触的能量	Element Nodal
SOUNDSPEED	材料声速	Element Nodal
STATUS	材料状态： 1-弹性 2-经历塑性流动 3-达到失效标准（with healing） 4-达到失效标准 5-由于主方向 1 上的应力/应变而失败 6-由于主方向 2 上的应力/应变而失败 7-由于主方向 3 上的应力/应变而失败 8-由于主方向 12 上的剪应力/应变而失效 9-由于主方向 23 上的剪应力/应变而失效 10-由于主方向 31 上的剪切应力/应变而失败	Elemental

（2）欧拉网格自定义结果设置

欧拉网格的自定义结果如表 3-7 所示。

表 3-7　欧拉网格自定义结果

表达式（Expression）	描述（Description）	类型（Type）
EFF_PL_STN	有效塑性应变	Element Nodal
INT_ENERGY	内能	Element Nodal
MASS	质量	Element Nodal
COMPRESS	压缩	Element Nodal
DET_INIT_TIME	点火时间	Element Nodal
ALPHA	反应度	Element Nodal
DAMAGE	损伤	Element Nodal
TEMPERATURE	温度	Element Nodal

 本章小结

本章介绍了 Explicit Dynamics 模块中的主要设置，包括接触设置、初始条件、边界条件、分析步设置、计算条件设置和后处理设置等，这些设置是显式动力学仿真工作的基础。

第4章 高速冲击碰撞问题

扫码领取本书源文件

4.1 高速冲击碰撞问题理论及数值方法

高速冲击碰撞问题是研究相对运动物体之间相互碰撞的现象与规律的一种问题，其综合了力学、热学、数学、材料学等多个学科。

由于弹塑性体碰撞时，在各自的表面和内部将产生高强度、短历时冲击载荷的作用，碰撞载荷的大小主要取决于撞击体的质量和碰撞速度，受冲击面上的载荷强度影响，还与撞击体的姿态和接触面积有关。在这种载荷作用下，不但在撞击体表面产生变形、破坏，甚至熔化或汽化，而且在可变形的撞击体的内部还将发生质点的位移运动、应力与应变的传播及它们之间的相互作用，最终导致撞击体在总体上发生结构的塑性变形、解体破坏等整体响应。在高速碰撞下，所涉及材料的变形、破坏行为十分复杂，一般需要考虑到材料的应变率效应、硬化效应和温度效应等。

4.1.1 高速冲击碰撞问题中的应力波理论

当物体在局部受到突加载荷时，由于物体的惯性和可变形性，突加载荷从作用点开始由近及远地在介质中传播出去，就形成了应力波。一切固体材料都具有惯性和变形性，当受到随时间变化着的外载荷的作用时，其运动过程总是一个应力波产生、传播、反射和相互作用的过程。在静力学中（可变形）忽略惯性，只是观察静力平衡后的结果。在刚体力学（不可变形）中，应力波速度趋于无穷大。

（1）静力载荷

静力载荷缓慢加载，产生的加速度很小，忽略惯性效应，在此过程中，可以认为各部分都处于静力平衡状态，有

$$F = ma \qquad a \rightarrow 0 \tag{4-1}$$

式中，F 为作用力；m 为物体质量；a 为物体加速度。

静力加载过程中，载荷强度随时间不发生显著变化，不考虑介质微元体的运动，不考虑惯性，只考虑变形。

（2）动力载荷

动力载荷加载过程中，物体产生显著的加速度，且加速度所引起的惯性力对物体的运动和变形有明显影响。

动力加载（冲击加载），相对于静力加载，其特点如下：

① 作用时间短，幅值变化大，材料变形，破坏局部化效应。

② 要考虑介质微元体的惯性，考虑波的传播与相互作用，如一些具有特殊的破坏现象——层裂、心裂、角裂，穿甲弹侵彻过程的自锐化效应等。

③ 高加载率、高应变率：材料强度提高，变硬、变脆。一般来说，准静态试验的应变率为 $10^{-5} \sim 10^{-1}$/s 量级，而考虑应力波传播的冲击试验的应变率范围是 $10^2 \sim 10^4$/s 量级，有时甚至可达 10^8/s 量级，如表 4-1 所示。

表 4-1　加载率变化

加载方式	应变率/s^{-1}	物理效应
准静态试验	$10^{-5} \sim 10^{-1}$	静力学变形
机械装置或压缩气炮（一）	$10^{-1} \sim 100$	弹性、局部塑性
机械装置或压缩气炮（二）	$100 \sim 10^3$	主要是塑性
火药炮	$10^3 \sim 10^4$	黏性，材料强度仍很重要
一级轻气炮	$10^4 \sim 10^6$	强度不可忽略，密度是主要参数
二级轻气炮	$10^6 \sim 10^8$	可压缩性效应
二级轻气炮	$> 10^8$	气化

④ 具有温度效应：材料冲击热软化、瞬态相变、绝热剪切破坏。一般从热力学角度来说，静力加载过程相当于等温过程，而动力加载过程相当于绝热过程，其能量立即转变为冲击压缩能和塑性变形功。

⑤ 在冲击载荷作用下，材料在高应变率下的动态力学性能与静态力学性能不同，即材料的本构关系不同，具有应变率效应。

材料在动态载荷下与在静态载荷下有明显的不同。在高速的动载荷下（以毫秒和微秒计），如子弹穿甲、炸药爆炸等，当外载荷作用于可变形固体的表面时，一开始只有那些直接受到外载荷作用表面部分的介质质点离开初始平衡位置，由于这部分介质质点与相邻介质质点之间发生了相对运动（变形），当然也将受到相邻介质质点所给予的作用力，但是同时也给相邻质点以反作用力，使他们离开平衡位置而运动起来。不过由于介质质点具有惯性，相邻介质质点的运动将滞后于表面介质质点的运动。以此类推，外载荷在表面上所引起的扰动就这样在介质中由近到远传播出去而形成应力波。应力波的形成过程如图 4-1 所示。

应力波是固体材料在短时间、快速变化的冲击载荷作用下产生的波动（应力波传播），并使固体材料产生运动、变形和破坏的规律，涉及固体中弹塑性波的传播和相互作用的动力学基础知识，以及靶板侵彻的基本理论，已成为现代声学、地球物理学、爆炸力学、材料与

图 4-1 应力波形成过程

结构冲击动力学、导弹与核武器技术和航空航天防护技术的应用基础研究之一。显式动力学仿真技术就是用于模拟应力波在固体和液体材料中的传播现象。

（3）弹性波

弹性波是物体不发生塑性变形，物体在弹性范围内应力波的传播。一般加载速度较小，在单轴应力条件下（即沿长细长杆行进的弹性波），波传播速度为

$$c_0 \leqslant \sqrt{\frac{E}{\rho}} \tag{4-2}$$

式中，E 为材料的弹性模量；ρ 为材料密度。

（4）塑性波

当材料中的应力超过弹性极限时，将会发生塑性（非弹性）变形。在动态载荷条件下，所产生的波传播可以分解为弹性和塑性区域。在单轴应力条件下，波的弹性部分以纵波速度传播，而塑性波在其后进行传播，其波速为

$$c_{\text{plastic}} \leqslant \sqrt{\frac{\mathrm{d}\sigma / \mathrm{d}\varepsilon}{\rho}} \tag{4-3}$$

式中，σ 为应力；ε 为应变；ρ 为材料密度。

（5）冲击波

如图 4-2 所示，冲击波可以被认为是物质状态（密度 ρ、能量 e、应力 σ）的不连续性，冲击速度波的速度（U_s）等于质点的速度 u。

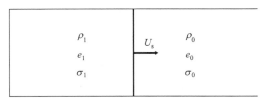

图 4-2 冲击波波阵面参数

物质状态在冲击不连续性之间的关系可以用质量守恒、动量和能量的原理推导出，由此产生的 Hugoniot 方程为

$$\frac{\rho_1}{\rho_0} = \frac{U_s - u_0}{U_s - u_1} \tag{4-4}$$

$$\sigma_1 - \sigma_0 = \rho_0 (u_1 - u_0)(U_s - u_0) \tag{4-5}$$

$$e_1 - e_0 = \frac{1}{2}(\sigma_1 + \sigma_0)\left(\frac{1}{\rho_0} - \frac{1}{\rho_1}\right) \tag{4-6}$$

4.1.2 高速冲击碰撞过程中数值方法

通过显式动力学数值仿真软件模拟高速冲击作用是一种有效的方法，影响其计算结果正确性的因素很多，其中需要注意的包括材料参数、单元算法、网格大小、沙漏模式和侵蚀模型等。

（1）材料参数

对于固体来说，在冲击载荷作用下，会综合考虑材料的冲击效应、应变率效应、温度软化等，材料的选择也与单元类型相关，其材料参数较静力学会复杂很多。

通过 Explicit Dynamics 模块求解高速冲击碰撞问题，对于金属材料一般使用 Shock 状态方程、J-C 强化模型，对于混凝土材料一般使用 RHT 模型。相应的材料均根据参考文献或者在 Explicit Materials 材料库中加载。

（2）单元算法

单元算法规定了数值仿真中的积分方式，单元算法首先是与 Part 的类型有关，如 Solid（对应六面体、四面体、五面体等）、Shell（对应四边形和三角形）、Beam（对应梁单元），其次和网格划分形态有关（如四边形和三角形等）。相关单元的算法设置一般是在 Explicit Dynamics 的【Analysis】中设置。

① 六面体（Hexahedral Elements）。

在显式动力学系统中，固体的首选单元是八节点简化积分的六面体。六面体单元非常适合瞬态显式动力学分析，包括大变形、大应变、大旋转和复杂接触条件。六面体单元基本特性见表 4-2。

表 4-2　六面体单元基本特性

特性	描述
连通性	8 节点
节点量	位置、速度、加速度、力、质量(集中质量矩阵)
单元量	体积、密度、应变、应力、能量、其他材料状态变量
物质支持	所有可用材料

六面体单元采用单元简化积分。恒应变单元，需要沙漏阻尼来稳定零能量"沙漏"模式。六面体单元的默认积分方式是【Exact】选项。单元公式可以精确计算体积，即使是扭曲的单元。因此，该公式是最精确的选项，尤其是当六面体单元的面发生翘曲时，一般其计算时间较长。六面体单元也可以使用【1Pt Gauss】加速模拟，但在大变形分析中常见的翘曲单元面使用时，会有一定的精度损失。

② 四面体单元（Tetrahedral Elements）。

线性四节点四面体单元可用于显式动力学分析。四节点线性四面体具有 3 种压力积分形式：a. Standard Constant Pressure，标准恒压（SCP）积分；b. Average Nodal Pressure，平均节点压力（ANP）积分；c. Nodal Based Strain，基于节点的应变（NBS）积分。大多数四面体网格中只建议使用 ANP 和 NBS 积分形式。对于表现出零能量模式的 NBS 模型，Puso 系数可以设置为非零值，建议值为 0.1。

SCP 四面体单元是一种基本的恒定应变单元，可用于所有材料模型。该单元旨在作为六面体单元主导的网格中的"填充"单元。如果已知该 Part 在弯曲和恒定体积应变（即塑性流动）下均表现出锁定行为时，不应使用该单元。

ANP 可以用作网格中的主要单元，ANP 四面体克服了体积锁定的问题。

NBS 四面体公式是 ANP 四面体单元的进一步扩展，也可以用作网格中的主要单元。NBS 四面体克服了体积锁定和剪切锁定的问题，因此推荐使用。

四面体单元基本特性见表 4-3。

表 4-3　四面体单元基本特性

特性	描述
连通性	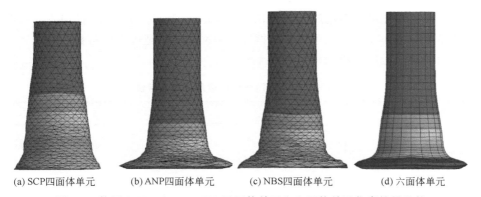 4 节点
节点量	位置、速度、加速度、力、质量（集中质量矩阵） ANP：体积、压力、能量；NBS：体积、密度、应变、应力、能量、压力和其他材料状态变量
单元量	体积、密度、应变、应力、能量和其他材料状态变量
物质支持	SCP，所有可用材料；ANP，只有各向同性材料；NBS，只有韧性材料

NBS 四面体单元不能与 ANP 四面体单元、SCP 四面体单元、壳单元或梁单元共享节点，不支持使用带有 Joint 或 Spotwelds 的 NBS 四面体单元。

(a) SCP四面体单元　　(b) ANP四面体单元　　(c) NBS四面体单元　　(d) 六面体单元

图 4-3　使用 SCP、ANP、NBS 四面体单元和六面体单元仿真结果比较

由图 4-3 和表 4-4 可知，与使用 SCP 四面体单元的仿真结果相比，使用 NBS 和 ANP 四面体单元的仿真结果与实验结果更为接近，采用 NBS 四面体单元的仿真结果与采用六面体单元网格的仿真结果最为相似，因为它不会表现出剪切锁定。

表 4-4　实验结果与不同四面体单元的仿真结果对比

参数	实验	SCP 四面体单元	ANP 四面体单元	NBS 四面体单元
长度/mm	31.84	30.98	30.97	31.29
直径/mm	12.0	10.66	11.32	11.28

③ 五面体单元（Pentahedral Elements）。

线性六节点五面体单元可用于显式动力学分析。五面体单元是一种基本的恒应变单元，采用简化积分，在由六面体单元主导的网格中可以用作填充单元，一般用得较少。

五面体单元基本特性见表 4-5。

表 4-5 五面体单元基本特性

特性	描述
连通性	6 节点
节点量	位置、速度、加速度、力、质量（集中质量矩阵）
单元量	可用于所有材料 其他材料状态变量
物质支持	所有可用材料

④ 金字塔单元（Pyramid Elements）。

不建议将金字塔单元用于显式动力学模拟。在 Explicit Dynamics 解算器初始化阶段，网格中的任何金字塔单元都将转换为 2 个四面体单元，为了进行后处理，结果被映射回金字塔单元，在 LS-DYNA 计算器中可能会报错。

⑤ 四边形壳单元（Shell Quad Elements）。

对于 Shell 的 Part，一般采用四边形壳单元。该单元每层有一个正交点，并使用沙漏控制进行稳定。四边形壳单元采用简化积分，恒应变单元，基于 Mindlin 板理论，横向剪切变形，壳体的厚度应力为零，因此不适合模拟波在表面体厚度范围内的传播。

双线性四节点四边形壳单元特性见表 4-6。

表 4-6 双线性四节点四边形壳单元特性

特性	描述
连通性	4 节点
节点量	位置、速度、角速度、加速度、力、力矩、质量（集中质量矩阵）
单元量	应变、压力、能量、每层存储的其他材质状态变量数据
物质支持	使用线弹性模型，状态方程和孔隙度不适用于壳单元； 取决于压力的材料强度不适用于壳体元件

通过 Explicit Dynamics 中的【Analysis】设置【Shell Sublayers】，控制整个 Shell 单元厚度的积分点（子层）的数量，默认值为 3。在数值计算过程中，根据材料响应更新 Shell 单元的厚度。默认情况下，在 Shell 节点上执行更新，每个 Timestep（周期）都会重新计算壳节点的主惯性。

⑥ 三角形壳单元（Shell Tri Elements）。

3 节点的三角形壳单元一般作为四边形壳单元的补充。三角形壳单元采用简化积分，恒应变单元，壳体的厚度应力为零，因此不适合模拟波在厚度范围内的传播。

三角形壳单元特性见表 4-7。

表 4-7　三角形壳单元特性

特性	描述
连通性	3 节点
节点量	位置、速度、角速度、加速度、力、力矩、质量（集中质量矩阵）
单元量	体积、密度、压力、能量、每层存储的其他材质状态变量数据
物质支持	使用线弹性材料，不支持状态方程，依赖于压力的材料强度不适用

⑦ 梁单元（Beam Elements）。

2 节点梁单元基于 Belytschko 的合成梁公式，允许大位移和合成弹塑性响应。梁单元支持对称的圆形、方形、矩形、工字钢和一般横截面，梁的横向应力为零，因此不适合模拟波在横截面上的传播。

梁单元特性见表 4-8。

表 4-8　梁单元特性

特性	描述
连通性	2 节点
节点量	位置、速度、角速度、加速度、力、力矩、质量（集中质量矩阵）
单元量	合成应变/应力、能量、其他材料状态变量
材料支持	必须使用线弹性材料，不支持状态方程，依赖于压力的材料强度不适用

在 Explicit Dynamics 的【Analysis】设置中，默认情况下，梁单元一般是"Bending"，包括弯矩。可以将其修改为"Truss"，通过此项设置将梁单元简化为桁架，只考虑轴向和扭转效应。默认情况下【Beam Solution Type】为 0.5，如果遇到梁单元稳定性问题，减小其安全因子，减到 0.1 也是可以的。

（3）沙漏模式

有限元分析中的沙漏（Hourglass）模式是一种非物理的零能变形模式，即有变形、无应力或应变。Hourglass 仅发生在缩减积分单元体（单积分点），如一个四边单元，如果只定义一个积分点，那么在计算过程中只要这四个边在这个积分点四周即可，而当它们的形状发生畸变时，显式动力学计算程序不会采取措施，这种畸变就是产生沙漏的原因，如图 4-4 所示。一般来说，三角形 Shell 单元、四面体 Solid 单元没有沙漏，但其缺点是过于坚硬。

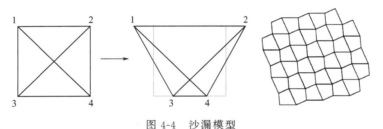

图 4-4　沙漏模型

沙漏通常没有刚度，并且给网格形成锯齿形变形外观。具有线性位移功能的单点（简化）积分单元易处于零能量模式（沙漏）。如果整个沙漏能量超过模型内部能量的 10%，其计算可能存在一定问题。确定沙漏能量的大小，可以通过【Solution】→【Solution Output】→【Energy Summary】查看能量变化情况。

在 Workbench Explicit Dynamics 中的沙漏控制主要有两种方式：

① AD standard。AD standard 方式是默认选项，它适合于大多数的情况。在内存和速度方面，它是最有效率的选项。推荐使用默认的黏性阻尼系数 0.1。

② Flanagan-Belytschko。当 AD standard 方式不能很好地控制刚体大转动时，使用 Flanagan-Belytschko 方式的时间沙漏控制。Flanagan-Belytschko 方式的时间沙漏控制在旋转时是不变的，从而克服了旋转的问题。这种方式使用黏性和刚度控制，刚度控制的默认系数为 0.1。

在 Workbench LS-DYNA 中，沙漏控制主要可以通过 *Control_Hourglass 进行设置，相关的设置可以参考 LS-DYNA 手册。

一般来说，在 Explicit Dynamics 中，主要有内能 E_i、动能 E_k 和沙漏能 E_h 等。初始的参考能量 E_{R0} 为

$$E_{R0} = E_{i0} + E_{k0} + E_{h0} \tag{4-7}$$

当前能量 $E_{current}$ 为

$$E_{current} = E_i' + E_k' + E_h' \tag{4-8}$$

能量误差 E_{error} 为

$$E_{error} = \frac{|E_{current} - E_{R0} - E_{workdone}|}{\max(|E_{current}|, |E_{R0}|, |E_k|)} \tag{4-9}$$

式中，$E_{workdone}$ 为约束条件功、加载功、约束功、体积力功、单元侵蚀能量和接触惩罚力功等之和。

能量守恒是显式动力学中必须要考虑的。在 Explicit Dynamics 中，如果能量误差超过参考循环能量的 10%，将导致模拟停止（在 Autodyn 中一般默认是 5%）。如果针对爆炸问题，可能存在物质的流出边界，可能也会出现能量误差错误，可以在 Analysis 中适当修改【Reference Energy Cycle】为一个较大的值（不从默认的 0 时刻开始）。

（4）侵蚀模型

在高速碰撞过程中，采用拉格朗日网格的 Part 会引起非常大的变形，从而导致网格畸变，时间步长减少，计算停止。在显式动力学中，可以删除拉格朗日网格，单元内的质量被丢弃或分配到单元的角节点上。

侵蚀是模拟过程中自动移除（删除）单元的数值机制。使用侵蚀的主要原因是在模拟中的单元反转（退化）之前，将非常扭曲的单元移除。这确保了稳定时间步长保持在合理水平。侵蚀也可用于模拟材料断裂、切割和穿透。

一般会使用保留惯性选项（Retain Inertia of Eroded Material），侵蚀后，单元节点将成为自由节点，侵蚀后的节点仍然会与部件之间产生接触，如图 4-5 所示。

侵蚀并不是物理现象的真实建模，而是为克服拉格朗日网格大变形导致的网格扭曲相关问题而引入的数值解决方式。由于内能、强度和（可能）质量的损失，在使用该选项时必须小心，并选择合适的侵蚀应变极限，以便在单元严重变形之前不会丢弃（侵蚀）。建议在没有任何实验证据可供检查的情况下，使用尽可能高的极限值，或者通过设置不同的侵蚀应变

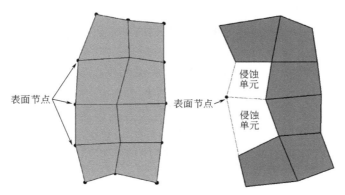

图 4-5　侵蚀示意图

极限进行计算结果对比，以确定侵蚀方式对计算结果的影响。图 4-6（摘自 Hayhurst 等人的研究）清楚地说明了超高速撞击问题中极限侵蚀应变值对最终陨石坑尺寸的影响。在这个问题中，300％或更高的最大侵蚀应变可能相对更加合理。

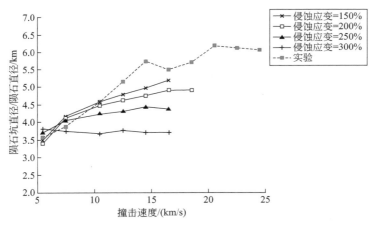

图 4-6　侵蚀设置对计算结果的影响

有许多单元删除机制可用于单元侵蚀，如 Geometry Strain、Material Failure、Minimum Element TimeStep 等。侵蚀选项可以使用其中的一种或者多种的组合。

① Geometry Strain 侵蚀。

几何应变是对 Part 变形的一种度量，根据整体应变分量计算如下：

$$\varepsilon_{\text{eff}} = \frac{2}{3} \left[\left| (\varepsilon_{xx}^2 + \varepsilon_{yy}^2 + \varepsilon_{zz}^2) - (\varepsilon_{xx}\varepsilon_{yy} + \varepsilon_{yy}\varepsilon_{zz} + \varepsilon_{zz}\varepsilon_{xx}) + 3(\varepsilon_{xy}^2 + \varepsilon_{yz}^2 + \varepsilon_{zx}^2) \right| \right]^{1/2} \quad (4\text{-}10)$$

当局部构件几何应变超过规定值时，该侵蚀选项允许移除构件，典型值范围为 0.5～3.0。在大多数情况下，Workbench 会自动设置全局几何侵蚀参数为 1.5，可以通过自定义的显示结果 EFF＿STN 查看等效应变。

② Timestep 侵蚀。

当局部单元时间步长乘以时间步长安全系数低于规定值时，此侵蚀选项允许移除单元。自定义 TIMESTEP 可用于查看每个单元的时间步。

③ Material 侵蚀。

如果在 Part 使用的材料中定义了材料失效特性，并且达到了失效标准，则单元将自动侵蚀。如果损伤值达到 1.0，包含损伤模型的材料的单元也会受到侵蚀。

④ 其他侵蚀。

除了 Geometry Strain、Timestep 和 Material 侵蚀外，显式解算器可能会因以下原因侵蚀单元：

a. 如果将【单元自接触】设置为"是"，并且单元发生变形，使其一个节点位于其一个面的指定距离内，则该单元会被侵蚀，以防退化。

b. 在 2D 分析中，退化的单元会自动侵蚀，无论【单元自接触】设置为"是"还是"否"。

4.2　破片侵彻金属靶板

4.2.1　计算模型及理论分析

4.2.1.1　计算模型描述

通过仿真研究 $\phi12\mathrm{mm}\times12\mathrm{mm}$ 的钢破片对于 10mm 的铝板作用，侵彻速度为 800m/s，如图 4-7 所示。铝板材料为 2024 铝，钢破片材料为 1006 钢。

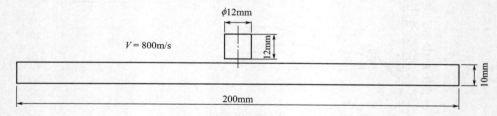

图 4-7　破片侵彻金属靶板计算问题

4.2.1.2　理论分析

(1) 破片侵彻靶板破坏模型

破片/弹丸相互作用过程中会出现变形、破坏等现象，这些变形、破坏与常见的静态变形、破坏大不相同，侵彻过程中所引起的各种现象非常复杂，仅仅通过试验和理论计算难以捕捉过程中的参量变化。

一般来说，由于撞击速度、靶板性能和截面的几何形状（靶板厚度、弹丸直径和头部形状）等不同，在侵彻过程中会出现各种破坏形式。几种典型的破坏形式如图 4-8 所示。

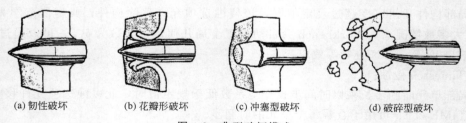

(a) 韧性破坏　　　(b) 花瓣形破坏　　　(c) 冲塞型破坏　　　(d) 破碎型破坏

图 4-8　典型破坏模式

① 韧性破坏。当尖头穿甲弹垂直撞击机械强度不高的韧性钢甲时，会出现韧性破坏情况。撞击开始时，靶板材料向表面流动，然后靶板材料随弹头部侵入开始径向流动，沿穿孔方向由前向后挤开，在板上形成圆形穿孔，孔径大于等于弹体直径。同时，在靶板的前后表面形成"唇"。

② 花瓣形破坏。当锥角较小的尖头弹和卵形头部弹丸侵彻薄靶板且碰击速度小于某值时，弹头很快穿透薄板，随着弹头部运动，靶板材料顺着弹头表面扩孔且被挤向四周，孔逐步扩大，同时产生径向裂纹，并逐渐向外扩展，在背表面形成花瓣形破坏。

③ 冲塞型破坏。因柱形弹及普通钝头弹撞击薄板及中厚板时，弹和靶相接触的环形截面上产生很大的剪应力和剪应交，并同时产生热量。在短暂的撞击过程中，这些热量来不及散逸出去，因而大大提高了环形截面上的温度，进一步降低了材料的抗剪强度，以致出现冲塞式破坏。

④ 破碎型破坏。弹丸高速穿透中等硬度或高硬度的钢板时，弹丸会出现塑性变形和破碎，靶板也会出现破碎并崩落痂片，弹丸穿透靶板后，大量碎片就从靶后喷溅出来。

上述各种现象在实际穿甲过程中经常是综合显现的。在穿甲过程中，除了靶板破坏之外弹丸也会在各种不同的条件下表现出不同的行为。弹丸在侵彻靶板过程中，可能出现三种运动结果：穿透、嵌入和跳飞。穿透是指弹丸贯穿靶板的现象；嵌入是指弹丸停留在靶内的现象；跳飞是指弹丸既没有被靶板阻止，也没有穿透板，而是发生偏转，从靶板表面飞离的现象。弹丸在侵彻靶板过程中可能出现的状态有：弹丸完整、弹丸变形、弹丸破碎。

（2）钝头弹丸贯穿有限厚靶板

钝头弹丸贯穿有限厚靶板的过程非常复杂，因为靶板会出现各种失效机制，如层裂、剥落和剪切失稳形成冲塞。如果弹丸贯穿靶板过程中同时出现几种失效机制，分析就更加复杂。研究表明，钝头弹丸贯穿靶板过程由几个阶段组成，包括初始压缩、侵彻、鼓包形成、塞块形成和飞出等。各阶段之间的转换可以通过能量守恒定律建立的模型来定量分析。

冲塞常常发生在薄靶和中厚靶中，冲塞在侵彻过程中，由于弹丸周围靶板材料中出现较高应变导致剪切而产生的。然而，对于 $H/D>1$ 的厚靶板，冲塞通常发生在弹丸侵彻靶板的后期阶段。其中，D 为弹丸与靶背面的距离，H 为靶板厚度。Woodward 认为钝头弹丸在侵彻靶板初期是延性扩孔，当弹丸侵彻到一定深度时，破坏模式转为冲塞，弹丸消耗的能量减少。假设弹丸通过延性扩孔侵彻到靶板中间某处，弹丸后面需要侵彻的剩余深度为 h 时，弹丸侵彻深度每增加 δh，消耗在靶板上的功为

$$\delta W=\frac{\pi}{2}D^2Y_t\delta h \tag{4-11}$$

此时靶板作用在弹丸上的等效阻应力取 $2Y_t$。Woodward 假设所形成基块的厚为 h，靶板的剪应力为 $\tau=Y_t/\sqrt{3}$，当沿塞块厚度方向剪切距离增加 δh 时，消耗的功为

$$\delta W=\frac{\pi}{\sqrt{3}}Y_tDh\delta h \tag{4-12}$$

使式（4-11）和式（4-12）相等，得到形成冲塞时的临界厚度 $h=(\sqrt{3}/2)D$。由此可以看出，钝头弹丸撞击厚靶板（$H/D>1$）时，开始是延性扩孔，靶板材料被挤到两边，弹丸头部受到压缩；在距靶背面 $0.87D$ 时，由于弹丸周围靶板材料产生较大应变并扩展到靶板背面从而形成塞块，最后塞块飞出。

考虑所有失效模式来构建钝头弹丸贯穿有限厚靶板的理论模型并不容易。另外，在多数

情况下，钝头弹丸不具有足够高的强度，难以保证它们在侵彻过程中保持刚性，它们会变形、侵蚀甚至断裂，并且撞击速度相对又低，更增加了复杂性。过去为了计算钝头弹丸贯穿有限厚金属靶板的弹道极限速度和剩余速度，给出了许多模型，其中最为广泛使用的模型有 De Marre 模型和 RI 模型。

（3） De Marre 模型

De Marre 假设平头圆柱体弹丸在贯穿靶板过程中不变形，且靶板的失效形式为绝热剪切，弹丸动能完全消耗在靶板被冲击部分所形成的绝热剪切环形带中，平头弹丸贯穿厚度为 H 的靶板的极限穿透速度为

$$V_{bl} = KD^{0.75}H^{0.7}/(M^{0.5}\cos\alpha) \tag{4-13}$$

式中，$K = \sqrt{K'\kappa_1\kappa_2\pi\sigma_{st}b}$。根据经验确定了弹靶系统的 K 值，就可以根据初始条件计算出极限穿透速度。K 值被称为穿甲复合系数，它综合反映了靶板和弹丸材料性质、弹丸结构等影响侵彻的因素。式（4-13）中各个参量的单位分别是：V_{bl}，m/s；D，m；H，m；M，kg。

（4） RI 模型

Rechtt 和 Ipson 把整个弹丸贯穿过程看成一个整体，仅考虑能量和动量守恒，不考虑靶板在各种失效模式的具体细节。Rechtt 和 Ipson 认为冲塞过程实际上是一个动能转换问题，即弹体原有的动能转化为下列能量：

① 弹丸贯穿后的剩余动能和塞块获得的动能，即 $(1/2)(M+m)V_r^2$；

② 对弹丸四周材料剪切屈服应力所做的功、热量耗损及弹塑性波变形能的总和 W_p；

③ 弹靶接触过程中形成一个共同速度时所消耗的能量 W_f。

由此可以推出剩余速度表达式为

$$V_r = \frac{1}{1 + \frac{\rho_t}{\rho_p}\left(\frac{D_t}{D}\right)^2\frac{H}{L}}(V_0^2 - V_{bl}^2)^{1/2} \tag{4-14}$$

式中，ρ_t 和 ρ_p 分别为靶板和弹丸的密度；D_t 和 D 分别为塞块和弹丸的直径；H 和 L 分别为靶板厚度和弹丸长度。

弹道极限计算公式为

$$V_{bl} = \sqrt{\frac{2W_p(M+m)}{M^2}} \tag{4-15}$$

4.2.1.3 模型数值仿真分析

本例中的冲击碰撞模型可以采用 2D 轴对称、3D 全模型，3D $\frac{1}{2}$ 对称模型，3D $\frac{1}{4}$ 对称模型。算法可以采用拉格朗日算法、欧拉算法和 SPH 算法等。

本例属于冲击碰撞计算，考虑了结构发生大变形和高应变率，弹靶均是金属材料，材料的状态方程可以采用 Shock 状态方程，强化模型采用 Johnson-Cook 模型，对应的材料模型可以通过自定义或者加载材料库中的材料模型。

4.2.2 破片侵彻靶板（2D 拉格朗日）

根据工况可知，此模型为对称模型，可以采用 2D 轴对称模型进行计算。

4.2.2.1 材料、几何处理

(1) 模块选择

首先打开 Workbench 软件，在 Toolbox 中选择 Explicit Dynamics 模块，并将其拖动到 Project Schematic 中，如图 4-9 所示。

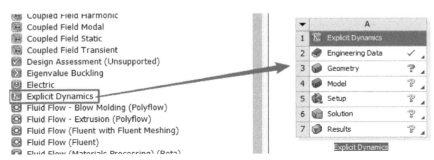

图 4-9　计算模块选择

(2) 材料定义

双击 Engineering Data 模型，进行材料的设置。对于此计算模型而言，为简化计算过程，可以直接使用材料库中 AL2024T351 和 STEEL 1006 材料，无需自定义材料。

选择添加材料库中模型，选择【Engineering Data Sources】📕→【Explicit Materials】📕，选择硬铝 AL2024T351 （13 行）和钢 STEEL 1006 （166 行），如图 4-10 所示，点击进行材料的添加，然后点击【Engineering Data Sources】📕回到材料编辑界面，检查材料模型是否加载。

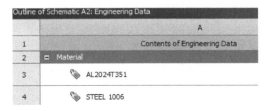

图 4-10　材料模型加载

具体材料参数设置如表 4-9 所示。

表 4-9　材料参数设置

材料参数	AL2024T351	STEEL 1006
Density	2785kg/m^3	7896kg/m^3
Specific Heat Constant Pressure	875J/(kg·℃)	452J/(kg·℃)
Johson Cook Strength		
Strain Rate Correction	first-order	first-order
Initial Yield Stress：A	2.65E8Pa	3.5E8Pa
Hardening Constant：B	4.26E8Pa	2.75E8Pa
Hardening Exponent：n	0.34	0.36

续表

材料参数	AL2024T351	STEEL 1006
Strain Rate Constant C	0.015	0.022
Thermal Softening Exponent m	1	1
Melting Temperature Tm	501.85℃	1537.9℃
Reference Strain Rate(/sec)	1	1
Shear Modulus	2.76E10Pa	8.18E10Pa
Shock Eos Linear		
Gruneisen Coefficient	2	2.17
Parameter C	5328m/s	4569m/s
Parameter S1	1.338	1.49
Parameter Quadratic	0s/m	0s/m

确认材料加载后，退出 Engineering Data，如图 4-11 所示。

图 4-11　退出 Engineering Data

(3) 几何建模

右击【Geometry】选择【Edit Geometry in Design Model】，进入几何编辑界面。

模型建立：首先通过 在 XYPlane 中插入草图。通过【Rectangle】□ 建立矩形，通过【Dimensions】给矩形赋予破片为长 12mm、宽 6mm，赋予靶板宽 100mm、长 10mm，靶板距离破片为 2mm，Y 轴为矩形对称轴，如图 4-12 所示。

> 💡 **注：** 此处需要确保对称轴为 Y 轴，否则会出现无法计算的情况。

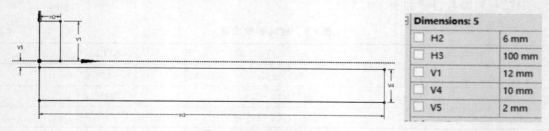

图 4-12　2D 模型的草图建立

通过【Concept】→【Surfaces From Sketches】，选择建立的草图模型，其他参数默认，定义面模型，点击【Generate】后生成 2D 关于 Y 轴对称的面模型。建议【Operation】采用 Add Frozen 模式，如图 4-13 所示。

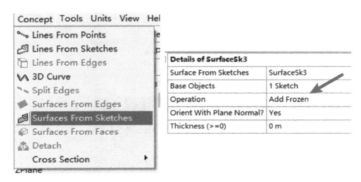

图 4-13　2D 轴对称模型建立

确定模型正确后，退出【Geometry】。

（4）2D 分析模型设置

由于本模型是 2D 分析模型，一般 Explicit Dynamics 模块默认是采用 3D 分析模型，因此需要进行修改。在 Explicit Dynamics 模块中右击【Geometry】，选择【Properties】，在弹出的【Properties of Schematic A3：Geometry】中选择【Analysis Type】为 2D，即定义分析模型为 2D 模型，如图 4-14 所示。

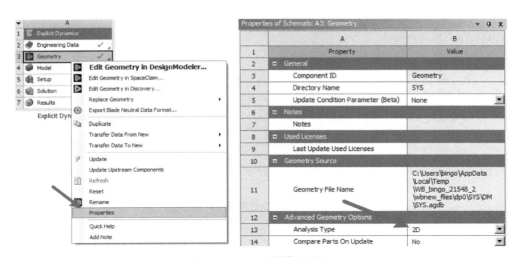

图 4-14　2D 分析模型设置

4.2.2.2　Model 前处理设置

（1）轴对称模型设置

双击【Model】，选择【Geometry】，在【Details of Geometry】界面的【2D Behavior】中选择 Axisymmetric，如图 4-15 所示，即选择分析模型为轴对称模型。

> 💡 **注**：Workbench Explicit Dynamics 默认的对称轴是 Y 轴，与 Autodyn 默认的对称轴为 X 轴不同。

图 4-15　2D 轴对称模型设置

（2）材料及算法设置

选择破片对应的 Part，通过【Material】中的【Assignment】，赋予破片材料为 STEEL 1006，同样赋予靶板对应的 Part 的材料为 AL2024T351，如图 4-16 所示。默认的算法是 Lagrangian，即【Reference Frame】为 Lagrangian；默认的刚度特性为弹性体，即【Stiffness Behavior】为 Flexible；其他参数默认即可。

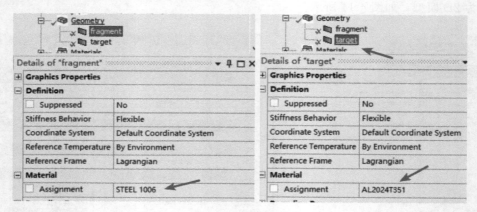

图 4-16　材料赋予

（3）接触设置

本例中，确认子弹与靶板之间没有发生绑定接触，采用默认的 Body Interations 即可。

> **注：**由于本例中，子弹与靶板的距离较大，软件一般不会自动设置绑定接触。如果在建模时靠得非常近，程序有可能自动添加绑定接触。

（4）网格划分

选择 Mesh，选择破片和靶板面模型，右击插入【Sizing】，在【Element Size】中设置网格大小为 1mm；选择破片和靶板面模型，右击插入【Face Meshing】，设置采用四边形网格划分；选择破片和靶板体模型，右击插入【MultiZone】，可以通过分块的方式进行网格划分；右击【Updata】，即可完成网格的划分。由于本例中模型较为简单，确认弹靶模型为全四边形网格。

（5）初始条件设置

子弹初速的设置：如图 4-17 所示，右击【Initial Conditions】，选择【Velocity】，选择插入速度，修改【Define By】为 Components，即通过坐标系定义速度，修改【Y Component】为−800m/s，代表破片的速度在 Y 方向为 800m/s，方向确定朝向靶板。

> 💡 **注：** 此时的单位制，根据实际的显示单位制情况来进行设置，或者通过菜单栏中的【Home】→【Tools】→【Units】，选择合适的单位制即可快速转换。Workbench 中的单位制所见即所计算使用的，程序会自动转化。

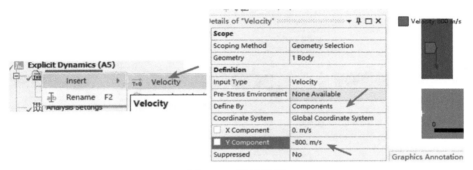

图 4-17　速度设置

（6）Analysis Setting 中的设置

在 Analysis Setting 中设置求解时间【End Time】为 0.0001s，其他参数默认即可。

依次确认几何是否采用 2D 轴对称分析模型、材料是否赋予正确、接触是否采用默认的 Body Interactions 接触，确认无其他绑定接触，确定网格是否合适，确定初始速度是否赋予且速度单位制对应，确定求解时间是否输入。

确保模型无问号后，右击【Explicit Dynamics（A5）】，选择【Solve】🔲，或者在【Home】菜单栏，选择【Solve】，即可提交计算。对于 2D 分析模型，一般不支持多核的并行计算。

4.2.2.3　计算结果及后处理

计算结束后可以右击【Solution（A6）】，选择【Insert】→【Deformation】→【Total】查看总体变形情况。可以通过插入【Total Velocity】查看速度情况，如图 4-18 所示。

> 💡 **注：** 后处理中绝大多数的变形在计算开始前或开始后均可定义，但是对于测试点的设置要在计算开始前。

右击【Solution（A6）】→【Insert】→【User Defined Result】，然后在【Expression】中输入自定义变量为 Pressure，点击【更新】后即可生成不同时刻的压力云图，如图 4-19 所示。可以适当修改【Legend】的显示方式，可以优化显示界面。

选择破片的体模型，通过插入【Directional Velocity】查看侵彻后剩余的 Y 方向速度。如图 4-20 所示，在【Graph】中会出现速度-时间曲线，一般参考曲线为【Average Velocity】，可以通过勾选【Tabular Data】中的显示选项查看曲线，也可以通过直接复制的方式

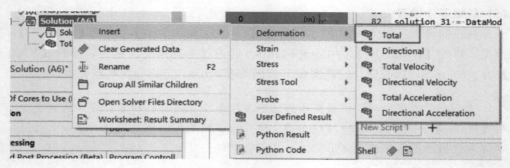

图 4-18　查看计算结果

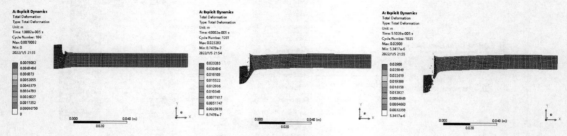

图 4-19　不同时刻变形图

将 Tabular Data 中的数据复制出来，粘贴到其他文本文件中。通过仿真分析可以得知，破片侵彻后的平均剩余速度为 368m/s。

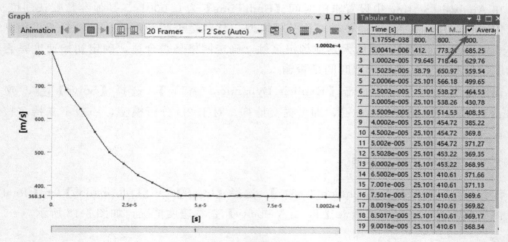

图 4-20　速度曲线和数据

通过【Graph】中的 可以生成动画并保存。任意点击【Graph】中的时间线，右击选择【Retrieve This Result】更新对应时刻的结果信息。或者在对应求解结果下方的明细中，选择【Display Time】，修改为对应的显示时间。默认的时间是计算截止时间。

在估算时通常取 $K = 67650$，根据德玛尔公式，将弹丸直径、靶板厚度等尺寸数据代入得到靶板弹道极限为 446.4m/s，通过 RI 模型计算得出弹丸剩余速度为 513.6m/s，而仿真计算（1mm 网格）获得弹丸剩余速度为 368m/s，修改网格参数为 0.5mm，剩余速度约为 410m/s，其余网格大小对应的计算结果如图 4-21 所示。

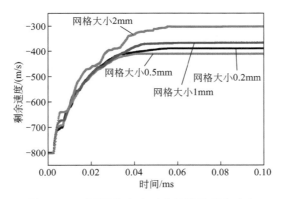

图 4-21　不同网格大小对应的计算剩余速度

4.2.3　破片侵彻靶板（2D 欧拉）

4.2.3.1　材料、几何处理

欧拉计算方式特别适用于爆炸等超高速的显式动力学问题，但是对于本例中的侵彻问题，其速度还不是很高，一般条件下不宜采用欧拉计算方法，这里仅做欧拉计算方法的演示。

> 💡　**注：** 关于 2D 的欧拉计算方法，目前只有最新的 ANSYS Workbench 2022 R1 版本支持。

退出 Model 模块后，在操作面板中，选择 Explicit Dynamics 模块上方的 ▼，右击选择【Duplicate】，如图 4-22 所示，复制计算模块，这样能够保留除计算结果外的所有数据。可以双击模块的下方，针对模块进行重命名，或者在模块的 ▼ 处右击，选择【Add Note】，给计算的模型增加注释，方便后期查看理解。

> 💡　**注：** 通过复制模块的方式，在总体结构不变的情况下，能够保留除计算结果外所有的模型设置。由于 Workbench 平台数据的通用性，有历史模型树，可以很方便地进行修改。

4.2.3.2　Model 前处理设置

模型的材料和几何均保持不变。

（1）材料及算法设置

双击 Model 模块，进入编辑界面，修改子弹和靶板的算法【Reference Frame】为 Eulerian（Virtual），即采用欧拉的计算模型，其他参数默认即可，如图 4-23 所示。

（2）接触

默认的 Body Interaction 能够保证欧拉与欧拉网格、欧拉与拉格朗日网格之间的接触，确保无绑定接触，采用默认的接触参数即可。

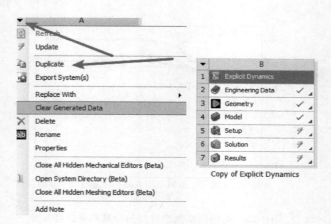

图 4-22　复制计算模型

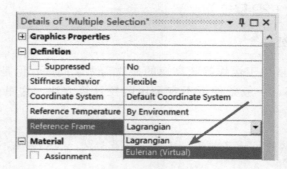

图 4-23　欧拉计算模型设置

（3）网格划分

网格划分此处显示的是拉格朗日网格，但并不是最终的网格模型，最终的欧拉网格模型在【Analysis Settings】的【Euler Domain Control】中进行设置。采用默认网格划分即可。

（4）欧拉域设置

设置欧拉域参数，在【Analysis Settings】的【Euler Domain Control】中选择【Domain Size Definition】为 Manual，设置【Minimum X Coordinate】为 0m，【Minimum Y Coordinate】为−0.03m，【X Dimension】为 0.11m，【Y Dimension】为 0.05m，如图 4-24 所示，即欧拉域的起始点坐标为（0，−0.03），X 方向长度为 0.11m，Y 方向长度为 0.05m。欧拉域的大小要包括原模型，根据计算的需求，可适当修改欧拉域的大小。

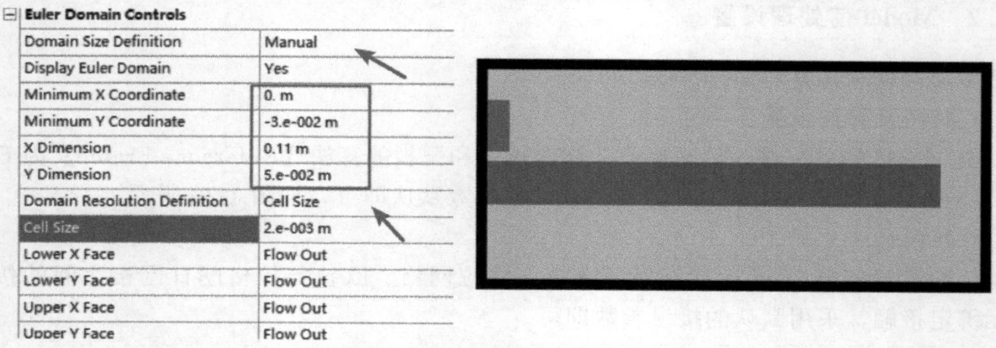

图 4-24　欧拉域设置

修改【Domain Resolution Definition】为 Cell Size，设置【Cell Size】为 0.002m（即设置欧拉域的网格大小为 2mm），其他参数默认。

其余设置不变，保存后，点击【Solve】进行计算。

4.2.3.3 计算结果及后处理

欧拉网格计算结果如图 4-25 所示，Explicit Dynamics 模块中欧拉域的计算会呈现一种半透明的模式。计算结束后，可以右击【Solution（A6）】，选择【Insert】→【Deformation】→【Total】，查看总体变形情况；可以通过插入【Total Velocity】查看速度情况，基本操作同 4.2.2 节。

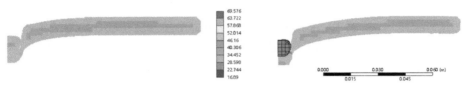

图 4-25 欧拉网格计算结果

4.2.4 破片侵彻靶板（3D 拉格朗日）

退出 Model 模块后，在操作面板中，右击 Explicit Dynamics 模块上方的 ▼，选择【Duplicate】，复制计算模块，这样能够保留除计算结果外的所有数据。

4.2.4.1 材料、几何处理

（1）材料及算法设置

由于是复制的模型，材料不变，采用原方案的材料模型，子弹材料为 STEEL 1006，靶板材料为 AL2024T351。

（2）几何处理

双击 Geometry 模块，进入几何编辑界面，选择界面右上角【Revolve】 旋转操作，将草图旋转 360°。在【Details of Revolve】中选择【Geometry】为 Sketch1，选择【Axis】为 Z 轴，选择【FD1】为 360°，其他参数默认，点击【Generation】后生成 3D 模型，如图 4-26 所示。

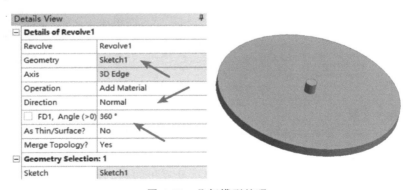

图 4-26 几何模型处理

抑制或者删除原 2D 模型，退出 Geometry 模块，在【Property】中确认设置分析类型为 3D。

4.2.4.2　Model 前处理设置

（1）材料及算法设置

确认靶板材料为 AL2024T351，子弹材料为 STEEL 1006，采用拉格朗日网格计算。

（2）接触设置

采用默认的接触即可，注意无自动绑定的接触。

（3）网格划分

网格划分主要是通过以下几个步骤（不分先后）来进行：

① 在【Mesh】中右击插入【Body Sizing】，设置靶板和破片的体网格大小为 2mm。

② 右击插入【Face Meshing】，全选所有的面，对所有的面划分四边形网格。

③ 右击插入【Method】，选择【MultiZone】网格划分方式，选择所有的体，采用多块的网格划分。

④ 右击插入【Inflation】，在【Detials of Inflation】中选择【Geometry】为破片的体模型，在【Boundary】中选择破片的圆柱面，在【Inflation Option】中选择 Total Thickness，设置【Number of Layers】为 3，【Growth Rate】为 1，【Maximum Thickness】为 0.002m，如图 4-27 所示，代表了通过膨胀层的方式对圆柱体进行网格划分，膨胀层厚度为 2mm，膨胀层数量为 3 层网格，采用无渐变的划分方式。

⑤ 同样右击插入【Inflation 2】，在【Detials of Inflation 2】中选择【Geometry】为靶板的体模型，在【Boundary】中选择靶板的圆柱面，在【Inflation Option】中选择 Total Thickness，设置【Number of Layers】为 10，【Growth Rate】为 1，【Maximum Thickness】为 0.002m，如图 4-27 所示，代表了通过膨胀层的方式对圆柱体进行网格划分。

网格划分完成后如图 4-27 所示，网格为"天圆地方"的纯六面体网格形式。

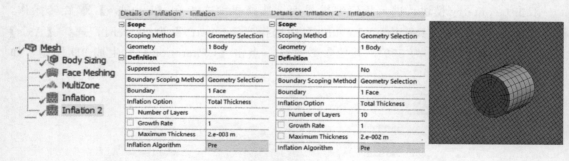

图 4-27　3D 中网格划分

（4）初始条件设置

参考 2D 模型分析，设置子弹的速度为 800m/s，设置求解时间为 0.0001s。

（5）并行计算设置

提交计算，3D 模型支持并行计算，可以根据计算机的核心数在菜单栏中的【Home】→【Cores】中设置相应的计算调用的 CPU 数量，如图 4-28 所示。

图 4-28　并行计算设置

4.2.4.3　计算结果及后处理

计算结果如图 4-29 所示。可以通过修改【Legend】和菜单栏中的【Display】，进行结果的可视化调整。

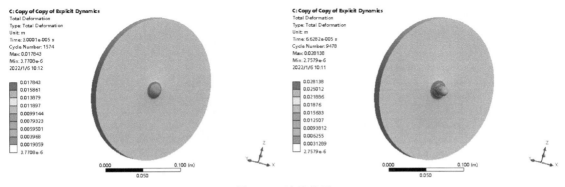

图 4-29　计算结果

由于是 3D 模型，需要查看内部的变形状态时，可以通过菜单栏中的【Home】→【Section Plane】▣ 命令对模型进行剖切查看，选择剖切的起始点，即可完成剖切。破片侵彻靶板不同时刻的剖面形态如图 4-30 所示。也可以通过【Graph】查看破片剩余速度等信息。

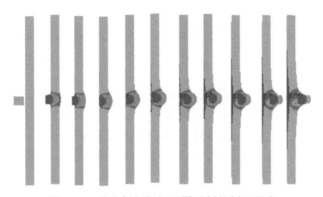

图 4-30　破片侵彻靶板不同时刻的剖面形态

4.2.5　破片侵彻靶板（3D 对称模型）

考虑模型本身存在对称性，可以建立 1/4 或者 1/2 对称模型，减少模型大小和网格数量，加快计算。

同样，在操作面板中，右击 Explicit Dynamics 模块上方的 ▼，选择【Duplicate】，复制计算模块，这样能够保留除计算结果外的所有数据。

4.2.5.1 材料、几何处理

（1）材料模型

由于是复制的模型，材料不变，采用原方案的材料模型，子弹材料为 STEEL 1006，靶板材料为 AL2024T351。

（2）几何模型

双击 Geometry 模块，进入几何编辑界面，选择界面右上角【Revolve】旋 旋转操作，将草图旋转 90°。在【Details of Revolve】中，选择【Geometry】为 Sketch1，选择【Axis】为 Z 轴，选择【FD1】为 90°，其他参数默认。点击【Generation】后生成 3D 模型，确认模型在全局坐标系的第一象限，这样得到了 1/4 的计算模型，如图 4-31 所示。

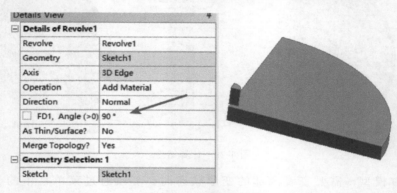

图 4-31　几何模型处理

4.2.5.2 Model 前处理

（1）材料及算法设置

由于采用的是复制模型，确认靶板材料为 AL2024T351，子弹材料为 STEEL 1006，采用拉格朗日网格计算。

（2）对称性设置

选中模型树中的 Model，右击插入【Symmetry】，在出现的【Symmetry】中再次右击插入【Symmetry Region】，选择对称面，可以修改【Symmetry Normal】中面的法向为 X，建立关于 YZ 面的对称模型。同样，在【Symmetry】中右击插入【Symmetry Region】，可以修改【Symmetry Normal】中的面的法向为 Z，建立关于 XY 面的对称模型，如图 4-32 所示。

（3）接触条件

采用默认的接触，注意无自动绑定的接触。

（4）网格划分

对于网格，可以同样采用 Face Meshing、MultiZone 进行网格划分，设置网格大小为 2mm，具体步骤参考 4.2.4 节，尽量保证网格为对称的六面体网格，如图 4-33 所示。

（5）其他条件设置

采用复制的计算模型，确认求解时间为 0.0001s，确认速度为 800m/s，其他参数默认。

图 4-32 对称性设置

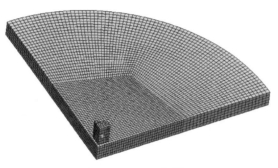

图 4-33 1/4 网格模型

4.2.5.3 计算结果及后处理

提交计算后开始计算，计算结果如图 4-34 所示。相对于整体模型，可以方便地通过 1/4 模型查看到结构整体变形、对称面中的应力状态等信息。

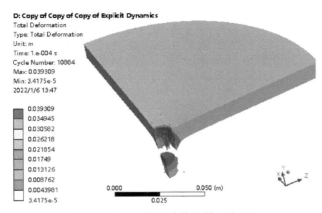

图 4-34 1/4 模型计算结果（变形）

4.2.6 破片侵彻靶板（3D-SPH）

SPH 算法适用于超高速碰撞和一些脆性材料的计算。事实上在本例中，子弹速度仍然处于中低速，不适合用 SPH 算法，此例仅作为演示。

> 💡 **注：**低版本 Workbench 不支持 SPH 例子算法，此处推荐采用最新的 ANSYS 2022 R1 版本。

在操作面板中，选择计算 3D 拉格朗日模型的 Explicit Dynamics 模块上方的 ▼，右击选择【Duplicate】，复制计算模块，这样能够保留除计算结果外的所有数据。由于 Workbench Explicit Dynamics 中不支持 SPH 算法采用对称模型，故采用整体模型进行计算。

4.2.6.1 材料、几何处理

由于采用复制模块，确认靶板材料为 AL2024T351，子弹材料为 STEEL 1006。
几何模型采用 3D 全模型。

4.2.6.2 Model 前处理设置

（1）材料及算法设置
双击进入 Model，为靶板和破片赋予对应的材料，在【Referance Frame】中选择 Particle，即采用粒子的算法模型进行计算，如图 4-35 所示。

（2）接触设置
采用默认的 Body Interaction 即可。

（3）网格划分
在 Mesh 模块中右击【Method】，选择 Particle，选择弹靶模型，设置粒子的网格大小为 2mm，右击【Update】后生成的粒子网格模型如图 4-36 所示，Part 会在主窗口中呈现出粒子状态。

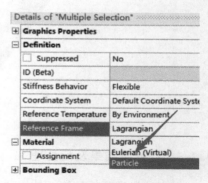

图 4-35 粒子算法的选择

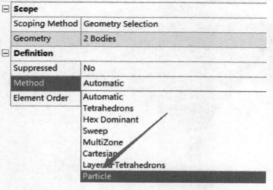

图 4-36 粒子网格生成

114

建议弹靶中网格尺寸大小一致。

（4）其他设置

其余设置不变，确认计算时间为 0.0001s，子弹速度为 800m/s，可提交计算。

4.2.6.3　计算结果及后处理

由于采用粒子算法，会占用较大的内存，容易出现卡顿的现象。SPH 计算结果如图 4-37 所示，子弹侵彻穿透了靶板，形成粒子碎片。剩余速度为 238m/s，较常规的拉格朗日算法的剩余速度小。如果需要进一步得到较为精确的结果，可能需要进一步减小粒子网格的大小，但是可能会导致计算时间极大地增加。

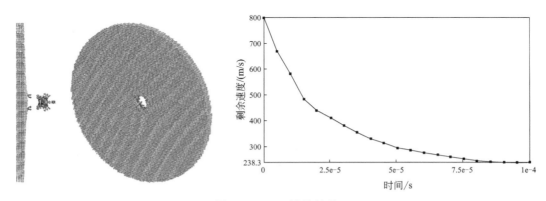

图 4-37　SPH 计算结果

由于拉格朗日网格在压缩的过程中，发生较大的变形，造成时间步长变小，这样总体的计算时间就会增加。例如，在本例中，初始的时间步长为 2.8×10^{-8}s，在计算的过程中，逐渐降低到 2.8×10^{-9}s，导致计算的停止，如图 4-38（a）所示。而采用 SPH 计算，时间步长不会发生较大的变化，这也是粒子算法的优势，不会因为网格的畸变而导致时间步长的缩小，除了初始时间步长为 9×10^{-8}s，其余时间步长稳定在 2.6×10^{-7}s 左右，如图 4-38（b）所示。这个时间步长和网格的大小或者粒子的大小有很强的相关性。

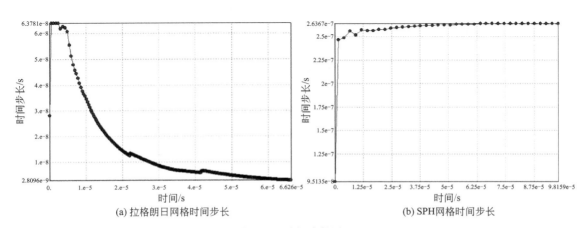

图 4-38　时间步长对比

4.3 子弹侵彻钢筋混凝土靶板

4.3.1 计算模型及理论分析

4.3.1.1 计算模型描述

通过仿真，研究长杆弹对于钢筋混凝土的作用。其中，长杆弹材料为钨合金，长度为500mm，直径为50mm；混凝土厚度为120mm，大小为1m×1m，强度为35MPa；钢筋材料为4340钢，钢筋之间间隔为100mm。具体模型如图4-39所示。

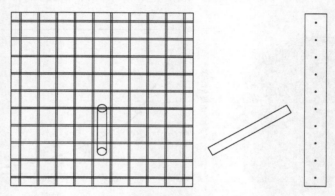

图 4-39 子弹侵彻钢筋混凝土计算模型

根据工况可知，可以采用3D显式动力学进行计算。此模型也可采用3D对称模型计算。

4.3.1.2 理论分析

钢筋混凝土是一种重要的建筑和防护材料，广泛用于军事与民用领域。弹丸穿透钢筋混凝土靶后，靶板破坏严重，在靶的背面形成比正面大的弹坑，靶板正面和背面都出现较大的裂纹。此时，钢筋混凝土靶的断裂破坏有两种形式：一是靶表面部分由于稀疏波引起的层裂，二是中间部分由于剪切和挤压引起的断裂破碎。侵彻过程及弹坑形状与靶厚度、弹丸头部几何形状、撞击速度相关。对于很厚的靶板，穿深过程起主导作用。

弹丸侵彻钢筋混凝土靶是一个复杂的过程，需要考虑多种因素。混凝土的浇筑配方，混筋率，钢筋的空间分布，弹丸的着角、着速、章动角等诸多因素都可能影响到侵彻结果。对此，只通过实验来考虑弹丸侵彻钢筋混凝土问题，耗费成本大，实验周期长，实验资源有限。而数值仿真可以弥补实验的缺陷，尤其是对于钢筋混凝土这种复杂模型，合理的仿真方案能够有效地解决弹丸侵彻钢筋混凝土全过程的问题。

4.3.1.3 数值仿真分析

根据工况可知，本例中可以采用3D模型进行计算，钢筋混凝土建模可以采用Solid-Beam构建，混凝土采用实体单元，钢筋采用梁单元，子弹采用实体单元。其中，为表征混凝土的破坏，可以采用SPH粒子作为混凝土算法。

子弹、钢筋和混凝土均可以采用材料库中的材料。子弹采用TUNG. ALLOY钨合金杆材料，其采用Shock状态方程，J-C强化模型；混凝土采用材料库中的CONC-35MPA，材料为 RHT 模型；钢筋采用 STEEL 4340 钢，材料为线弹性模型，采用 J-C 强化模型。

在爆炸冲击动力学中，混凝土的本构模型一般主要有 HJC 模型、RHT 模型和 TCK 模型等。HJC 模型采用了多孔材料的三段式状态方程描述，考虑了材料损伤、应变率效应以及静水压力对于屈服应力的影响。其中，等效强度的应变率效应和损伤累积破坏准则类似于 J-C 模型。HJC 模型能够较好地描述混凝土在高速撞击与侵彻下所产生的损伤、破碎及断裂（或层裂）等行为。RHT 模型考虑了第三不变应力偏张量的影响，在预测侵彻深度方面能够得到比较理想的结果，而且在描述侵彻过程中混凝土的损伤变化方面有一定的优势。对于 RHT 模型来说，它继承了 HJC 模型中混凝土破坏面具有的压力依赖性、应变速率敏感性和压缩损伤软化等特点，同时引入了偏应力张量第三不变量对破坏面形状的影响，考虑了拉静水和压静水区应变速率敏感性的差异性，采用了不同的动力放大系数，破坏面定义同混凝土损伤模型类似，引入最大失效面、弹性屈服失效面和残余失效面三个控制破坏面，当前失效面根据等效塑性应变值或者累计等效塑性应变值（损伤值）在三个控制破坏面之间进行插值。另外，RHT 混凝土模型还引入了拉伸损伤，拉伸和压缩损伤均取决于等效塑性应变，与材料塑性体积变化无关。由于以上种种方面的考虑，RHT 模型被一些研究人员认为是目前最好的混凝土动态本构，该模型已经被移植到 Autodyn 中。

接触方面，Explicit Dynamics 提供了 Reforcement 实体与梁单元的接触方式，可以方便地定义钢筋混凝土的耦合接触。

4.3.2　子弹侵彻钢筋混凝土（Lagrangian-beam）

4.3.2.1　材料、几何处理

（1）模块选择

打开 Workbench 软件，在 Toolbox 中选择 Explicit Dynamics 模块，并将其拖动到 Project Schematic 中。

（2）材料定义

选择 Engineering Data，双击进入材料定义界面，添加材料库中模型，选择 STEEL 4340 钢作为钢筋材料，选择 CONC-35MPA 作为混凝土材料，选择 TUNG.ALLOY 作为钨合金子弹材料。材料参数设置见表 4-10。

表 4-10　材料参数设置

参数	数值	参数	数值
CONC-35MPA			
Density	2314kg/m³	Damage Constant D2	1
Compressive Strength fc	3.5E7Pa	Minimu Strain to Failure	0.01
Tensile Strength ft/fc	0.1	Residual Shear Modulus Fraction	0.13
shear Strength ft/fc	0.18	Shear Modulus	1.67E10Pa
Intact Failure Surface Constant A	1.6	Parameter A1	3.527E10Pa
Intact Failure Surface Exponent n	0.61	Parameter A2	3.958E10Pa
Tension/Compression Meridian Ratio Q2.0	0.6805	Parameter A3	9.04E9Pa
Brittle to Ductile Transition BQ	0.0105	Parameter B0	1.22

续表

参数	数值	参数	数值
CONC-35MPA			
Hardening Slope	2	Parameter B1	1.22
Elastic Strength/ft	0.7	Parameter T1	3.527E10Pa
Elastic Strength/fc	0.53	Parameter T2	0Pa
Fracture Strength Constant B	1.6	Solid Density	2750kg/m^3
Fracture Strength Exponent m	0.61	Porous Soundspeed	2920m/s
Compressive Strain Rate Exponent δ	0.032	Initial Compaction Pressure Pe	2.33E7Pa
Maximum Fracture Strength Ratio Sfmax	1E20	Solid Compaction Pressure Ps	6E9Pa
Damage Constant D1	0.04	Compaction Exponent n	3
STEEL 4340 钢			
Density	7830kg/m^3	Strain Rate Constant C	0.014
Specific Heat Constant Pressure	477J/(kg·C)	Thermal Softening Exponent m	1.03
Strain Rate Correction	first-order	Melting Temperature Tm	1519.9℃
Initial Yield Stress：A	7.92E8Pa	Reference Strain Rate(/sec)	1
Hardening Constant：B	5.1E8Pa	Bulk Modulus	1.59E11Pa
Hardening Exponent：n	0.26	Shear Modulus	8.18E10Pa
TUNG. ALLOY 钨合金			
Density	17000kg/m^3	Melting Temperature Tm	1449.9℃
Specific Heat Constant Pressure	134J/(kg·C)	Reference Strain Rate(/sec)	1
Strain Rate Correction	first-order	Shear Modulus	1.6E11Pa
Initial Yield Stress：A	1.506E9Pa	Gruneisen Coefficient	1.54
Hardening Constant：B	1.77E8Pa	Parameter C1	4029m/s
Hardening Exponent：n	0.12	Parameter S1	1.237
Strain Rate Constant C	0.016	Parameter Quadratic S2	0 s/m
Thermal Softening Exponent m	1		

(3) 几何建模

退出 Engineering Data。右击【Geometry】选择【Edit Geometry in Design Model】，进入几何编辑界面。

① 子弹建模：通过【Creat】→【Primitives】→【Cylinder】，设置 FD3 为 0mm、FD4 为 0mm、FD5 为 0mm、FD6 为 0mm、FD7 为 0mm、FD8 为 500mm、FD10 为 25mm，表明起始点是（0，0，0）、长度为 500mm、半径为 25mm 的圆柱杆。

② 混凝土建模：通过【Creat】→【Primitives】→【Box】，设置 FD3 为 −500mm、FD4 为 −500mm、FD5 为 −200mm、FD6 为 1000mm、FD7 为 1000mm、FD8 为 120mm，表明起始点是（−500，−500，−200）、长宽为 1000mm、厚度为 120mm 的方块。

③ 钢筋建模：点击快捷工具栏，选择混凝土方块的上表面，建立 Plane4 参考坐标系，确定 Plane4 在混凝土靶板厚度的中间位置，选中模型树中的 Plane4，然后通过快捷工具栏中的按钮，在 Plane4 下建立钢筋的草图，钢筋长度为 1m，距离边缘的距离为 50mm，如图 4-40 所示。

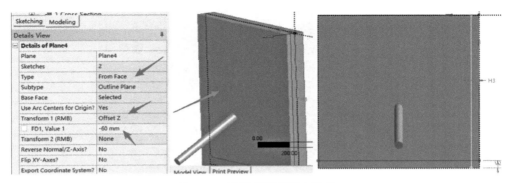

图 4-40　子弹侵彻混凝土靶板

④ 钢筋赋予截面：通过【Concept】→【Lines From Sketches】，选择草图 1，点击【Generate】后生成钢筋的线性梁单元。同样，再次在 Plane4 中通过草图设置纵向的梁单元。通过【Concept】→【Cross Section】→【Circular】，赋予梁单元界面，设置单元界面为原型，半径为 4mm。选择【Line Body】，通过【Cross Section】给单元赋予界面为 Circular1，如图 4-41 所示。

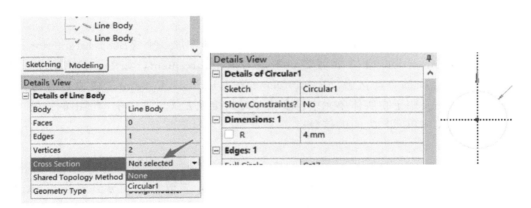

图 4-41　梁单元截面

⑤ 阵列钢筋：通过【Create Pattern】阵列【Line Body】，在【Pattern Type】中设置为 Linear，针对梁单元进行线性阵列，选择好阵列方向，设置间距 FD1 为 100mm，数量 FD3 为 9 个。同样，可针对纵向的梁单元进行阵列。

⑥ 布尔运算：为方便梁单元的共节点问题，需要进行布尔运算。通过【Create】→【Boolean】，选择所有的梁单元，设置【Operation】为 Unite 进行布尔加的运算。布尔加运算后，在 Part 中只出现一个 Line Body。

⑦ 旋转及平移：通过【Create】→【Body Transformation】→【Rotate】，选择子弹，在 FD9，Angle 中设置旋转角度为 30°，表示弹丸绕着 Z 轴旋转 30°。同样，可以通过【Create】→【Body Transformation】→【Translate】，选择子弹，在 FD2 中设置为 -100，将弹丸向下平移 100mm。

建好的几何模型如图 4-42 所示。

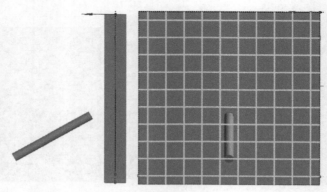

图 4-42　模型完成图

4.3.2.2　Model 前处理

(1) 材料及算法设置

选择子弹，通过 Assignment，赋予子弹材料为 TUNG. ALLOY，赋予混凝土材料为 CONC-35MPA，赋予钢筋材料为 STEEL 4340。子弹和混凝土采用默认拉格朗日算法，钢筋采用默认的梁单元算法，其他设置不变。

(2) 接触设置

保留原有默认接触，右击【Body Interactions】选择增加一个【Body Interaction2】，在【Detail of Body Interation 2】中将【Type】改为 Reinforcement，如图 4-43 所示，定义梁单元与实体单元之间的自动接触。Reinforcement 是 Explicit Dynamics 模块独有的接触方式，此接触方式主要用于在实体单元中包含梁单元的接触方式，适用于本例中的钢筋（梁单元）和混凝土（实体单元）之间的接触。

(3) 网格划分

选择 Mesh，选择所有的 Part，设置网格大小为 10mm。选择所有的面模型，右击插入【Face Meshing】，选择弹体模型，右击插入【Method】，修改网格划分方式为 MultiZone，插入【Inflation】，在【Geometry】中选择弹体模型，在【Boundary】中选择选择弹体圆柱面，在【Inflation Option】中选择 Total Thickness，设置【Number of Layers】为 2，【Growth Rate】为 1，【Maximum Thickness】为 7.5mm，其他参数默认。右击【Generate Mesh】，生成纯六面体网格，如图 4-44 所示。

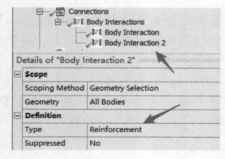

图 4-43　Reinforcement 接触设置

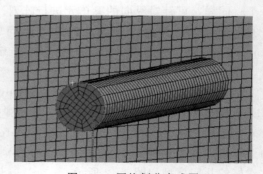

图 4-44　网格划分完成图

（4）速度设置

右击【Initial Conditions】，选择【Velocity】，选择插入速度【Define by Vector】，在
【Direction】中选择圆柱的端面，确定速度沿着轴向方向，向靶板侵彻。设置速度大小为
1200m/s。

（5）Analysis Setting 中的设置

在 Analysis Setting 中设置求解时间为 0.0005s，其他参数默认。

确认模型无误后，提交计算即可。

4.3.2.3　计算结果及后处理

计算结束后，可以右击【Solution】选择【Insert】→【Deformation】→【Total】查看
总体变形情况。由于是 3D 模型，需要查看内部的变形状态时，可以通过菜单栏中的【Solu-
tion】→【Section Plane】 ⧉ 命令对模型进行剖切查看，如图 4-45 所示。

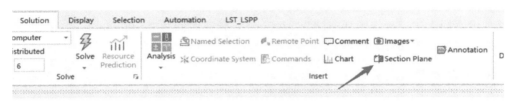

图 4-45　剖切面设置

计算结束后，可以右击【Solution】选择【Insert】→【Deformation】→【User De-
fined Result】，输入 BEAM_MISES_STR 查看钢筋的应力云图，输入 damageall 查看混凝
土损伤情况，如图 4-46 所示。

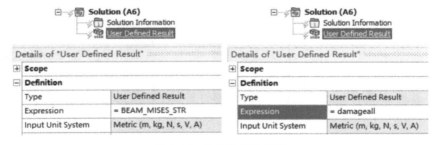

图 4-46　自定义显示结果

4.3.3　子弹侵彻钢筋混凝土（SPH-Lagrangian-beam）

为更好地表现混凝土的损伤，混凝土采用 SPH 算法模型，子弹采用 Lagrangian 算法，
设置其刚度特性为 Rigid，钢筋采用 Beam 算法。

在 Project Schematic 操作面板中，右击 Explicit Dynamics 模块上方的 ▼，选择【Du-
plicate】，复制计算模块，这样能够保留除计算结果外的所有数据，方便构建模型。

4.3.3.1　材料、几何处理

材料与几何处理同 4.3.2 节，无需进行修改。

4.3.3.2　Model 前处理

（1）材料及算法设置

选择子弹，在【Stiffness Behavior】中选择 Rigid，即将子弹设置为刚体，其他参数默认即可。选择混凝土，在【Reference Frame】中设置为 Particle。

（2）接触设置

选择【Connections】→【Body Interactions】→【Contact Detection】，修改为 Proximity Based，其余参数默认。

（3）网格设置

子弹和钢筋的网格设置保持不变，参考 4.3.2 节。进行混凝土网格设置时，右击【Mesh】插入【Method】，在【Method】选项中选择 Particle，设置网格大小为 2mm，即可完成子弹侵彻钢筋混凝土的计算模型网格设置。

（4）其他设置

其他设置同上述，确定子弹速度为 1200m/s，计算时间为 0.0005s。

检查无误后，提交计算即可。

4.3.3.3　计算结果及后处理

计算完成后，可以通过插入自定义选项进行后处理，后处理操作同 4.3.2 节。

计算结果如图 4-47 所示。

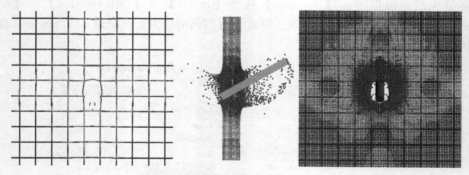

图 4-47　刚体子弹侵彻 SPH 混凝土

4.3.4　子弹侵彻钢筋混凝土（外部模型导入修改）

在 Project Schematic 操作面板中，右击 Explicit Dynamics 模块上方的 ▼，选择【Duplicate】，复制计算模块，这样能够保留除计算结果外的所有数据，方便构建模型。

4.3.4.1　材料、几何处理

（1）材料模型

由于采用复制模型，其材料无需改变，子弹材料采用 TUNG. ALLOY，混凝土材料采用 CONC-35MPA，钢筋材料采用 STEEL 4340。

（2）几何模型

通过外部建模软件建立钢筋混凝土模型。钢筋可以采用实体模型（ϕ8mm 圆柱），如图

4-48 所示，钢筋与钢筋、钢筋与混凝土可以直接干涉，不需要做任何布尔运算。生成模型后可以转为中间格式的几何文件（如 xt、sat、stp 等格式）进行导出。

打开 Workbench，选择 Explicit Dynamics 模块，在【Geometry】模块中，右击选择【Imprort Geometry】，然后再次右击选择【Edit Geometry in SpaceClaim】，进入 Space-Claim 界面进行处理。

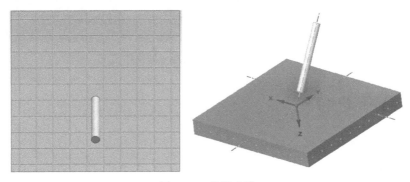

图 4-48　外部建模

如图 4-49 所示，进入 SpaceClaim 界面，确定模型导入后，可以选中混凝土和子弹模型，右击选择隐藏，在顶部的菜单栏中，通过【准备】→【抽取】，选择所有的钢筋，然后点击【抽取】，即可将钢筋的实体单元转化为梁单元。通过【Workbench】→【共享】，将自动找出所有钢筋连接处的节点，并以红点标示，点击☑️即可完成钢筋的共节点操作。

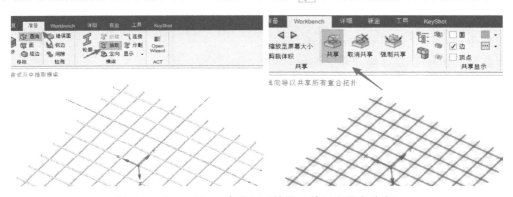

图 4-49　SpaceClaim 中处理（抽取两单元和节点共享）

完成梁单元的抽取和共节点操作后，退出 SpaceClaim。

4.3.4.2　Model 前处理

Model 前处理设置同 4.3.2 节。

4.3.4.3　计算结果及后处理

侵彻后的计算结果对比如图 4-50 所示。对于有钢筋存在的模型，混凝土的损伤会沿着钢筋延展的方向进行。

如果需要对比无钢筋条件下的混凝土侵彻，可复制新的计算模块，对钢筋进行抑制，提交计算即可。

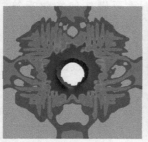 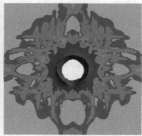 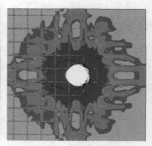

图 4-50　混凝土及钢筋混凝土的损伤情况

4.4　子弹侵彻油箱

4.4.1　计算模型及理论分析

4.4.1.1　计算模型描述

通过仿真，研究 12mm×12mm 的钢弹对于 2mm 的铝壳体油箱侵彻后的变化情况，侵彻速度为 800m/s，具体结构和尺寸如图 4-51 所示。

4.4.1.2　理论分析

当高速侵彻体（如子弹或战斗部的破片）穿透装有液体容器（如油箱、油罐车、输油管道等）壁并进入液体时，在液体中形成并传播一个很强的压力场，压力载荷作用在容器结构上，这就是液压水锤现象。

研究发现，当高速破片分别侵彻装有燃料和未装有燃料的箱体时，即使在燃料

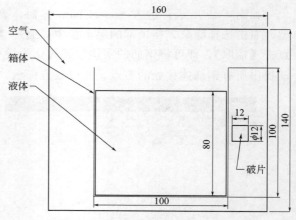

图 4-51　计算模型（单位：mm）

不被引燃的情况下，前者箱体的破坏也非常严重，如图 4-52 所示，可见液压水锤效应对容器结构有很大的破坏作用。

高速侵彻体撞击装有液体容器的过程包括高速侵彻体对箱体的侵彻、对内部液面的冲击、在液体内部的运动以及穿出箱体等 4 个阶段。

第一阶段是高速侵彻体对容器壳体的侵彻阶段。

第二阶段为侵彻体对液面的冲击阶段。侵彻体从箱体穿入后，撞击内部液面，在液体中形成冲击波，冲击波以撞击点为中心向液体内传播，其波阵面为半球面形。因为球面波的强度衰减很快，所以较强的冲击波载荷主要位于入口点附近，如果箱体的厚度较小或者破片的动能较大时，就会使侵彻阶段已受到削弱的箱体受到更严重的结构毁伤。

第三个阶段为高速侵彻体在液体中的运动阶段。侵彻体进入液体后在其内部运动，由于受到液体黏滞阻力的作用，速度不断衰减，同时，在侵彻体的后面形成一个小的孔穴，孔穴内部有侵彻过程中进入的空气和液体蒸汽，孔穴膨胀到一定程度后，受到液体内压力的作用

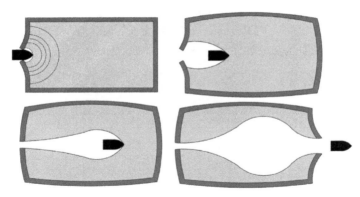

图 4-52 高速侵彻体撞击装有液体容器的过程

（箱体约束引起的）开始收缩，由于收缩使孔穴内部的压力升高，导致孔穴再次膨胀，如此反复进行，直到能量耗尽。这种振荡式的孔穴膨胀将造成两方面的严重后果：一是形成的载荷将增强对箱体的毁伤程度；二是大量的液体从侵彻体入口中压出，或者雾化的液体从箱体裂缝中压出。如果液体为燃料还可能导致着火。

第四阶段为高速侵彻体穿出箱体阶段。如果侵彻体在液体的运动过程中不能消耗其全部能量，将从容器的壳体穿出，在此过程中，出口处的箱体受到侵彻体的冲击，再加上前几个阶段在液体中形成载荷的共同作用，可能引起出口处箱体的结构毁伤。

4.4.1.3 数值仿真模型构建

根据模型简单分析，可以采用 2D 轴对称计算模型、1/2 对称模型或者整体模型。其中，空气、油液属于液体，可以采用欧拉网格，铝壳体油箱采用 Shell 单元，子弹采用实体单元。

空气材料模型采用显式动力学材料库中的 Air，油液可以通过自定义材料设置；铝壳体材料也可以自定义，或者采用材料库中的 AL2024T351 硬铝材料，采用 Shock 状态方程，J-C 强化模型；子弹材料采用 STEEL 1006 钢，采用 Shock 状态方程，J-C 强化模型。

4.4.2 子弹侵彻油箱（2D 流固耦合）

4.4.2.1 材料、几何处理

（1）模块选择

首先打开 Workbench 软件，在 Toolbox 中选择 Explicit Dynamics 模块，并把它拖动到 Project Schematic 中。

（2）材料定义

考虑到采用较高速度的碰撞，子弹采用的是 Shock 状态方程，J-C 强化模型的 STEEL 1006；油箱壁面采用的是 Shock 状态方程，J-C 强化模型的 AL2024T351；针对空气，一般采用理想气体状态方程即可；针对油液模型，采用 Shock 状态方程即可，由于是液体，可以不采用强度模型。

选择 Engineering Data，双击进入材料定义界面。选择显式动力学材料库，加载 Air（Atomspheric）空气和 STEEL 1006 钢。

点击【Click Here to Add a New Material】，构建油液材料，输入材料名称为 Oil，通过

侧边的【Toolbox】，插入【Density】、【Shock EOS Linear】。设置【Desity】为 $780kg/m^3$，【Grunersen Coefficient】为 0，【Parameter C1】为 1480m/s，【Parameter S1】为 2.56，【Parameter Quadratic S2】为 0，如图 4-53 所示。

	A	B	C
1	Property	Value	Unit
2	Material Field Variables	Table	
3	Density	780	kg m^-3
4	Shock EOS Linear		
5	Gruneisen Coefficient	0	
6	Parameter C1	1480	m s^-1
7	Parameter S1	2.56	
8	Parameter Quadratic S2	0	s m^-1

图 4-53 油液材料定义

最终确认有空气 Air（Atmosphere）、子弹 STEEL 1006、油箱壳体 AL2024T351 和油液 Oil 四种材料。Air 和 Oil 的材料参数见表 4-11。

表 4-11 材料参数

参数	数值
Air	
Density	$1.225kg/m^3$
Specific Heat Constant Pressure	$717.6J/(kg \cdot C)$
Adiabatic Exponent γ	1.4
Adiabatic Constant	0
Pressure Shift	0Pa
Reference Temperature	15.05
Specific Internal Energy	2.5E5J/kg
Oil	
Density	$780kg/m^3$
Gruneisen Coefficient	0
Parameter C	1480m/s
Parameter S1	2.56
Parameter Quadratic	0s/m

(3) 几何建模

退出 Engineering Data。右击【Geometry】选择【Edit Geometry in Design Model】，进入几何编辑界面。

① 子弹模型建立：在 XYPlane 中，通过插入草图 1，创建关于 Y 轴对称的 2D 模型，子弹的半径为 6mm，长度为 12mm。通过【Concept】→【Surfaces From Sketch】生成面模型，设置【Operation】为 Add Frozen。

② 油箱模型建立：在 XYPlane 中，通过插入草图 2，创建关于 Y 轴对称的 2D 模型，油箱的壁面厚度为 2mm，总长度为 84mm，总宽度为 100mm，油箱上表面距离破片 3mm。通过【Concept】→【Surfaces From Sketch】生成面模型，设置【Operation】为 Add Frozen。

③ 油液模型建立：在 XYPlane 中，通过插入草图 3，创建关于 Y 轴对称的 2D 模型，油

液长度为 140mm，总宽度为 80mm，空气底部距离油箱底部 30mm。通过【Concept】→【Surfaces From Sketch】生成面模型，设置【Operation】为 Add Frozen。

④ 布尔运算：通过菜单栏【Creat】→【Boolean】，选择【Operation】为 Substract，选择【Target Body】为空气，选择【Tool Body】为油液，设置【Preserve Tool Bodies】为 Yes，即将空气与油液进行布尔减的运算，并且保留油液。

整体模型完成后如图 4-54 所示。

退出几何模型后，右击【Geometry】，选择【Properties】，在弹出的窗口中设置【Analysis Type】为 2D，即采用 2D 模型分析。

图 4-54　几何模型

4.4.2.2　Model 前处理设置

（1）材料及算法设置

双击 Model 进入界面中，在 Geometry 中设置【2D behavior】为 Axisymmetric，即采用 2D 轴对称计算模型。

选择油液 Part，在【Details of Solid】中，修改【Reference Frame】为 Eulerian（Virtual），即采用网格算法为欧拉算法，通过【Assignment】设置材料为 Oil。同样，依次修改空气的【Reference Frame】为 Eulerian（Virtual），通过【Assignment】设置材料为 Air。其余模型采用默认的拉格朗日计算模型，并且一一赋予对应的材料。

（2）接触设置

由于此模型中有液体与结构之间的干涉，程序可能会自动设置绑定接触，需要手动删除多余的 Contact 绑定接触，只保留默认的 Body Interactions 自动接触即可。在 Explicit Dynamics 中，关于流固耦合的接触设置，一般都是采用默认的自动接触即可，无需修改。在 2D 分析中，不支持绑定接触。

（3）网格划分

选择【Mesh】，选择子弹和靶板面模型，设置网格大小为 1mm；选择油箱壁面模型，插入【Face Meshing】和【MultiZone】，设置采用四边形网格划分。

（4）速度设置

右击【Initial Conditions】，选择【Velocity】，选择插入速度，修改【Define by】为 Components，通过坐标系定义速度，修改【Y Component】为－800m/s，代表破片的速度为 Y 方向 800m/s。

（5）Analysis Setting 中的设置

在 Analysis Setting 中设置求解时间为 0.0002s，【Time Step Safty Factor】为 0.667，欧拉域的【Scope】为 All Bodies，【X Scale Factor】、【Y Scale Factor】为 1，即按照 1:1 的模型尺寸生成欧拉域，设置【Cell Size】为 1mm，即欧拉域的网格大小为 1mm，其他参数默认即可。

4.4.2.3　计算结果及后处理

计算结束后，右击【Solution】选择【Insert】→【Deformation】→【Total】查看总体变形情况。可以看出，子弹在此速度条件下，能够穿透油箱的壁面，并且造成油箱的大变形，如图 4-55（a）所示。

通过复制新建一个模型，抑制油液，再次提交计算，对比无油液的仿真计算。可以发现，在水锤作用下，油箱发生的变形更大，结构多处发生较大的塑性应变，如图 4-55（b）所示。相对于空油箱，装有液体的油箱呈现出向外膨胀的趋势。

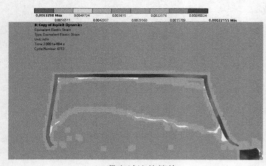

(a) 带有油液的箱体   (b) 空箱体

图 4-55　计算结果

为清晰查看油液分布情况，插入【User Defined Result】，设置【Expression】为 Density，可以在【Legend】中点击标尺进行设置，设置四个标尺的大小为（0，200）、（200，2000）、（2000，5000）、（5000，8000），这样覆盖了空气、油液、油箱、破片的密度，可以查看物质的分布情况，如图 4-56 所示。

图 4-56　不同时刻计算结果

4.4.3　子弹侵彻油箱（3D 流固耦合）

4.4.3.1　材料、几何处理

（1）模块选择

在 Project Schematic 操作面板中，选择 Explicit Dynamics 模块上方的 ▼，右击选择【Duplicate】，复制计算模块，这样能够保留除计算结果外的所有数据。

（2）材料定义

采用复制的模型，确认加载了空气 Air（Atomospheric）、子弹 STEEL 1006 和油液 Oil 材料。

由于 3D 模型预计壳体采用 Shell 单元进行求解，Shell 不支持 Shock 状态方程，对于 Shell 单元，采用弹塑性模型。点击【Click Here to Add a New Material】，输入 AL，通过侧边的【Toolbox】，插入【Physical Properties】下的【Density】，【Linera Elastic】中的【Isotropic Elasticity】，【Plasticity】中的【Bilinear Isotropic Hardening】。设置【Desity】为 2700kg/m³，【Young's Modulus】为 7E10Pa，【Poisson's Ratio】为 0.33，【Yield Strength】为 120E6Pa，

【Tangent Modulus】为 0。壳体材料参数设置见表 4-12。

表 4-12 壳体材料参数设置

参数	数值
Density	2700 kg/m^3
Young's Modulus	7E10Pa
Poisson's Ratio	0.33
Bulk Modulus	6.8627E10Pa
Shear Modulus	2.6316E10Pa
Yield Strength	120E6Pa
Tangent Modulus	0Pa

(3) 几何建模

退出 Engineering Data。右击【Geometry】选择【Edit Geometry in Design Model】，进入几何编辑界面。

① 油箱建立：首先通过【Creat】→【Primitives】→【Box】，设置 FD3 为 −50mm，FD4 为 −50mm，FD5 为 8mm，FD6 为 100mm，FD7 为 100mm，FD8 为 100mm。

通过【Thin/Surface】抽壳命令，选择油箱的上表面，在【Selection Type】中选择【Faces to Remove】，设置 FD1 为 2mm，代表油箱的厚度为 2mm。

② 油液建模：通过【Extrude】拉伸命令，选择油箱底表面部进行拉伸，拉伸的长度 FD 1 为 80mm，拉伸的方向为 X 方向，确定【Operation】为 Add Frozen。

③ 空气建模：通过【Creat】→【Primitives】→【Box】，设置 FD3 为 −60mm，FD4 为 −70mm，FD5 为 −20mm，FD6 为 140mm，FD7 为 140mm，FD8 为 140mm，确定【Operation】为 Add Frozen。

④ 子弹建模：通过【Creat】→【Primitives】→【Cylinder】，设置 FD3 为 0mm，FD4 为 0mm，FD5 为 −6mm，FD6 为 0mm，FD7 为 0mm，FD8 为 12mm。

⑤ 对称面：通过【Creat】→【Slice】，选择【Base Plane】为 ZX Plane，其他参数默认。对所有的 Body 进行切割，选择抑制 Part，只保留第一象限的模型。

⑥ 布尔运算：通过【Creat】→【Boolean】，选择【Operation】为 Substract，选择【Target Bodies】为空气，选择【Tool Bodies】为油液，选择【Preserve Tool Bodies】为 Yes，保留切割刀具。

选择【Tools】→【Mid-Surface】，建立中间面模型，在【Face Pairs】中，按住 Ctrl 键，依次选择油箱的内外壁面，点击【Generate】可生成中间面模型，如图 4-57 所示。

4.4.3.2 Model 前处理设置

(1) 材料及算法设置

双击 Model 进入材料定义界面，选择油液 Part，在【Details of Solid】中，修改【Reference Frame】为 Eulerian（Virtual），通过【Assignment】赋予油液材料为 Oil。同

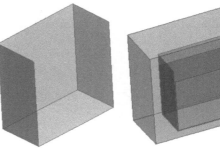

图 4-57 几何模型

样，修改空气的【Reference Frame】为 Eulerian（Virtual），通过【Assignment】赋予空气材料为 Air。其余模型采用默认的拉格朗日计算模型，并且一一赋予对应的材料。

（2）对称性设置

选中模型树中的 Model，右击插入【Symmetry】，在出现的【Symmetry】中再次右击插入【Symmetry Region】，选择对称面，可以修改【Symmetry Normal】中的面法向为 Y，建立关于 XZ 面的对称模型。

（3）接触设置

由于此模型中有液体与结构之间的干涉，程序会自动设置绑定接触，需要手动删除多余的绑定接触，只保留默认的 Body Interactions 自动接触即可。在 Explicit Dynamics 中，关于流固耦合的接触设置，一般都是采用默认的自动接触即可，无需修改。

（4）网格划分

选择 Mesh，选择破片和靶板面模型，设置网格大小为 2mm；选择油箱壁面模型，插入【Face Meshing】，设置采用四边形网格划分。划分完成的网格如图 4-58 所示。

（5）速度设置

右击【Initial Conditions】，选择【Velocity】，选择插入速度，修改【Define by】为 Components，通过坐标系定义速度，修改【Y Component】为 -800m/s，代表破片的速度为 Y 方向 800m/s。

图 4-58 网格划分完成图

（6）Analysis Setting 中的设置

在 Analysis Setting 中设置求解时间为 0.0002s，【Time Step Safty Factor】为 0.667，欧拉域的【Scope】为 All Bodies，【X Scale Factor】、【Y Scale Factor】和【Z Scale Factor】为 1，即按照 1:1:1 的模型尺寸生成欧拉域，设置【Cell Size】为 2mm，即欧拉域的网格大小为 2mm，其他参数默认即可。

4.4.3.3 计算结果及后处理

计算结束后，右击【Solution】选择【Insert】→【Deformation】→【Total】查看总体变形情况。速度曲线如图 4-59 所示，可以看出，子弹在此速度条件下，能够穿透油箱的壁面，并且造成油箱的大变形。

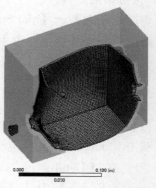

图 4-59 速度曲线

为方便显示对称性的模型，可以在【Symmetry】中设置【Num Repeat】为 2，设置【ΔY】为 $1×10^{-5}$ m（一个较小的值即可），如图 4-60 所示。这样可以在后处理中查看对称模型。

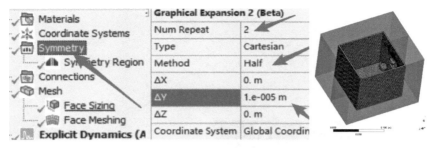

图 4-60 对称显示设置

为清晰查看油液分布情况，参考 4.4.2 节，通过修改【Legend】的显示方式，查看模型中材料的分布情况，如图 4-61 所示。

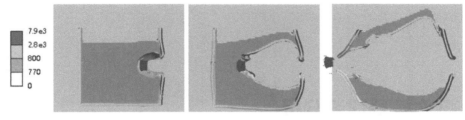

图 4-61 不同时刻计算结果

 本章小结

本章主要介绍了 Explicit Dynamics 中冲击碰撞模型数值仿真计算的构建，分别通过破片侵彻金属靶板、子弹侵彻钢筋混凝土靶板和子弹侵彻油箱 3 个实例，详细介绍了冲击碰撞问题的材料、接触、算法、初始条件的设置，并进行了计算结果的对比。

第5章 爆炸问题

5.1 爆炸模型理论分析

炸药在空气中爆炸时，按照离爆心的远近，爆炸场可划分为爆炸产物作用区、爆炸产物和空气冲击波联合作用区、以空气冲击波为主的作用区。离爆心的距离习惯用装药特性尺寸的倍数来表示，如球形装药用球半径表示，柱形装药用柱半径 r_e 表示。对于标准炸药（TNT），爆炸的膨胀体积为初始体积的 $800\sim1600$ 倍，由此可确定产物的作用区。球形装药爆炸时，爆炸产物容积的极限半径为原装药半径的 10 倍。柱形装药爆炸时，这个比值约为 30 倍。因此，可以判定爆炸产物的作用场局限在非常小的距离内。可以认为：当 $r=(7\sim14)r_e$ 时，为爆炸产物做作用区；当 $r=(14\sim20)r_e$ 时，为爆炸产物和冲击波联合作用区；当 $r>20r_e$ 时，是以冲击波为主的作用区。大量实验证明，在爆炸装药附近，即 $r=(10\sim12)r_e$ 时，其压力下降与距离的立方成反比；当 $r>12r_e$ 时，压力下降和距离的平方成反比，说明压力下降缓慢；在远距离时，压力下降和距离成反比，说明压力下降更缓慢。爆炸场的区域分布和不同装药爆炸时等压面的形状如图 5-1 所示。

以上规律告诉我们，爆炸本身产物作用距离不大。要想增大破坏范围，主要是靠炸药在空气中爆炸产生的冲击波。典型的爆炸场处的压力-时间曲线如图 5-2 所示。

研究者们根据大量实验拟合计算，得到很多半经验公式，在考虑爆炸冲击问题时，需要定义比例距离 $\bar{r}=D/\sqrt[3]{G_e}$。其中，D 为测试点到爆心之间的距离（m），G_e 为等效的 TNT 药量（kg）。

Brode 公式：

$$P=\frac{0.657}{\bar{r}^3}+0.098 \quad (0.0098\leqslant\Delta P_+\leqslant0.98) \tag{5-1}$$

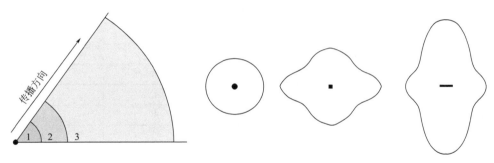

图 5-1 爆炸场区域分布、各种装药爆炸时等压面的形状

1—爆炸产物作用区；2—爆炸产物与冲击波联合作用区；3—冲击波作用区

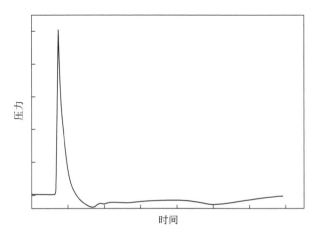

图 5-2 典型压力-时间曲线

Henrych 公式：

$$P=\frac{0.0662}{\bar{r}}+\frac{0.405}{\bar{r}^2}+\frac{0.3288}{\bar{r}^3} \quad (1\leqslant\bar{r}\leqslant 10) \tag{5-2}$$

садоьскнй 公式：

$$P=\frac{0.074}{\bar{r}}+\frac{0.221}{\bar{r}^2}+\frac{0.637}{\bar{r}^3} \quad (1\leqslant\bar{r}\leqslant 15) \tag{5-3}$$

式(5-1)~式(5-3) 是针对球形 TNT 装药在无限空气介质中的爆炸情况，当传播距离大于装药特征尺寸时，可按照这些公式进行计算。

对于其他炸药，一般可以采用相应的换算公式，如根据爆速、爆压或者爆热进行换算成等效 TNT 当量。例如，根据常用爆热进行计算，常用炸药的性能见表 5-1，等效 TNT 当量的计算公式如下：

$$G_e=G_{ei}\frac{Q_i}{Q_r} \tag{5-4}$$

式中，G_{ei} 为某炸药质量，kg；Q_i 为某炸药爆热，kcal/kg[●]；Q_r 为 TNT 的爆热，取 $Q_r=1000$kacl/kg；G_e 为某炸药的 TNT 当量，kg。

---

❶ cal 为能量单位，1cal＝4.184J。

表 5-1　常用炸药的性能

炸药	E_0		Q_e		$\sqrt{2E_0}$ /(mm/μs)
	kcal/g	kJ/g	kcal/g	kJ/g	
TNT	0.67	2.807	1.09	4.566	2.37
	0.71	2.974	1.09	4.566	2.44
RDX	0.96	4.021	1.51	6.325	2.83
B 炸药	0.87	3.644	1.2	5.027	2.71
	0.91	3.812	1.2	5.027	2.77
	0.80	3.602	1.2	5.027	2.68
HMX	1.06	4.440	1.48	6.200	2.97
PBX-9404	1.01	4.231	1.37	5.152	2.90

一般认为，当爆炸高度系数 $\overline{H}$ 符合式(5-5) 的条件时，称为无限空中爆炸。

$$\overline{H} = \frac{H}{\sqrt[3]{G_e}} \geqslant 0.35 \tag{5-5}$$

式中，H 为炸药离地面的高度，m；G_e 为 TNT 炸药的药重，kg。

球形装药在地面和接近地面爆炸时，冲击波变成半球形向外传播，地面反射使爆炸效应得到加强。对于刚性的混凝土、岩石表面，相当于 2 倍装药的效应。

5.2　爆炸数值计算

5.2.1　炸药状态方程

5.2.1.1　JWL 状态方程

设在固体介质中，有一冲击波以波速 D 向右传播，波前介质密度 ρ_0、压力 p_0、内能 e_0、质点速度 u_0，波后介质密度 ρ_1、压力 p_1、内能 e_1、质点速度 u_1 如图 5-3 所示。

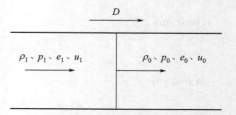

图 5-3　冲击波参数

冲击波前方的介质以 $(D-u_0)$ 的速度流入冲击波波阵面，然后以 $(D-u_1)$ 的速度从冲击波波阵面流出。其质量守恒、动量守恒和能量守恒公式如下：

$$\rho_0(D-u_0) = \rho_0(D-u_1) \tag{5-6}$$

$$p_1 - p_0 = \rho_0(D-u_0)(u_1-u_0) \tag{5-7}$$

$$e_1 - e_0 = \frac{1}{2}(p_1 + p_0)(v_1 - v_0) \tag{5-8}$$

式中，v_0、v_1 为比容，$v_0 = 1/\rho_0$，$v_1 = 1/\rho_1$。

一般情况下，波前速度 $u_0 = 0$，波前压力 $p_0 = 0$，综合以上，消去波后速度 u_1，可得

$$p_1 = \rho_0 D_2(1-V_1) \tag{5-9}$$

式中，V_1 为相对体积，$V_1 = \rho_0/\rho_1$。

考虑到 $E = \rho_0 e$，式(5-8) 可写成如下形式：

$$E_1 - E_0 = \frac{1}{2}P_1(1 - V_1) \tag{5-10}$$

如果 CJ 压力 p_{CJ}、爆速 D、单位体积 CJ 内能 E_{CJ} 可以通过试验给出，结合到式(5-9)和式(5-10)，可得到相对体积 V_{CJ} 和单位体积内能 E_0：

$$V_{CJ} = \frac{\rho_0 D^2 - P_{CJ}}{\rho_0 D_2} \tag{5-11}$$

$$E_0 = E_{CJ} - \frac{1}{2}P_{CJ}(1 - V_{CJ}) \tag{5-12}$$

JWL 状态方程如下：

$$p = A\left(1 - \frac{\omega}{R_1 V}\right)e^{-R_1 V} + B\left(1 - \frac{\omega}{R_2 V}\right)e^{-R_2 V} + \frac{\omega E}{V} \tag{5-13}$$

式中，A、B、R_1、R_2 和 ω 均为常数，由圆筒实验标定得到。式(5-13) 右侧第一项在高压段起主要作用，第二项在中压段起主要作用，第三项代表低压段。在爆炸产物膨胀的后期，右侧前两项的作用可以忽略，为了加快求解速度，将炸药爆炸产物 JWL 状态方程转换为更为简单的理想气体状态方程（绝热指数 $\gamma = \omega + 1$）。

设定一组 R_1、R_2、ω 值，用假设的 JWL 方程通过二维流体弹塑性程序数值模拟爆炸驱动圆管的外径膨胀轨迹，和实验值做比较，不断调整 3 个参数，直到和实验值误差小于 1%。但同一炸药，JWL 方程 6 个系数随密度而变，通常文献仅给出一种密度的 JWL 方程系数。对于绝大多数炸药来说，R_1、R_2 和 ω 的取值范围为：$R_1 = 4 \sim 5$，$R_2 = 1 \sim 2$，$\omega = 0.2 \sim 0.4$。对于不同密度条件下，可令式(5-13) 中 $p = 0$，可以简单地计算炸药的初始能量 E_0。如果只是随意地调整炸药的参数，可能导致计算结果不可信。

对于负氧平衡炸药，JWL 状态方程参数具有一定的局限性。因为这些参数是通过标准圆筒实验拟合得到的，标定时炸药与圆筒紧密接触，只有端部有机会与空气接触，并且圆筒破裂前产物作用时间大约 $20\mu s$，此时后燃烧效应还未来得及发挥作用，由此标定的方程参数可适用于零氧或者正氧平衡炸药空气中爆炸的计算，但对于像 TNT 一类的负氧平衡炸药需要对其进行修正。

此外，对于含铝炸药，其有较强的能量后效释放效应，JWL 状态方程一般可以表示如下：

$$p = A\left(1 - \frac{\omega}{R_1 V}\right)e^{-R_1 V} + B\left(1 - \frac{\omega}{R_2 V}\right)e^{-R_2 V} + \frac{\omega(E + FQ)}{V} \tag{5-14}$$

式中，Q 是圆筒破裂后，部分铝粉燃烧额外释放的比内能；F 是圆筒破裂后，铝粉的反应率，理想炸药能量全部在 CJ 面前释放，$F = 0$。Miller 通过改进 Lee-Tarver 方程，用引入炸药的后期反应速率来揭示含铝炸药状态方程对装药尺寸和约束条件的依赖性，在该模型基础上，提出了只采用燃烧项的能量释放简化模型，计算速度也大大加快。含铝炸药 Miller 能量释放模型考虑了由反应率 F 和压力 P 控制的燃烧，表示如下：

$$\frac{dF}{dt} = a(1 - F)^m p^n \tag{5-15}$$

式中，a 是能量释放常数，与金属粒子的粒度相关；m 是能量释放指数，与粒子形状相关；n 是压力指数，与氧化气体成分、金属热物理性质、约束条件等因素有关。这些数据可以通过对含铝炸药爆炸测试数据和 Autodyn 计算结果对比迭代反推来确定，操作界面如图 5-4 所示。

19	⊟ ? Explosive JWL Miller		
20	Parameter A		Pa
21	Parameter B		Pa
22	Parameter R1		
23	Parameter R2		
24	Parameter W		
25	C-J Detonation Velocity		m s^-1
26	C-J Energy / unit mass		J kg^-1
27	C-J Pressure		Pa
28	Burn on compression fraction	0	
29	Pre-burn bulk modulus	0	Pa
30	Adiabatic Constant	0	
31	Additional specific energy / unit mass	0	J kg^-1
32	Energy release constant	0	
33	Energy release exponent	0	
34	Pressure exponent	0	

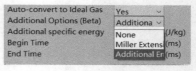

图 5-4　Explicit Dynamics 中 Explosive JWL Miller 和 Autodyn 中 Additional Energy

在 Workbench Explicit Dynamics 模块中，如为了在 TNT 爆炸产物 JWL 状态方程中考虑后燃烧效应，可在炸药爆轰后（$0.12 \sim 0.55$）$\times 10^{-3}$ s 时间段内均匀加入 2.15×10^6 J/kg 的能量释放。

5.2.1.2　JWLB 状态方程

在 JWL 状态方程基础上，添加指数项和变化的方程系数，使之能更好地描述炸药爆轰过程初期的高压膨胀阶段和末期的低压膨胀阶段的压力体积变化。在 LS-DYNA 中，可以通过添加 *EOS_JWLB 对状态方程进行设置。JWLB 状态方程表示如下：

$$p = \sum_{i=1}^{5} A_i \left(1 - \frac{\lambda}{R_i V}\right) \mathrm{e}^{-R_i V} + \frac{\lambda E}{V} + C\left(1 - \frac{\lambda}{\omega}\right) V^{-(\omega+1)} \tag{5-16}$$

$$\lambda = \sum_{i=1}^{5} (A_{\lambda i} V + B_{\lambda i}) \mathrm{e}^{-R_{\lambda i} V} + \omega \tag{5-17}$$

式中，V 是相对体积；p 是压力；A_i、R_i、$A_{\lambda i}$、R_i、$B_{\lambda i}$、C、ω 是材料参数；E 是初始单位体积内能。不同炸药的 JWLB 参数见表 5-2。

表 5-2　不同炸药 JWLB 参数

参数	TATB	LX-14	PETN	TNT	Octol 70/30
$\rho_0/(\mathrm{g/cm^3})$	1800	1821	1.765	1.631	1803
E_0/Mbar①	0.07040	0.10205	0.10910	0.06656	0.09590
$D_{\mathrm{CJ}}/(\mathrm{cm}/\mu s)$	0.76794	0.86619	0.83041	0.67174	0.82994
$P_{\mathrm{CJ}}/\mathrm{Mbar}$	0.23740	0.31717	0.29076	0.18503	0.29369
A_1/Mbar	550.06	549.60	521.96	490.07	526.83
A_2/Mbar	22.051	64.066	71.104	56.868	60.579
A_3/Mbar	0.42788	2.0972	4.4774	0.82426	0.91248
A_4/Mbar	0.28094	0.88940	0.97725	0.00093	0.00159
R_1	16.688	34.636	44.169	40.713	52.106
R_2	6.8050	8.2176	8.7877	9.6754	8.3998

参数	TATB	LX-14	PETN	TNT	Octol 70/30
R_3	20737	20.401	25.072	2.4350	2.1339
R_4	2.9754	2.0616	2.2251	0.15564	0.18592
C/Mbar	0.00776	0.01251	0.01570	0.00710	0.00968
ω	0.27952	0.38375	0.32357	0.30270	0.39023
$A_{\lambda 1}$	1423.9	18307.0	12.257	0.00000	0.011929
$B_{\lambda 1}$	14387.0	1390.1	52.404	1098.0	18466.0
$R_{\lambda 1}$	19.780	19309	43.932	15.614	20.029
$A_{\lambda 2}$	5.0364	4.4882	8.6351	11.468	5.4192
$B_{\lambda 2}$	−2.6332	−2.6181	−4.9176	−6.5011	−3.2394
$R_{\lambda 2}$	1.7062	15076	2.1303	2.1593	1.5868

① 1bar=100kPa。

5.2.1.3 Powder Burn 模型

对材料的燃烧（爆燃）进行数值模拟，极难从第一原理建模。在 Autodyn 中，通过 Powder Burn（粉末燃烧）模型进行模拟，一般可用于火药燃烧、含能破片能量释放、推进剂等方面的数值模拟。

Powder Burn 模型是一种多相模型，包括已反应的气相和未反应的固相。每个单元内的总质量由气体和固体的质量相加而得。气体和固体的体积都是已知的，因此可以计算单元内材料的密度、压缩等。Powder Burn 模型包含材料为固态时的状态方程、材料反应率以及材料为气体的状态方程。

反应率的表达式如下：

$$F(t) = \frac{m_s(t_0) - m_s(t)}{m_s(t_0)} \tag{5-18}$$

式中，$m_s(t)$ 表示 t 时刻材料的固体质量。

燃烧速度 $c(t)$ 表示如下：

$$c(t) = H(P_g) \tag{5-19}$$

式中，$H(P_g)$ 是取决于气体压力的函数。

燃烧分数可以表示为 H 的函数和 $G(F(t))$，表示燃烧表面的大小和形状：

$$F'(t) = G(F(t))H(P_g) \tag{5-20}$$

Autodyn 要求用户输入燃烧分数增长参数 G 和 c 的值。这些参数用于评估燃烧分数的变化，其中

$$\Delta F = G(1-F)^c H(P_g) \tag{5-21}$$

当为反应气体材料选择 JWL EOS 时，必须输入恒定燃烧速度。由于燃烧速度是恒定的，因此需要使用实时起爆逻辑来定义单元的点火时间。

当为反应气体材料选择 Exponential EOS 时，除了在以下关系中输入密度和 γ 之间的变化外，还必须输入常数 C_1、C_2 以及 H 和 P_g 之间的关系：

$$V = C_1 + C_2(H(P_g))(1 + \gamma(\rho_s)) \tag{5-22}$$

由于该反应 EOS 的燃烧速度不是恒定的，而是根据气体压力和密度变化的，因此无法使用实时引爆逻辑定义单元的点火时间，并且要启动单元点火，需要使用手动设置引爆（点火）时间的选项，如图 5-5 所示。

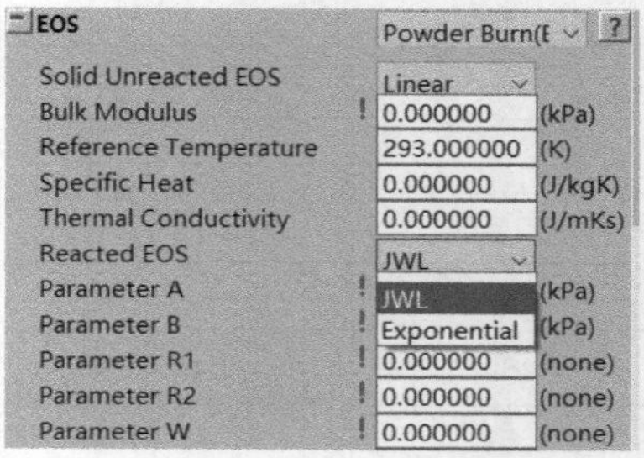

图 5-5 Powder Burn 选项

5.2.2 人工黏性

在求解爆炸高速冲击问题时，往往会出现冲击波，这将导致压力、密度、质点速度和能量等在波阵面前后发生突变（即间断面），这种不连续性给运动微分方程的求解带来了较大的困难。为了解决此问题，需要引入人工黏性。当然人工黏性的使用也受到人们的质疑，它将虚假的、非物理的人为因素引入到数值模拟中。但是，近半个世纪的数值模拟实践表明，人工黏性方法是一种比较实用而且比较合理的激波捕捉方法，它给工程应用带来了极大的方便。

显式动力学中的黏性项主要基于 Von Neumann、Richtmeyer 和 Wilkins 等人的工作，其表达式如下：

$$q = \begin{cases} \rho\left[\left(C_Q d\left(\dfrac{\dot{V}}{V}\right)\right)^2 - C_L c\left(\dfrac{\dot{V}}{V}\right)\right], & \dfrac{\dot{V}}{V} < 0 \\ 0, & \dfrac{\dot{V}}{V} \geqslant 0 \end{cases} \tag{5-23}$$

式中，C_Q 为二次黏性系数；C_L 为线性黏性系数；ρ 为局部材料密度；d 为典型单元长度；c 为局部声速；$\dot{V}/V$ 是体积变化率。

人工黏性抹平了强间断，这使得计算出的冲击波波峰压力值会比真实的压力值小。一般来说，人工黏性系数越大，峰值压力越低，一次项系数 C_L 的影响要比二次项 C_Q 大得多。二次项平滑了激波不连续性，而线性项则抑制了激波不连续性后面的解中可能出现的振荡。

目前，主流的商业软件，如 Autodyn、LS-DYNA 等，已经给出了人工黏性系数的默认值，这些默认值是经过长期数值试验验证过的，因此这些取值对工程研究具有极大的参考价值。Autodyn 软件默认情况下，$c_0 = 1$，$c_1 = 0.2$；LS-DYNA 的对应值分别是 1.5 和 0.06。引入人工黏性前后，冲击波波峰压力值对比如图 5-6 所示。

5.2.3 爆炸计算材料

Explicit Materials 材料库中有大量的炸药模型，包括常见的 TNT、B 炸药、C4 炸药、PBX 系列炸药等，炸药可以直接调用材料库中的炸药 JWL 状态方程。对于空气模型，可以加载材料库中的 Atmosphere 材料，其状态方程为理想气体状态方程，材料库中的空气材料参数已经添加了初始空气压力 98000Pa。

5.2.4 爆炸计算几何模型构建

可以通过 DM、SpaceClaim 软件直接进行建模，或者在外部建模后，通过 External Model 导入几何及网格模型。

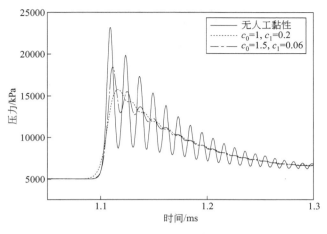

图 5-6 人工黏性作用

以炸药在空气中爆炸对靶板作用为例，如果是炸药采用拉格朗日网格进行计算，则炸药与空气共节点，空气与靶板也共节点，所有模型不干涉，各个模型之间无绑定接触，只保留自动的 Body Interactions 接触即可。但对于爆炸问题，一般不建议炸药采用拉格朗日网格。

一般情况下，炸药采用欧拉网格计算。在 Explicit Dynamics 建模时，需要将空气与炸药进行布尔运算，保证空气与炸药不干涉，空气与靶板之间需要干涉，需要空气包裹靶板的模型。在 Autodyn 中建模，需要通过【Fill】填充，可以将背景欧拉网格中的材料部分转化为炸药。在 Workbench LS-DYNA 模块中，爆炸基于 S-ALE 算法进行计算，空气域为矩形块，空气域与炸药、靶板之间可以干涉。其核心思想也是在空气域中通过填充的操作，将原来对应部位的空气转为炸药。

5.2.5 爆炸计算算法

（1）计算算法

Workbench Explicit Dynamics 中，爆炸的计算支持拉格朗日、欧拉、SPH 等算法。一般推荐流体材料（炸药、空气、水等）采用欧拉算法，固体材料（金属靶板、混凝土结构等）采用拉格朗日算法，对于自然破片的成型炸药和壳体结构可以考虑 SPH 算法等。

Explicit Dynamics 中的自动流固耦合算法，一般无需特别的设置，在模拟过程中，拉格朗日结构可以移动和变形。大变形也可能导致拉格朗日体中的单元侵蚀。在这种情况下，耦合接口会自动更新。如图 5-7 所示，具有拉格朗日坐标系（深灰色）的物体在具有欧拉坐标系的物体上从左向右移动。当物体移动时，它通过逐渐覆盖欧拉单元中的体积和面，在欧拉域中充当移动边界。这会在欧拉域中导致物质流动。同时，在欧拉域中会产生一个应力场，使外力作用在移动的拉格朗日体上，这些力将反馈到拉格朗日体的运动和变形（以及应力）中。

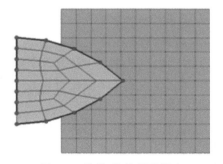

图 5-7 欧拉-拉格朗日耦合

为了在显式动力学中耦合拉格朗日体和欧拉体时获得精确的结果，有必要确保欧拉域单元的尺寸小于拉格朗日体厚度上的最小距离。如果不满足这个条件，欧拉域中的材料可能发生泄漏。一般来说，为保证光滑耦合，拉格朗日单元尺寸应该大于欧拉单元尺寸（推荐 2∶1 的比例）。

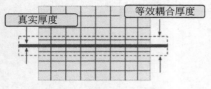

图 5-8　Shell 单元耦合

在欧拉网格与薄壳（通常用 Shell 建模）耦合的情况下，生成等效实体，以便在拉格朗日和欧拉域之间执行计算。等效实体的厚度根据欧拉域单元尺寸自动计算，以确保至少一个欧拉单元在厚度上完全覆盖，并且耦合表面上不会发生泄漏，如图 5-8 所示。

 注： 该等效耦合厚度仅用于耦合目的的体积交点计算，与壳体/曲面体的物理厚度无关。

对于只有欧拉网格的模型或流固耦合的计算模型，一般采用默认的 Body Interactions 接触算法即可。

（2）网格

在 Workbench Explicit Dynamics 模块的【Reference Frame】中设置计算方式为 Euler（Virtual）欧拉时，在 Mesh 中，可以先暂时对欧拉域的计算采用默认的网格划分。在 Analysis 中，可以针对欧拉域网格进行自定义设置，来最终确定网格。如图 5-9 所示，欧拉域一般是长方体，欧拉网格也都是长方体网格，对于一般异形结构件，会采用长方体网格取拟合界面，如球形炸药一般会呈现出多个长方体网格组成的拟球形结构，当网格越精细时，其拟合的效果越好。

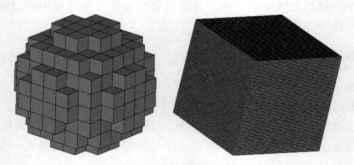

图 5-9　欧拉网格拟合

（3）炸点

对于炸药爆炸，一般需要设置一个炸点【Detonation】，可以右击【Load】插入【Detonation】，或者在菜单栏进行设置。一旦起爆后，爆轰波会以恒定的速度（爆速）从炸点处向外传播。

在 Workbench Explicit Dynamics 中，爆轰路径有两种：一种是"Direct"，寻找穿过爆炸区域的直接路径；第二种是"Indirect"，采用直线段连接装有炸药的中心来寻找爆轰路径。

炸点必须位于网格内，无法通过多个零件计算路径。如图 5-10 所示，如果炸点在一个 Part 上，无法通过此炸点起爆另外一个 Part 上炸药（如果是需要用一个炸药 Part 引爆另一个炸药 Part，对于此种殉爆问题，主发炸药采用 JWL 状态方程，采用炸点起爆，被发炸药需要采用 Lee-Tarver 的冲击反应材料模型）；如果针对不同 Part 的多点起爆，则必须设置适当的起爆时间，以实现所需的起爆。

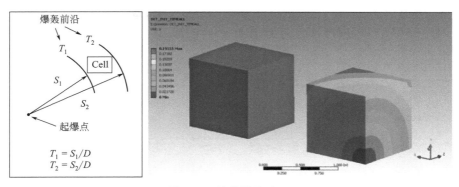

图 5-10　炸药爆炸过程

爆轰波阵面以爆轰速度 D 传播，单元在 T_1 时间开始燃烧，在 T_2 时间完成燃烧，化学能从 T_1 到 T_2 呈线性释放，燃烧分数 ALPHA 在此期间从 0.0 增加到 1.0。通过自定义的结果 DET＿INIT＿TIME 可以查看不同距离处炸药爆炸被爆轰波作用的起爆时间（一般炸点为 0 时刻），通过 ALPHA 可以查看爆轰在炸药中传播的过程。

（4）边界条件

通常来说，模型应尽量建立得大一些，避免边界条件影响到计算结构，但是考虑到计算机性能问题，模型一般大小适中，在边界处添加透射边界。对于炸药在无限空间中爆炸，采用的边界条件为 Flow Out 边界，这样冲击波在边界处会发生流出；在对应面为刚性面时，可以采用 Rigid 边界，这样冲击波在边界处会发生发射作用。

5.3　典型空气中爆炸

本节案例为：测试质量为 $100\mathrm{g}$、直径为 $49\mathrm{mm}$、密度为 $1.63\mathrm{g/cm}^3$ 的 TNT 炸药在空气中爆炸时在不同距离处的冲击波传播规律（图 5-11），测试 $1\mathrm{m}$ 处的冲击波压力峰值，并与理论计算值比较。

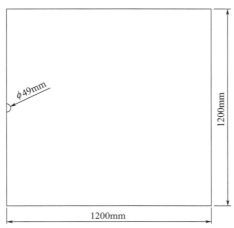

图 5-11　2D 轴对称爆炸计算问题

5.3.1 模型分析

（1）模型理论分析

根据 Henrych 空气冲击波计算公式可得 $\bar{r} = D/\sqrt[3]{G_e} = 1/\sqrt[3]{0.1} = 2.1544$，则冲击波压力峰值可表示为

$$P = \frac{0.0662}{\bar{r}} + \frac{0.405}{\bar{r}^2} + \frac{0.3288}{\bar{r}^3} = 0.1509\text{MPa} \tag{5-24}$$

根据 садоьскнй 公式有

$$P = \frac{0.074}{\bar{r}} + \frac{0.221}{\bar{r}^2} + \frac{0.637}{\bar{r}^3} = 0.1457\text{MPa}$$

所以，Henrych 理论计算公式表明，1m 处的冲击波压力峰值为 150.9kPa，садоьскнй 理论计算公式表明，1m 处的冲击波压力峰值为 145.7kPa。

（2）模型数值方法分析

根据工况可知，本例中可以采用 2D 轴对称模型或者 3D 模型进行计算，其中炸药和空气均可以采用材料库中的材料。计算采用欧拉网格，采用密度为 1.63g/cm³ 的 TNT 炸药，其直径为 49mm，质量为 100g。建立的空气域大小为 1.2m×1.2m，填充空气，需要在模型中设置 1m 处的测试点，用于测试压力-时间曲线。

对于爆炸问题，欧拉网格的大小设置较为关键。一般来说，模型的网格大小在 2~5mm 比较合适。网格大小也要结合模型大小和计算机性能来合理设置。对于大多数情况，可以先用一个较大的网格，逐步递进，直到网格大小对于计算结果影响较小。

炸药的状态方程一般采用 JWL 状态方程，空气采用理想气体状态方程。

空气的理想气体状态方程采用 Ideal Gas EOS，在 Explicit Dynamics 中，其表现形式为

$$p = (\gamma - 1)\rho e \tag{5-25}$$

这种形式的方程称为理想气体状态方程，只需提供绝热指数 γ 的值。一般来说，空气的绝热指数 $\gamma = 1.4$。

正常条件下，空气密度为 1.225kg/m³，采用理想气体状态方程，$\gamma = 1.4$，可得空气中初始压力为 101325Pa。

正常情况下，空气比内能为

$$E = \frac{P}{(\gamma - 1)}/\rho = \frac{101325}{1.4 - 1}/1.225 = 206785\text{J/kg} \tag{5-26}$$

Explicit Dynamics 材料库中的空气，会默认增加 $E = 2 \times 10^5$ J/kg，折算成空气的初始压力为 98000Pa，近似为空气中初始大气压力。如果在 Autodyn 中，需要设置初始条件中的空气比内能为 2.068×10^5 J/kg，对应的空气初始压力为 101325Pa。

5.3.2 爆炸计算模型（2D 欧拉方法）

5.3.2.1 材料、几何处理

（1）模块选择

打开 ANSYS Workbench 2022 R1 软件，在【Toolbox】中选择 Explicit Dynamics 模块，并将其拖动到 Project Schematic 中。

（2）材料定义

本模型涉及炸药爆炸在空气中的传播，所以需要炸药和空气两种材料参数。炸药采用 JWL 状态方程，空气采用理想气体状态方程。

TNT 炸药的 JWL 参数见表 5-3。

表 5-3　TNT 炸药的 JWL 参数

参数名称	数值	参数名称	数值
Density	1630kg/m^3	CJ Energy/Unit Mass	3.681E6J/kg
Parameter A	3.7377E11Pa	CJ Pressure	2.1E10Pa
Parameter B	3.7471E9Pa	Burn on Compression Fraction	0
Parameter R1	4.15	Pre-burn Bulk Modulus	0
Parameter R2	0.9	Adiabatic Constant	0
Parameter ω	0.35	Additional Specific Internal Energy/Unit Mass	0
CJ Detonation Velocity	6930m/s		

选择 Engineering Data，双击进入材料定义界面，添加 Explicit Dynamics 材料库中模型，选择 Air（Atmosheric）空气、TNT 炸药即可。

（3）几何建模

退出 Engineering Data。右击【Geometry】选择【Edit Geometry in Design Model】，进入几何编辑界面。

① 空气模型建立：首先通过 在 XYPlane 中插入草图，通过【Rectangle】建立矩形，通过【Dimensions】给矩形赋予尺寸为长 1.2m、宽 1.2m，Y 轴为矩形对称轴；然后通过【Concept】→【Surfaces From Sketches】定义面；点击【Generate】生成空气域关于 Y 轴对称的 2D 面模型。

② 炸药模型建立：首先通过 在 XYPlane 中插入草图，通过【Circle】建立半圆形，圆心为（0，0），关于 Y 轴对称，通过【Dimensions】给圆形赋予直径为 0.049m；然后通过【Concept】→【Surfaces From Sketches】定义面，在【Details of SurfaceSk3】中设置【Operation】为 Add Frozen，如图 5-12 所示，表明不采用任何布尔运算；点击【Generate】生成炸药关于 Y 轴对称的 2D 面模型。

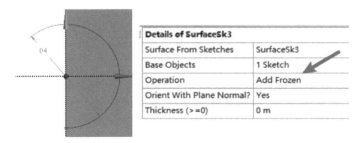

图 5-12　炸药模型建立

③ 布尔运算：考虑到多物质在欧拉域中的流动性问题，需要将炸药与空气进行布尔运算，爆炸各个流体的 Body 之间不干涉。通过【Create】→【Boolean】选择布尔运算，将【Details View】中【Operation】修改为 Subtract（布尔减），【Target Bodies】选择空气，

【Tool Bodies】选择炸药，【Preserve Tool Bodies】选择 Yes，保留刀具（炸药），如图 5-13 所示。

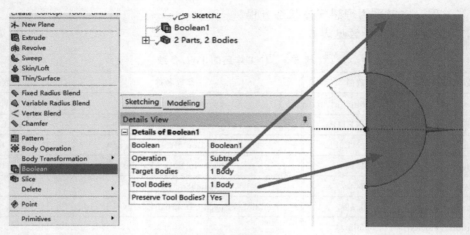

图 5-13　布尔运算

④ 共节点：为进一步方便炸药和空气共节点，按住 Ctrl 键，将炸药与空气两个 Bodies 选中后，右击选择 Form New Part。

右击【Geometry】，选择【Properties】，在弹出的【Properties of Schematic A3：Geometry】中选择【Analysis Type】为 2D，即定义模型为 2D 模型。

5.3.2.2　Model 中的前处理

(1) 2D 分析模型设置

双击 Model 进入模型设置界面，选择 Geometry，在【Details of Geometry】→【2D Behavior】中选择 Axisymmetric，即选择分析模型为轴对称模型，如图 5-14 所示。

针对空气，设置【Reference Frame】为 Eulerian（Virtual），即设置计算方式为欧拉方式，通过【Assignment】，选择 Air（Atmospheric）定义空气材料。同样，针对炸药，设置【Reference Frame】为 Eulerian（Virtual），即设置计算方式为欧拉方式，通过【Assignment】，选择 TNT 定义炸药材料。

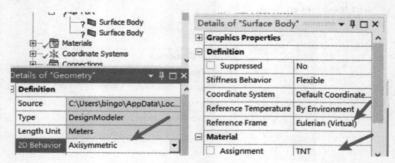

图 5-14　欧拉网格选择

(2) 接触设置

采用默认的自动接触即可。本案例中，接触为流体与流体的自动接触，无需设置多余的参数。

（3）网格划分

选择【Mesh】，自动划分网格，点击【Updata】，即可完成网格的划分，如图5-15所示。

 注： 此处的网格不算正式网格，正式欧拉网格是在【Analysis Setting】中设置。

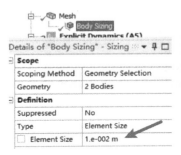
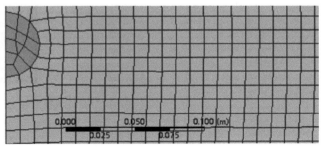

图5-15　网格划分完成图

（4）炸点设置

右击【Analysis Settings】插入【Detonation Point】，设置炸点的【X Coordinate】和【Y Coordinate】为0，即炸点坐标为（0，0），其他参数默认，如图5-16所示。

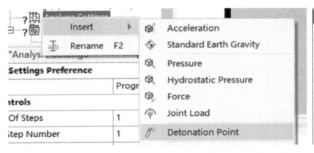
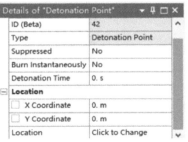

图5-16　炸点设置

（5）欧拉域参数设置

设置欧拉域参数，在【Analysis Settings】中的【Euler Domain Control】中选择【X Scale Factor】为1，【Y Scale Factor】为1（默认为1.2，修改为1代表按照原模型的1∶1建立欧拉域），修改【Domain Resolution Definition】为Cell Size，设置【Cell Size】为0.002m（即设置欧拉域的网格大小为2mm），其他参数默认，如图5-17所示。

（6）测试点的设置

右击【Solution Information】插入【Pressure】，选择【Coordinate System】为Global Coordinate System，定义测试点的【X Coordinate】为0.2m，定义【Y Coordinate】为0m。即设置测试点为（0.2，0），用于测试冲击波的压力，如图5-18所示。

同样，可重复插入测试点，或者选择【Pressure】→【Duplicate】，然后依次修改测试点为（0.4，0）（0，0.6）（0.8，0）（1，0）和（0.5，0）等。

 注： 测试点的设置必须在计算开始之前。

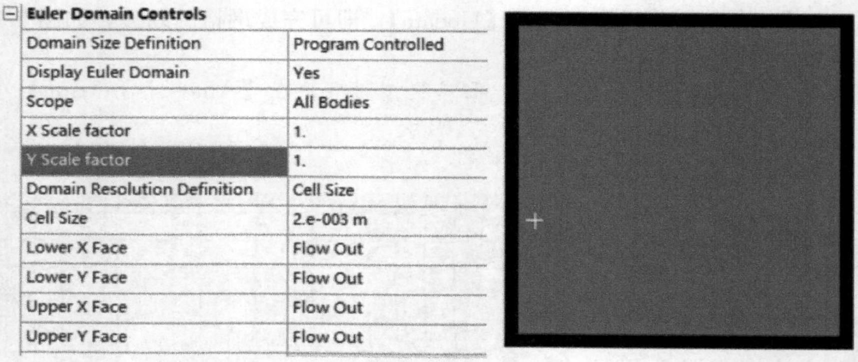

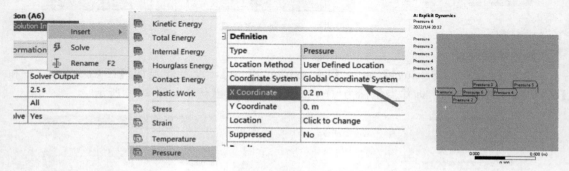

图 5-17　欧拉域模型设置

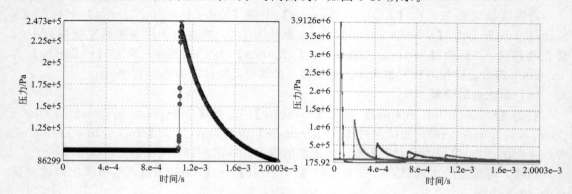

图 5-18　测试点设置

5.3.2.3　计算结果及后处理

通过设置的测试点可查看冲击波压力峰值随时间的变化曲线。针对不同测试点的曲线，可以通过【Solution Information】中的【Chart】进行插入图表，在【Outline Selection】中按住 Ctrl 键选择需要共同显示的压力-时间曲线，如图 5-19 所示。

图 5-19　压力-时间曲线

右击【Solution】插入【User Defined Result】，然后在【Expression】中输入自定义变量为 Pressure，点击【更新】后即可生成不同时刻的压力云图，如图 5-20 所示。

图 5-20 不同时刻压力云图

进一步地，可复制相应的数据，在 Excel 或者 Origin 中粘贴后，进行数据处理。由图 5-21（a）可以看出，在 1m 处的冲击波压力仿真计算值为 149.3kPa。通过 Henrych 理论计算的冲击波压力峰值为 150.9kPa，计算误差为－1.1%；通过 садоьскнй 公式理论计算的冲击波压力峰值为 145.7kPa，计算误差为 2.4%。更改相应的网格尺寸大小，如欧拉网格尺寸大小分别为 2mm、5mm 和 10mm，从计算结果可以看出，随着网格尺寸的变大，冲击波的计算结果一般偏小，如图 5-21（b）所示。

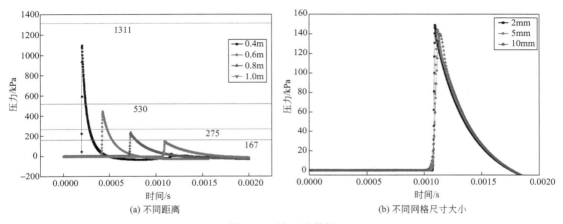

(a) 不同距离   (b) 不同网格尺寸大小

图 5-21 处理后数据

5.3.3 爆炸计算模型（3D 欧拉方法）

5.3.3.1 材料、几何处理

（1）模块选择

在 Project Schematic 操作面板中，选择 Explicit Dynamics 模块上方的 ▼，右击选择【Duplicate】，复制计算模块，这样能够保留除计算结果外的所有数据。

（2）材料定义

由于采用复制模型，材料无需修改，确认加载的空气材料和炸药材料。

（3）几何处理

抑制原有的 2D 模型，通过旋转和拉伸 2D 的草图模型，几何相应地做布尔运算，建立模型的 1/8 对称 3D 模型，如图 5-22 所示，确保模型在第一象限。

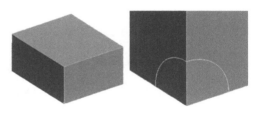

图 5-22 3D 几何模型

确认【Geometry】的【Properties】中的【Analysis Type】为 3D 计算模型。

5.3.3.2　Model 中的前处理

（1）材料及算法

针对空气，设置【Reference Frame】为 Eulerian（Virtual），即设置计算方式为欧拉方式，通过【Assignment】，选择 Air（Atmospheric）定义空气材料。同样，针对炸药，设置【Reference Frame】为 Eulerian（Virtual），即设置计算方式为欧拉方式，通过【Assignment】，选择 TNT 定义炸药材料。

（2）对称性设置

选择【Model】，右击插入【Symmetry】，在【Symmetry】中插入【Symmetry Region】，依次建立关于 X 轴、Y 轴和 Z 轴对称的 3 个对称面。

（3）接触设置

采用默认的自动接触即可。本案例中，接触为流体与流体的自动接触，无需设置多余的参数。

（4）网格划分

选择【Mesh】，自动划分网格，点击【Updata】，即可完成网格的划分。

（5）炸点设置

右击【Analysis Settings】，插入【Detonation Point】，设置炸点的【X Coordinate】和【Y Coordinate】为（0，0），其他参数默认。

（6）Analysis Setting 设置

采用默认设置求解时间为 0.002s。

设置欧拉域参数，在【Analysis Settings】的【Euler Domain Control】中选择【X Scale Factor】、【Y Scale Factor】和【Z Scale Factor】为 1（默认为 1.2，修改为 1，代表按照元模型的 1 : 1 : 1 建立欧拉域），修改【Domain Resolution Definition】为 Cell Size，设置【Cell Size】为 0.01m（即设置欧拉域的网格大小为 10mm），其他参数默认，如图 5-23 所示。

Euler Domain Controls	
Domain Size Definition	Program Controlled
Display Euler Domain	Yes
Scope	All Bodies
X Scale factor	1.
Y Scale factor	1.
Z Scale factor	1.
Domain Resolution Definition	Cell Size
Cell Size	1.e-002 m
Lower X Face	Flow Out
Lower Y Face	Flow Out

图 5-23　欧拉域模型设置

> **注**：3D 计算网格如果网格数量太多会极大地影响计算时间，可以先将网格尺寸设置为一个较大的值进行试算，然后逐步减小网格尺寸，直到结果趋于稳定。一般来说，建议 3D 爆炸的网格大小为 2~10mm。

（7）测试点的设置

采用 5.3.2 节默认的测试点设置，测试点坐标为（0.4，0，0）（0.6，0，0）（0.8，0，0）（1，0，0）和（0.5，0，0）。

5.3.3.3　计算结果及后处理

右击【Solution】插入【User Defined Result】，然后在【Expression】中输入自定义变量为 Pressure，点击【更新】后，即可生成不同时刻的压力云图，如图 5-24 所示。

图 5-24　不同时刻压力云图

对比 2D 和 3D 分析中，100g 炸药爆炸后，在 1m 处的冲击波压力峰值，如图 5-25（a）所示。由图可知，3D 模型在同样的网格大小的计算条件下，其冲击波压力峰值要小于 2D 模型计算的压力峰值，同时其冲击波压力峰值到达的时间要晚于 2D 模型中的计算时间。对于 3D 计算模型来说，网格大小对于计算结果的影响更大。

本例中，在相同的网格计算条件下，通过 Workbench Explicit Dynamics 仿真计算的冲击波压力峰值总体上低于理论计算（Conwep 模型）的结果，其冲击波峰值的到达时间也较晚，如图 5-25（b）所示。

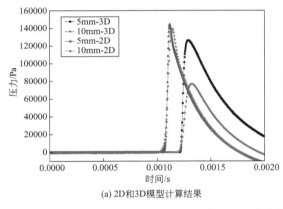

(a) 2D和3D模型计算结果

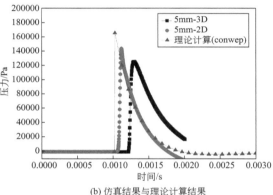

(b) 仿真结果与理论计算结果

图 5-25　冲击波压力峰值对比

5.4　爆炸对结构作用

5.4.1　爆炸冲击波对混凝土结构作用

5.4.1.1　计算模型及理论分析

（1）计算模型描述

本案例研究 500g 炸药（球形状态下，其直径约为 84mm）对混凝土结构的作用。其中，炸药为 TNT 炸药，密度为 $1.63g/cm^3$；混凝土墙为 CONC-35MPA 的混凝土，厚度为 120mm，长宽为 1m；炸药中心距离混凝土墙表面 500mm，如图 5-26 所示。

（2）模型理论分析

爆炸冲击波对建筑结构会造成巨大破坏。对于不同结构的建筑，冲击波的作用会产生非常大的差异（表 5-4）。采用实爆对建筑进行作用，其耗费较大，且不可重复试验。因此，可以通过仿真计算进行快速地评估，为建筑的抗爆设计提供相应的指导。

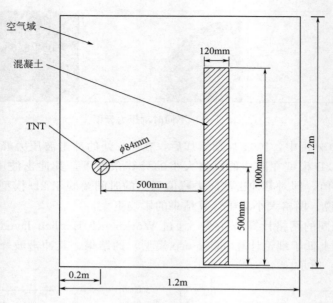

图 5-26 计算模型

表 5-4 建筑物的破坏程度与超压关系

破坏等级		1	2	3	4	5	6	7
破坏等级名称		基本无破坏	次轻度破坏	轻度破坏	中等破坏	次严重破坏	严重破坏	完全破坏
超压 $\Delta P/10^5 \mathrm{Pa}$		＜0.02	0.02～0.09	0.09～0.25	0.25～0.40	0.40～0.55	0.55～0.76	＞0.76
建筑物破坏程度	玻璃	偶然破坏	少部分破碎呈大块,大部分破碎呈小块	大部分破碎呈小块到粉碎	粉碎	—	—	—
	木门窗	无损坏	窗扇少量破坏	窗扇大量破坏,门扇、窗框破坏	窗扇掉落、内倒,窗框、门扇大量破坏	门、窗扇摧毁,窗框掉落	—	—
	砖外墙	无损坏	无损坏	出现小裂缝,宽度小于 5mm,稍有倾斜	出现较大裂缝,缝宽 5～50mm,明显倾斜,砖垛出现小缝	出现大于 50mm 的大缝,严重倾斜,砖垛出现较大裂缝	部分倒塌	大部分或全部倒塌
	木屋盖	无损坏	无损坏	木屋面板变形,偶见折裂	木屋面板、木檩条折裂,木屋架支座松动	木檩条折断,木屋架杆件偶见折断,支座错位	部分倒塌	全部倒塌
	瓦屋面	无损坏	少量移动	大量移动	大量移动到全部掀动	—	—	—

续表

破坏等级		1	2	3	4	5	6	7
破坏等级名称		基本无破坏	次轻度破坏	轻度破坏	中等破坏	次严重破坏	严重破坏	完全破坏
超压 $\Delta P/10^5$Pa		<0.02	0.02~0.09	0.09~0.25	0.25~0.40	0.40~0.55	0.55~0.76	>0.76
建筑物破坏程度	钢筋凝土屋盖房	无损坏	无损坏	无损坏	出现小于1mm宽的小裂缝	出现1~2mm宽的裂缝,修复后可继续使用	出现大于2mm宽的裂缝	承重砖墙全部倒塌,钢筋混凝土承重柱严重破坏
	顶棚	无损坏	抹灰少量掉落	抹灰大量掉落	木龙骨部分破坏,出现下垂缝	塌落	—	—
	内墙	无损坏	板条墙抹灰少量掉落	板条墙抹灰大量掉落	砖内墙出现小裂缝	砖内墙出现大缝	砖内墙出现严重裂缝至部分倒塌	砖内墙大部分倒塌
	钢筋混凝土柱	无损坏	无损坏	无损坏	无损坏	无损坏	有倾斜	有较大倾斜

当建筑物遭受冲击波时，比冲量也是一种重要的参考。表 5-5 中的比冲量值判定准则可供建筑毁伤评估时参考。

表 5-5　某些建筑物破坏时的比冲量

建筑物破坏	破坏比冲量/(MPa·s)
2 层砖的砖墙	2000
1.5 层砖的砖墙	1900
巨大的建筑物严重破坏	2000~3000
轻型结构被破坏	1000~1500
窗玻璃被震碎	300

（3）数值模型构建

本例中主要是研究 TNT 爆炸对于结构的作用。其中，炸药和空气采用欧拉网格，混凝土采用拉格朗日网格。模型可以采用轴对称 2D 模型或者 1/2 对称 3D 模型，也可以采用全模型。

TNT 炸药、空气和混凝土采用显式动力学材料库中的材料即可。其中，炸药为 JWL 状态方程，空气为 Ideal Gas 状态方程，混凝土为 RHT 模型。

考虑地面反射作用的话，需要将地面设置为刚性的反射边界。

5.4.1.2　材料、几何处理

（1）模块选择

打开 Workbench 软件，在 Toolbox 中选择 Explicit Dynamics 模块，并将其拖动到 Project Schematic 中。

（2）材料定义

选择 Engineering Data，双击进入材料定义界面，添加材料库中模型，选择显式动力学材料库中的 Air（Atmosphric）空气材料、CONC-35MPA 混凝土材料、TNT 炸药材料。

（3）几何建模

退出 Engineering Data。右击【Geometry】选择【Edit Geometry in Design Model】，进入几何编辑界面。

① 炸药模型建立：通过【Create】→【Primitives】→【Sphere】，设置球的球心坐标为（0，0，0），半径为 42mm，即 FD3＝0m，FD4＝0m，FD5＝0m，FD6＝0.042m。

② 混凝土模型建立：通过【Create】→【Primitives】→【Box】，设置块体的起始点坐标为（-0.5，-0.5，0.5），长宽为 1m，厚度为 0.12m，即 FD3＝-0.5m，FD4＝-0.5m，FD5＝0.5m，FD6＝1m，FD7＝1m，FD8＝0.12m。

③ 空气模型建立：通过【Create】→【Primitives】→【Box】，设置块体的起始点坐标为（-0.6，-0.5，-0.2），长宽高为 1.2mm，即 FD3＝-0.6m，FD4＝-0.5m，FD5＝-0.2m，FD6＝1.2m，FD7＝1.2m，FD8＝1.2m，选择【Operation】为 Add Frozen，如图 5-27 所示。

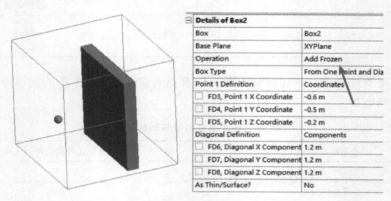

图 5-27　模型建立

④ 布尔运算：考虑到多物质在欧拉域中的流动性问题，需要将炸药与空气进行布尔运算，爆炸各个流体的 Body 之间不干涉，通过【Creat】→【Boolean】选择布尔运算，在【Details View】将【Operation】修改为 Subtract（布尔减），【Target Bodies】选择空气，【Tool Bodies】选择炸药，【Preserve Tool Bodes】选择 Yes，保留刀具（炸药）。

5.4.1.3　Model 中的前处理

（1）分析模型设置

针对空气，设置【Reference Frame】为 Eulerian（Virtual），即设置计算方式为欧拉方式，通过【Assignment】，选择 Air（Atmospheric）定义空气材料。同样，针对炸药，设置【Reference Frame】为 Eulerian（Virtual），即设置计算方式为欧拉方式，通过【Assignment】，选择 TNT 定义炸药材料。针对混凝土，【Reference Frame】采用默认的 Lagrangian，设置材料为 CONC-35MPA。

（2）接触设置

删除多余的接触，采用默认的自动接触。本案例的接触为流体与流体之间、流体与固体之间的自动接触，采用默认参数即可。

（3）网格划分

选择【Mesh】，自动划分网格，点击【Updata】，即可完成网格的划分。

（4）炸点设置

右击【Analysis Settings】，选择【Detonation Point】，设置炸点的【X Coordinate】、【Y Coordinate】和【Z Coordinate】为（0，0，0），其他参数默认。

（5）固定边界设置

针对混凝土墙体地面设置固定边界。可以选择 Explicit Dynamics（A5），右击插入【Fixed Support】，选择混凝土的底部作为固定面。

（6）欧拉域参数设置

在【Analysis Settings】中的【Euler Domain Control】中设置【X Scale Factor】为 1，【Y Scale Factor】为 1，【Z Scale Factor】为 1（默认为 1.2，修改为 1，代表按照原模型的 1∶1∶1 建立欧拉域），修改【Domain Resolution Definition】为 Cell Size，设置【Cell Size】为 0.01m（即设置欧拉域的网格大小为 10mm），修改【Lower Y Face】（设置地面为刚性反射地面）为 Rigid，其他参数默认，如图 5-28 所示。

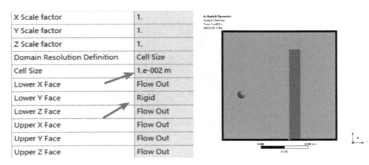

图 5-28　欧拉域模型设置

（7）测试点的设置

右击【Solution Information】插入 Pressure1，选择【Coordinate System】为 Global Coordinate System，定义测试点的【X Coordinate】为 0m，【Y Coordinate】为 0m，【Z Coordinate】为 0.2m，即设置测试点为（0，0，0.2），用于测试距离混凝土靶板 0.2m 处的冲击波的压力。同样，可重复插入测试点，或者选择【Pressure】→【Duplicate】，然后依次修改测试点为 Pressure2（0，0，0.4）、Pressure3（0.2，－0.4，0.2）和 Pressure4（0.2，0.4，0.2）。

5.4.1.4　计算结果及后处理

计算结束可查看各测试点的冲击波压力峰值随时间变化曲线。针对不同测试点的曲线，比较 Pressure3 和 Pressure4 可以看出，Pressure3 由于靠近地面，会有地面的冲击波反射，造成了冲击波出现二次峰值的情况，如图 5-29 所示。

计算完成后，可以右击插入【Deforma-

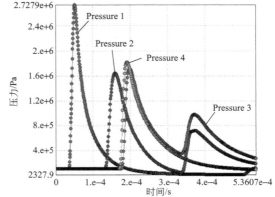

图 5-29　压力-时间曲线

tion】→【Total】查看总体变形情况。点击不同时刻位置可生成不同时刻的变形情况，如图 5-30 所示。

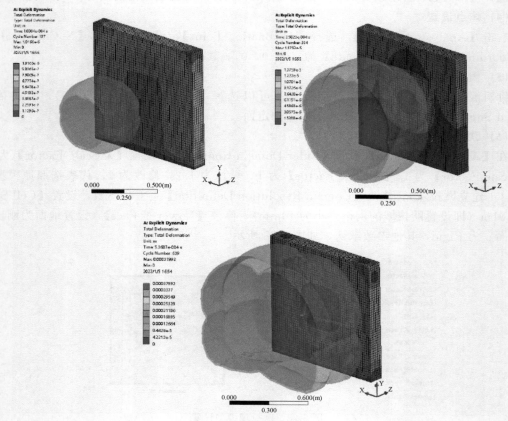

图 5-30　不同时刻压力云图

通过右击【Solution】插入 User Defined Result，然后在 Expression 中输入自定义变量为 Damageall，点击【更新】即可生成不同时刻的损伤云图，如图 5-31 所示。通过损伤云图可以发现，混凝土结构在底部会出现部分的损伤，这是由于底部冲击波具有反射叠加作用导致的。

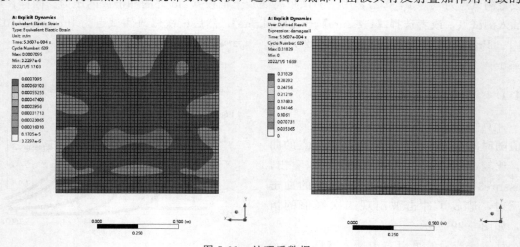

图 5-31　处理后数据

5.4.2 爆炸驱动以及对靶板作用

5.4.2.1 计算模型及理论分析

(1) 计算模型描述

本案例研究 6mm、8mm 和 10mm 钢板对于破片的防护作用，计算模型采用 AEP55 标准测试模型。爆炸物由圆筒形外壳和盖子组成；环形空腔包含 350 个随机定向的预制钢碎片，这些碎片单个质量为 3.9g±0.3g；炸药为圆柱形、质量为 550g 的 TNT，具体如图 5-32 所示。

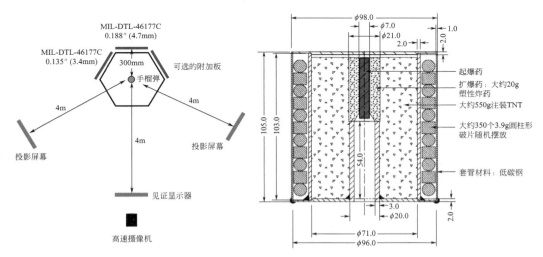

图 5-32　计算模型

(2) 模型理论分析

破片作为杀伤战斗部的主要毁伤元，其初速是衡量杀伤威力的重要指标，也是影响引战配合效率的主要因素，如何准确计算破片初速是战斗部设计和威力评估的重要问题。对预制破片战斗部破片初速的计算，国内外学者通常基于经典的计算自然破片初速的 Gurney 公式或斯坦诺维奇模型进行修正。

以典型柱形破片为研究对象，假设有：①破片按单层紧密排布在柱形装药上，无内外衬套和破片间隙；②填充物考虑装药瞬时爆轰，释放的能量全部作用于破片和爆轰产物的飞散；③爆轰产物均匀膨胀，密度均一，起爆速度由中心到壳体线性分布，且与破片接触的爆轰产物的速度与破片速度相同；④在爆轰驱动过程中，预制破片以相同的径向速度飞散，破片不变形且无姿态的翻转；⑤爆轰产物不通过预制破片的间隙向外飞散。

由冲量定理得到预制破片与爆轰产物的运动公式为

$$\left(M+\frac{C}{2}\right)\mathrm{d}v=pS\mathrm{d}t \tag{5-27}$$

式中，M 为壳体质量；C 为装药质量；v 为预制破片的速度；p 和 S 分别为爆轰产物作用在壳体的压强和有效面积。

设 r_0 为柱形装药半径，D、ρ_0 分别为装药的爆速和密度，r 为爆轰产物膨胀的半径，S_0 为柱形装药侧面表面积，$\beta=C/M$。将 $S=\eta S_0$ 和爆轰初始阶段膨胀规律 $p=\rho_0 D^2$

155

$(r_0/r)^6/8$ 代入式（5-27）可得

$$v\mathrm{d}v=\frac{1}{4}D^2r_0^5\eta(0.5+\beta^{-1})^{-1}r^{-6}\mathrm{d}r \tag{5-28}$$

对式（5-28）积分，整理可得

$$v=\left(1-\left(\frac{r_0}{r}\right)^5\right)^{1/2}\sqrt{0.8\eta}\frac{D}{2\sqrt{2}}(0.5+\beta^{-1})^{-1/2} \tag{5-29}$$

式中，η 是破片形状、排列数量和爆轰产物膨胀半径 r 的因变量。一般可以认为，对于扇形、立方体和柱形破片，$\eta_{\max}=1$，$\sqrt{0.8\eta_{\max}}=0.89$；对于球形破片，$\eta_{\max}=0.5\pi/\sqrt{3}$，$\sqrt{0.8\eta_{\max}}=0.85$。所以，根据自然破片初速的斯坦诺维奇模型 $v_0=\dfrac{D}{2\sqrt{2}}(0.5+\beta^{-1})^{-1/2}$，可得预制破片的初速计算公式为

$$\overline{v}=k_{\mathrm{m}}\sqrt{0.8\eta_{\max}}\times v_0=k_{\mathrm{f}}v_0 \tag{5-30}$$

一般根据文献，k_{f} 可以取 0.7～0.8。

本案例中，破片质量为 $350\times3.9=1365\mathrm{g}$，TNT 质量为 550g，取 $k_{\mathrm{f}}=0.7$，计算可以得到

$$v=k_{\mathrm{f}}v_0=0.7\times\frac{6930}{2\sqrt{2}}\left(0.5+\left(\frac{550}{1365}\right)^{-1}\right)^{-1/2}=993\mathrm{m/s} \tag{5-31}$$

（3）数值模型构建

由于模型较为复杂，本案例采用外部模型导入的方式进行几何建模。由于模型本身较大，对于近场的爆炸驱动，暂不考虑冲击波对于结构作用，可以忽略空气的影响，不构建空气模型，炸药采用欧拉网格，破片采用拉格朗日网格。

炸药、破片、内衬的材料可以采用材料库中的材料。其中，炸药为 TNT、破片为 STEEL 4340 钢，内衬为 AL20204T351 铝，靶板可以采用 STEEL 1006 钢材料。

5.4.2.2　材料、几何处理

（1）模块选择

打开 Workbench 软件，在 Toolbox 中选择 Explicit Dynamics 模块，并将其拖动到 Project Schematic 中。

（2）材料定义

选择 Engineering Data，双击进入材料定义界面，添加材料库中模型，在显式动力学材料库中选择 TNT、STEEL 4340、AL2024T351、STEEL 1006。点击 STEEL 4340 材料，在右侧 Toolbox 中，双击【Shock EOS Linear】，修改 STEEL 4340 钢的状态方程为 Shock，设置【Gruneisen Coefficient】参数为 2.17，【Parameter C1】声速为 4569m/s，设置【Parameter S1】为 1.49，其他参数默认即可。STEEL 4340 材料参数设置见表 5-6。

（3）几何建模

本案例采用外部模型导入的方式。计算模型参考北约标准化协议 STANAG4569/AEP55《装甲车辆防护等级评估标准》的 1 级标准，TNT 装药为 550g，其破片为预制钢破片，质量为 3.9g，战斗部位于由 6 块靶板围成的中心，如图 5-33 所示。

表 5-6　STEEL 4340 材料参数设置

参数	数值	参数	数值
Density	7830kg/m³	Strain Rate Constant C	0.014
Specific Heat Constant Pressure	477J/(kg·℃)	Thermal Softening Exponent m	1.03
Strain Rate Correction	first-order	Melting Temperature Tm	1519.9℃
Initial Yield Stress:A	7.92E8Pa	Reference Strain Rate	1
Hardening Constant:B	5.1E8Pa	Shear Modulus	8.18E10Pa
Hardening Exponent:n	0.26	Parameter C1	4569m/s
Gruneisen Coefficient	2.17	Parameter S2	0
Parameter S1	1.49		

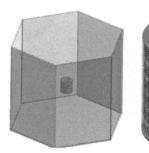

图 5-33　几何模型

5.4.2.3　Model 中的前处理

(1) 分析模型设置

依次针对炸药、破片、内衬、靶板赋予对应的材料。设置炸药的【Reference Frame】
为 Eulerian Virtual，其余参数默认即可。

(2) 接触设置

采用默认的自动接触即可。本案例中，删除多余的绑定接触，可以保留靶板之间的绑定
接触，表明周围一圈的靶板焊接在一起。

(3) 网格划分

选择【Mesh】，针对破片的网格，可以通过【MultiZone】、【Face Meshing】和【Infla-
tion】划分六面体网格，具体网格划分可参考圆柱的六面体网格划分方式；针对炸药网格，
由于其网格类型是欧拉网格，在此无需进行特殊的设置；其余网格均采用六面体网格。网格
划分后的模型如图 5-34 所示。由于是对称
模型，取一组破片，按照从上到下的顺序，
破片编号为 1~11。

(4) 欧拉域参数设置

在【Analysis Settings】中修改【Scope】
为 Eulerian Bodies Only，设置【X Scale Fac-
tor】、【Y Scale Factor】、【Z Scale Factor】为 5
[默认为 1.2，修改为 5，代表按照炸药（欧

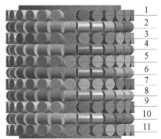

图 5-34　仿真计算网格模型

拉域）原模型的 1：5 建立欧拉域，考虑到爆轰产物对破片核心驱动作用范围一般为炸药半径 5～7 倍]，修改【Domain Resolution Definition】为 Cell Size，设置【Cell Size】为 5mm（即设置欧拉域的网格大小为 5mm），其他参数默认，如图 5-35 所示。

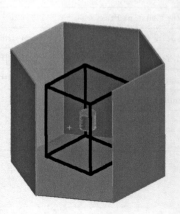

Euler Domain Controls	
Domain Size Definition	Program Controlled
Display Euler Domain	Yes
Scope	Eulerian Bodies only
X Scale factor	5.
Y Scale factor	5.
Z Scale factor	5.
Domain Resolution Definition	Cell Size
Cell Size	5. mm
Lower X Face	Flow Out
Lower Y Face	Flow Out
Lower Z Face	Flow Out
Upper X Face	Flow Out
Upper Y Face	Flow Out
Upper Z Face	Flow Out
Euler Tracking	By Body

图 5-35　欧拉域模型设置

（5）其他设置

右击【Analysis Settings】，插入【Detonation Point】，选择炸药的中心处设置炸点，或者设置相应的坐标。

设置求解时间为 1.2ms，其余参数默认。

5.4.2.4　计算结果及后处理

（1）6mm 钢板侵彻计算结果与讨论

6mm 钢板的 AEP55 计算结果如图 5-36 所示。从图中可以看出，在 0.5ms 时候，破片与钢板接触并发生侵彻作用，部分破片已经穿透钢板，因此 6mm 钢板不能有效防护 AEP55 子弹药。

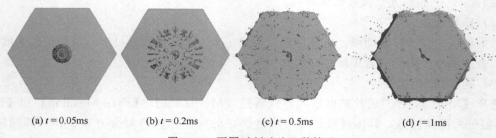

(a) $t=0.05$ms　　　(b) $t=0.2$ms　　　(c) $t=0.5$ms　　　(d) $t=1$ms

图 5-36　不同时刻破片飞散情况

6mm 钢板的正反面如图 5-37 所示，正面与反面均有较多破片击中，部分发生穿透现象。穿透数量为 18 个，孔径大小不一，有预制破片穿透和随机破片穿透。

截取 1～11 破片的速度时间曲线进行分析，如图 5-38 所示。从图中可以看出，其破片爆炸后的平均速度为 902m/s，与理论估算结果 993m/s 误差在 10% 以内，与理论计算及相应的实验数据基本一致。在经过穿透靶板后，有较多破片发生穿透（速度为正），部分破片发生了反弹（速度为负），也有部分的破片嵌入钢板中。

（2）8mm、10mm 钢板侵彻计算结果与讨论

通过复制模块，修改相应的几何参数，可以构建多重厚度的靶板，保持其他计算参数不

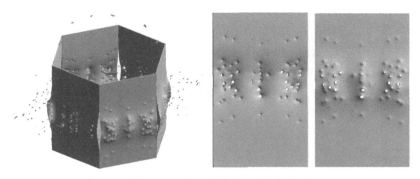

图 5-37　AEP55 子弹药针对 6mm 钢板的侵彻情况

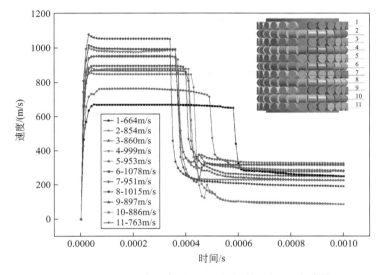

图 5-38　AEP55 破片穿透 6mm 钢板的时间-速度曲线

变，可以快速得到相应的计算结果。针对 8mm 钢板的 AEP55 计算结果如图 5-39（a）所示，部分破片穿透钢板，故 8mm 钢板不能有效防护 AEP55 的子弹药。将钢板的厚度设置为 10mm，其他条件同以上，钢板未发生穿透，但是发生了较大的变形，靶板上有多个破片的凹坑，如图 5-39（b）所示。

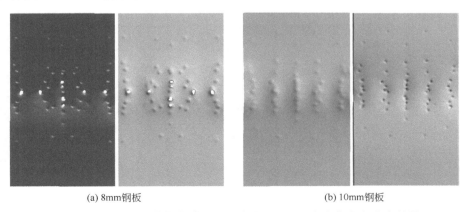

(a) 8mm钢板　　　　　　　　　　　　　　(b) 10mm钢板

图 5-39　AEP55 子弹药分别对 8mm 钢板、10mm 钢板侵彻的仿真结果

8mm 靶板的正面与反面均有较多的破片击中，部分发生了穿透的现象。单个靶板穿透的数量为 6 个，且均为预制破片穿透，孔径较大，随机破片未穿透 8mm 钢板。8mm 钢板和 10mm 钢板对应的 AEP55 破片时间-速度曲线如图 5-40 （a）所示。从 10mm 钢板正面及背面的侵彻情况可以看出，无论是预制破片还是随机破片，均在钢板上留下很多的凹坑，并没有完全侵彻钢板，结合图 5-40 （b）可知，所有破片的速度均为负或者为 0，并没有发生穿透，而是在钢板的防护作用下发生了回弹或者嵌立。

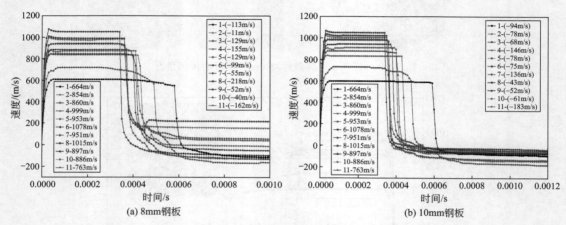

(a) 8mm钢板 (b) 10mm钢板

图 5-40　8mm 钢板、10mm 钢板对应的 AEP55 破片时间-速度曲线

综上所述，10mm 钢板基本能够有效地防止 AEP55 子弹药的预制破片及随机破片造成的侵彻，但是需要加强钢板焊接处的强度。

 本章小结

本章首先介绍了爆炸冲击波理论，接着通过典型空气中爆炸、典型爆炸对结构作用、典型爆炸驱动等案例，介绍了 2D、3D 爆炸模型构建方法、流固耦合设置方法等。通过本章内容，读者可基本掌握构建 Explicit Dynamics 中爆炸及其作用的计算模型分析流程及方法。

第6章 Autodyn显式动力学计算

6.1 Autodyn 简介

Autodyn 是一个显式有限元分析程序，用来解决固体、流体、气体及其相互作用的高度非线性动力学问题。Autodyn 的典型应用如图 6-1 所示。

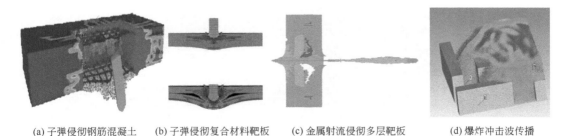

(a) 子弹侵彻钢筋混凝土   (b) 子弹侵彻复合材料靶板   (c) 金属射流侵彻多层靶板   (d) 爆炸冲击波传播

图 6-1　Autodyn 典型应用

6.1.1 Autodyn 界面

Autodyn 界面主要由菜单栏、工具条、工具栏、面板栏、主窗口、信息栏等组成，如图 6-2 所示。

工具条主要显示工具的快捷方式，包括如下：

 🔲 ：新建文件；   💾 ：保存文件；

 📂 ：打开文件；   🔲 ：打开 Explicit Dynamics 模型的文件；

![S]：打开存放的某特定视角的文件；

 ![S]：存储某视角文件；

 ![打印]：打印；

 ![模型]：点亮后可移动模型；

 ![光源]：点亮后可移动光源；

 ![旋转]：旋转；

 ![平移]：平移；

 ![放大]：放大缩小；

 ![旋转角度]：可进行模型制定角度旋转；

 ![重置]：重置模型；

 ![适应窗口]：适应窗口；

 ![探针]：探针测点；

 ![测试轮廓]：测试轮廓；

 ![线框]：按住鼠标中键有线框；

 ![透视]：透视视角；

 ![硬件加速]：硬件加速；

 ![播放]：播放设置；

 ![截图]：当前截图；

 ![录像]：录像输出；

 ![文字]：设置文字；

 ![刷新]：自动屏幕刷新；

 ![重绘]：重新绘制；

 ![X]：点击后，无法调整显示状态。

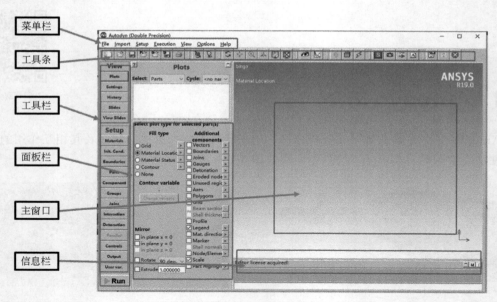

图 6-2　Autodyn 界面

工具栏主要是 Autodyn 软件仿真流程设置，具体如下：

【Plot】：显示设置相关；

【Settings】：背景，显示比例、类型、光线控制等；

【History】：时间历史曲线等，可导出 uhs 的文本格式；

【Groups】：组，设置 Nodes、Faces 等组；

【Joins】：绑定，可将 Part 之间的节点绑定，或者面面绑定；

【Interaction】：接触设置；

【Slides】：动画制作；

【View Slide】：动画查看；

【Setup】：设置；

【Materials】：材料，可使用自带材料库，也可对材料进行修改；

【Init. Cond.】：初始条件，如速度、初始能量等；

【Boundaries】：边界条件，绑定、流入流出等；

【Part】：模型，新建、移动模型及网格等。

【Component】：组件，可将多个 Part 名称合并；

【Detonation】：炸点设置；

【Parallel】：并行计算；

【Controls】：计算控制；

【Output】：输出；

【User Var.】：自定义变量；

【Run】：运行。

以上部分选项详细说明如下：

【Plots】：主要是针对显示方式进行设置，如显示边界条件、测试点位置、坐标系、炸点、侵蚀点等，或者显示网格、材料、材料状态、云图或者隐藏模型等，如图 6-3 所示。

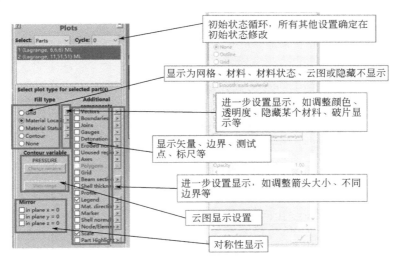

图 6-3　Plots 设置

【History】：主要可以显示变量-时间曲线，如压力时间曲线、速度时间曲线等，可以导出历史曲线。

【Material】：主要可以新建、加载、复制、保存、修改、删除、查看材料，并建立数据库等。

【Init. Cond.】：主要设置初始条件，如速度、壳体厚度、初始能量等。对于非结构网格，需要先设置材料的初始条件，再将附带初始条件的材料赋予到 Part 上。

【Boundaries】：主要设置边界条件，如固定边界、流入流出边界、预应力、无反射边界、速度边界、Conwep 边界等。

【Part】：主要新建、修改、加载、删除部件等。可以设置拉格朗日、欧拉、SPH、ALE 等算法；可以移动旋转 Part、填充和填空映射 Part、赋予 Part 边界条件、设置测试点、设置求解积分方式等；可以通过手动进行点线面建模和导航器建模（常规图形建模）。

【Component】、【Groups】组件和组定义：主要是定义组件集合、面集合、节点集合，可以统一施加一定的条件（类似于 LS-DYNA 中的 *set_part_list,*set_section 等，但是大多数情况下，Autodyn 部件不会太多，所以这 2 个选项用的频率比较少）。

【Joins】：类似于焊点，可以将一些低速情况下的 Part 部件绑定起来，高速情况下计算可能失真。可以通过【Plot】中的【Joins】查看绑定的情况。

【Interaction】：用于定义固体-固体、流体-固体之间的接触。固体与固体之间的不同 Part 要留出一定的间隙，间隙大小为最小网格的 1/10～1/2。流体与固体之间一般定义自动的接触即可，流体与流体之间可以不定义接触。一般采用默认设置，建立好模型后，先点击【Calculate】，然后进行检查，如果没有干涉，不同 Part 之间留出合理的间隙后，才能定义两个不同 Part 的接触。例如，弹头和弹身建模时，采用两个 Part，需要先绑定，再定义接触。接触定义成功和失败界面如图 6-4 所示。

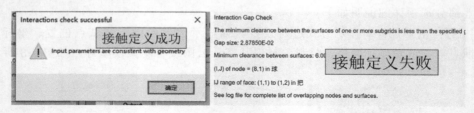

图 6-4　接触定义

【Detonation】：一般采用 Direct 方式，输入起始点坐标，定义起爆点。

【Controls】：可以定义求解循环数、求解时间、能量误差、参考能量循环、时间步长、阻尼、单元积分方式、SPH 控制、加速度、流体运输设置、全局侵蚀等，一般采用默认设置。

【Output】：控制文件保存、结果文件及历史数据文件写入频率等，一般按照时间保存，设置好时间和时间间隔。可以选择需要保存的历史数据，如针对冲击起爆，需要勾选 Alpha 值。

6.1.2　常见 Autodyn 计算终止问题

（1）Time-Step-Too-Small 解决方式

在冲击碰撞过程中，网格发生畸变，从而导致时间步长减少。一般可以采用如下的解决方式：

① 设置材料侵蚀参数（这样可以将畸变的网格删除）。

② 在【Control】中，修改【Minimum Time-Step】为一个较小值，重新点击"计算"。

③ 更改网格、更改材料模型等。

（2）Energy-Error Too Large 解决方式

当出现了计算能量误差，如沙漏能过大，或者能量不守恒，使用该解决方式，具体有：

① 设置材料侵蚀参数，一般设置为 1.5～3。对于弹性模型，如橡胶等，该参数可以设置得更大一点。

② 设置参考能量循环（Energy Ref. Cycle）为较大值。当模型初始能量较大，如爆炸，可能在计算时产生较多的累积误差，可以适当调整能量循环，如将其设置为 100 或者更大。

③ 如爆炸过程在边界处有能量流出，可能导致能量不平衡，可以适当增加模型大小，或者修改边界条件。

④ 修改沙漏模型等。

6.2　泰勒杆碰撞

6.2.1　计算模型描述

如图 6-5 所示，计算模型为 $\phi 10\text{mm} \times 100\text{mm}$ 的钽杆冲击刚壁面，杆的速度为 100m/s。

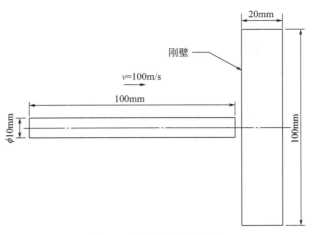

图6-5 泰勒杆冲击模型

6.2.2 Autodyn 计算模型构建

（1）新建文件

点击【File】→【New】，新建如图6-6所示的文件。其中，Folder是文件的保存目录，通过【Browse】可以更改保存的目录。点击【Folder List】可以设置添加和去除常用的保存目录（带加号的 🗒 是添加常用的目录，带减号的 🗒 是去除选中目录）。输入文件名为1_tylor，其他默认即可。

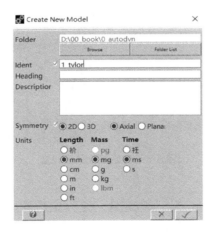

图6-6 新建文件界面

💡 **注：**【Heading】和【Descriptior】可以忽略。Autodyn软件中，前面带红色感叹号代表必选项，其余非必选。

对称性采用的是2D模型。Axial表示轴对称，实际是将旋转后的3D图形简化为2D模型，而Planar表示平面对称，用于解决二维平面应变问题。对于杆，采用轴对称模型。单位制采用mm-mg-ms单位制。点击 ✓ 确定新建文件。

（2）定义材料

在左侧工具栏中，点击【Materials】→【Load】，选中的材料为 STEEL 4340（作为撞击刚性面）和 TANTALUM（钽，作为泰勒杆材料），点击 ✓ 确定加载材料，如图 6-7 所示。

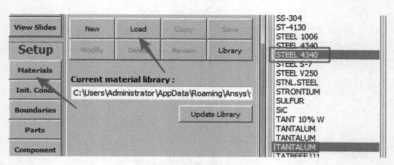

图 6-7　材料选择

选完材料后，可以通过【Review】查看材料的相关参数，通过【Modify】修改相应的参数，通过【Delete】删除所选的材料（只是删除本例中加载的材料，不会永久删除库中的材料），通过【Copy】选项可以很方便地将材料的状态方程失效模式等复制到另一材料，如复制材料后，再通过修改少量参数，即可定义新的材料。

（3）定义初始条件

点击【Init. Cond.】→【New】，定义泰勒杆的 X 方向速度为 100mm/ms，如图 6-8 所示。【Include Material】是指定该材料的速度。同时，轴向没有旋转速度，若有，可以在【Radial Velocity】中设置旋转速度。同样，设定后可以通过【Modify】进行修改。

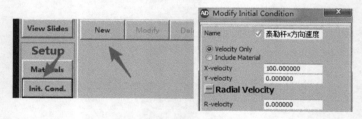

图 6-8　初始条件速度设置

（4）设置边界条件

点击【Boundaries】→【New】，可以定义一个固定边界，设置边界的【Name】为 fix，修改【Type】为 Velocity，修改【Sub option】为 General 2D Velocity，设置 Constant X＝0，Constant Y＝0，即在该边界条件下，节点固定，如图 6-9 所示。

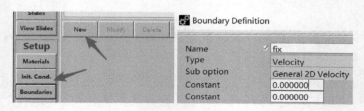

图 6-9　绑定边界条件设置

（5）模型及网格

Part 模型建立过程如图 6-10 所示。点击【Part】，选择【New】，输入部件的名字为 tylor，【Solver】选择 Lagrange 算法，【Definition】选择 Part Wizard，点击【Next】；选择模型形状为 Box，设置【X origin】为 0，【Y origin】为 0，【DX】为 100，【DY】为 5，代表起始点坐标为（0，0），X 方向长度为 100，Y 方向宽度为 5，点击【Next】；确定网格参数，设置【Cells in I direction】为 100，【Cells in J direction】为 5，代表 I 方向有 100 个网格，J 方向有 5 个网格；选择【Fill with Initial Condition】，在【Initial Cond.】中选择定义的 X _ velocity，【Material】选择 TANTALUM 材料，确定【X velocity】为 100，代表给模型赋予 TANTALUM 材料，同时添加初始条件 X 方向速度为 100mm/ms。

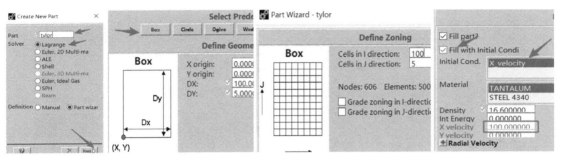

图 6-10　Part 模型建立

同样，新建靶板材料，设置靶板 X origin 为 101，Y origin 为 0，DX 为 20，DY 为 50，代表靶板的起始点为（101，0），厚度为 20mm，高度为 50mm，靶板的 X 方向网格为 20，Y 方向网格为 50。靶板材料为 STEEL 4340，新建完成后如图 6-11 所示。

图 6-11　靶板模型

给靶板施加固定边界条件，选中靶板 Part，通过【Boundaries】→【Block】给靶板所有节点施加固定边界，如图 6-12 所示。可以在工具栏选择【Plots】，勾选【Boundaries】查看边界条件是否赋予上，勾选【Grid】查看网格状况，勾选【Vector】查看速度矢量线。

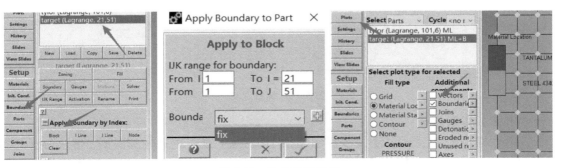

图 6-12　边界条件施加

为研究泰勒杆内部某点处某动力学变量随时间的变化情况，需要在计算开始前设置测试点。如图 6-13 所示，选中工具栏中的【Parts】，选择好需要定义测试点的 Part 后，选择【Gauges】，在【Define Gauge Points】中选择 Add，可以通过【Point】→【XY-Space】，设置 X 和 Y 的坐标来定义测试点的位置。也可以通过 IJ-Space，即通过 IJ 的节点设置测试点，包括 Array（阵列）设置多个测试点等。对于拉格朗日网格，由于测试点标定在 Part 上，一般会移动，所以默认采用 Moving 的方式。对于欧拉域的 Part，网格固定在空间中，其测试点采用 Fixed 方式。

同样，也可以通过勾选【Interactive Selection】，通过手动形式进行选择，通过 use＜Alt＋Left Mouse＞的形式，使用鼠标在窗口中选择合适的测试点位置，如图 6-13 所示。

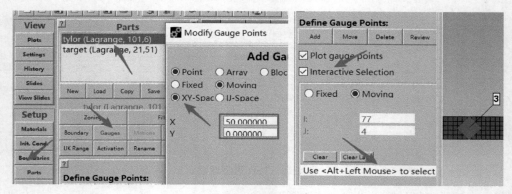

图 6-13　测试点的设置

（6）定义接触

Autodyn 软件的接触设置较为简单，一般都是采用默认接触设置，在工具栏点击【Interaction】→【Caculate】→【Check】，在弹出的对话框会显示"Input parameters are consistent with geometry"，点击【确定】即可完成基础定义，如图 6-14 所示。对于拉格朗日 Part 之间定义接触需要留出一定的间隙，采用自动计算并检验（间隙值一般是大于网格大小的十分之一）。如果弹出网页提示接触定义错误，一般是因为定义的接触没有留出间隙。

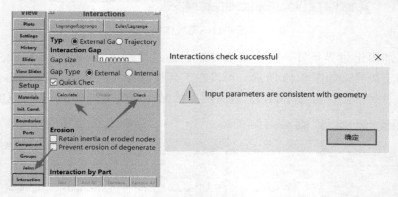

图 6-14　接触定义

（7）设置求解步骤

工具栏左侧的【Controls】主要用于设置计算控制，所有的问题都需要设置求解循环和求解时间。【Cycle limit】可设置为一个较大的值，如 100000，【Time limit】设置为 1ms

（这是指作用过程是 1ms），其他参数一般默认，如图 6-15（a）所示。

工具栏左侧的【Output】是输出控制选项，在【Save】选项中一般按照【Times】进行保存，设置【Start time】为 0，【End time】为 1ms，【Increment】为 0.1，如图 6-15（b）所示，表示保存的 AD 文件是从 0ms 开始，每隔 0.1ms 保存一次，直到 1ms。

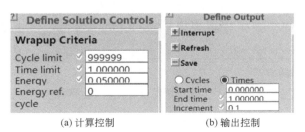

(a) 计算控制　　　　　　(b) 输出控制

图 6-15　控制及输出选项

点击工具栏的【Run】进行求解计算。

6.2.3　计算结果及后处理

（1）计算结果显示

计算完成后，在主窗口中可查看整体计算结果，如图 6-15（a）所示。泰勒杆在碰撞过程中，头部发生较大变形，可以通过左侧工具栏【Plots】→【Contour】→ > →【Change Variable】，选择合适的变量云图进行显示，如图 6-16（b）所示。

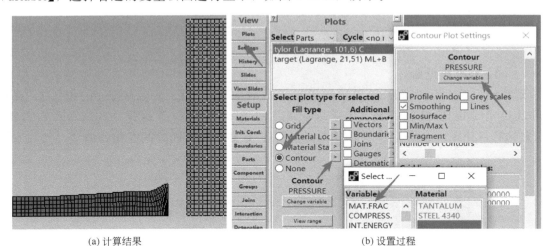

(a) 计算结果　　　　　　　　(b) 设置过程

图 6-16　计算结果显示设置

如果需要查看某个特定时间点（按照保存的时间步来）的变形情况，可以点击【Plots】→【Cycles】，选择特定的循环点，如图 6-17（a）所示。通过快捷工具栏中的 🔲 来进行录像，选择所有的保存文件，可以输出 AVI 或 GIF 动画，如图 6-17（b）所示。

如图 6-18 所示，通过【Plots】，勾选【Rotate】，可以查看旋转 90°时的模型，这也说明轴对称 2D 模型事实上是 3D 模型的一种转化。通过【History】→【Part Summaries】，选中靶板，在【Y Var】下拉菜单选中【Tot Mass】，可以查看靶板的质量为 1.2299×10^6 mg。而通过【Materials】→【Review】，可以查看 STEEL 4340 密度为 7.83g/cm³。那么，总质

量 $M=3.14\times50^2\times20\times7.83=1229310$mg，这和仿真的计算是一致的。

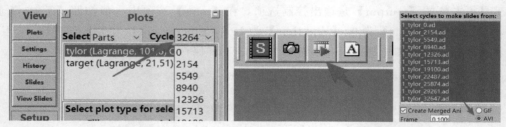

(a) 选择循环点   (b) 录像并保存

图 6-17　变形情况查看、录像、保存

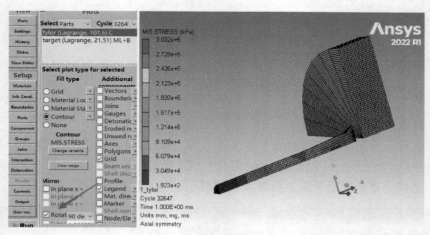

图 6-18　Plot 3D 计算结果显示

（2）History 历史曲线

运算结束后，点击【History】→【Part summary】→【Single Variable Plots】，弹出【Single Variable Plot】对话框，选择 tylor 泰勒杆 Part，【Y Var】选择 Ave. X. velocity，【X Var】选择 TIME，点击 ✔ 后即可得到泰勒杆 X 方向速度随时间变化的曲线，如图 6-19 所示。

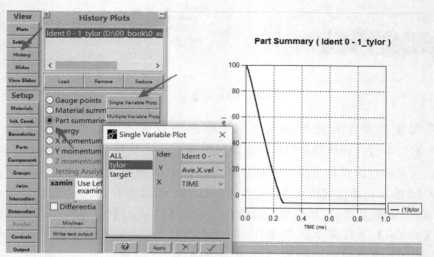

图 6-19　速度-时间曲线

如果需要将这些数据导出（如导到 Origin 或者 Excel 中），可以点击【Write text output】，弹出如图 6-20 所示的对话框，点击 ✓ 。打开计算保存目录，uhs 是文本文件，可以通过记事本打开，也可以直接导入到 Origin 中，点击【File】→【Import】→【Single ASCII】，就可以生成数据点。

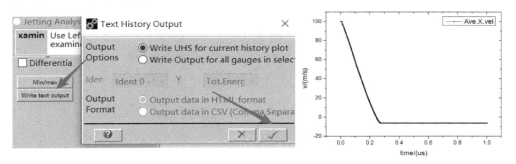

图 6-20 数据导出

6.3 水下爆炸及其作用

6.3.1 计算模型描述

本案例研究水下 178.6m 处，质量为 0.299kg、半径为 35.3mm、密度为 $1.63g/cm^3$ 的 TNT 炸药爆炸对于 2m 处的钢靶板作用，如图 6-21 所示。

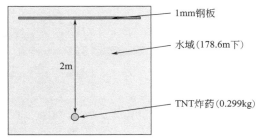

图 6-21 计算模型描述

与整个流场相比，炸药尺寸很小，炸药爆轰、能量释放阶段的作用水域也不大，如果在一个计算模型里同时考虑炸药能量释放、冲击波传播、气泡脉动、结构响应，计算模型的单元数量会非常庞大。为解决爆炸跨尺寸和计算时间问题，可以先采用简化的一维球形装药结构，计算到达一定区域时的冲击波，然后提取此时的冲击波，加载在结构上，即可简化计算过程。由于本案例中最大气泡半径远远小于炸点深度，可以忽略重力引起的气泡迁移，假设炸药周围所有方向的压力均等，该问题就能够简化为球对称问题。因此，适合采用一维楔形网格轴对称模型来模拟，流程如下：

Step1：建立 1D 条件下炸药爆炸的仿真，计算水域为 50m，炸药及附近水单元的尺寸为 0.2mm，网格划分总数为 20000。

Step2：建立 3D 欧拉域模型（2.5m，覆盖 2m 处的靶板模型），将 1D 模型中 1.8m 处（小于 2m）的冲击波波阵面提取出，映射到欧拉网格中。

Step3：在 3D 模型中建立 Shell 部件，定义欧拉-拉格朗日接触后进行计算。

对于深水爆炸来说，可以忽略水在深度方向的变化，即认为深海水的密度都是 $1.025g/cm^3$，由于水的气泡半径远远小于炸点深度，可以不考虑重力的影响因素。使用多项式状态方程时，需要设置静水压力，水压力的计算公式为

$$p = p_0 + \rho g h \tag{6-1}$$

其中，水面处的压力为大气压，$p_0 = 1.01 \times 10^5 \mathrm{Pa}$。

单位质量的水的内能为

$$e = \frac{P_0 + \rho g h}{B_0 \rho_0} \tag{6-2}$$

式中，B_0 是水的多项式参数。

对于水下 178.6m 处的水的能量为

$$e = \frac{101325 + 1000 \times 9.8 \times 178.6}{0.28 \times 1000} = 6608.29\mathrm{J} \tag{6-3}$$

6.3.2　1D 计算模型构建

① 建立一个 2D 轴对称模型，单位为 mm-mg-ms。

② 材料定义。通过材料库选择炸药材料为 TNT，选择水材料为 WATER，水的状态方程采用 Polynomial 多项式状态方程。

③ 通过 Initial Condition，新建初始条件，赋予深水能量。选择工具栏中的【Init. Cond.】，设置【Name】为 water，选择【Include Material】→【Material】为 WATER，设置【Internal】为 6608.29J，其他参数默认，如图 6-22(a) 所示。

④ 通过【Boundaries】，新建透射边界条件，如图 6-22(b) 所示。设置透射边界条件的名称为 flow_out，【Type】选择 Flow_Out，【Sub Option】选择 Flow out（Euler），【Referred Material】选择 ALL EQUAL，代表设置为透射边界条件，在欧拉边界处将会流出所有涉及的材料（此模型尺寸较大，其实可以不必设置流出的边界）。

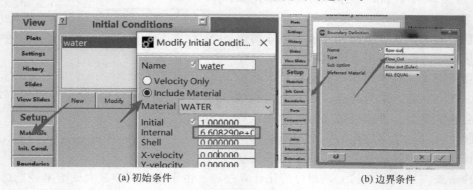

(a) 初始条件　　　　　　　　　　　　(b) 边界条件

图 6-22　初始条件和边界条件设置

⑤ 新建欧拉域 Part，如图 6-23 所示。在左侧工具栏选择【Parts】，新建 Part 名称为 euler_main，【Solver】选择 Euler，2D Multi-material，【Definition】选择 Part Wizard，选择建模的类型为 Wedge 楔形，设置内径【Minimum radius】为 0.1mm，外径【Maximum radius】为 50000mm，网格数量【Cells across radius】为 20000，勾选【Grade Zoning】，设置【Increment dx】为 0.2，【Times（nl）】为 1000，代表网格总数为 20000，采用渐变的方式进行网格划分，渐变的网格大小为 0.2，渐变的数量为 1000 个。勾选【Fill with initial condition】，选择 water 的初始内能条件。

⑥ 炸药建模。通过计算可以得知，0.299kg TNT 炸药的半径为 35.3mm。如图 6-24 所示，选择新建的 euler_main 欧拉域 Part，点击【Fill】→【Fill by Geometricl Space】→

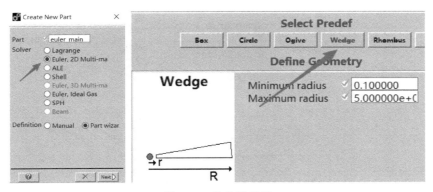

图 6-23　欧拉域建模

【Ellipse】，设置【Fill Ellipse】的【X-centre】为 0，【Y-centre】为 0，【X-semi-axis】为 35.3，【Y-semi-axis】为 35.3，选择填充的材料为 TNT，代表填充圆心坐标为（0，0），半径为 35.3mm 的圆形为 TNT 炸药。炸药模型建立完成，确认在楔形的尖角处出现炸药的填充。

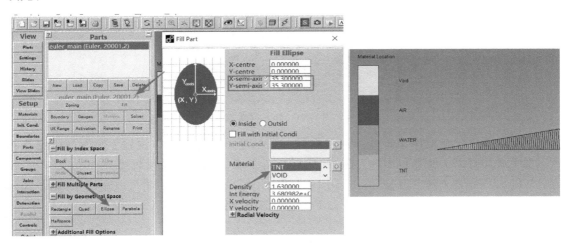

图 6-24　炸药模型填充建模

⑦ 透射的边界条件和测试点设置。通过 Part 中的 Boundary，选择 I Line 针对模型的最右侧设置透射的边界条件，如图 6-25(a) 所示。这样可以使得物质和应力波在边界处流出，不反射回去。如果不设置透射的边界条件，默认边界为刚性边界，物质和应力波会发射。同样，通过 Part 中的 Gauges，设置测试点。选择 Array，设置测试点的方式为 Fixed，选择 XY-Space（X-Array），设置 X min 为 0，X max 为 2500，X increase 为 200，Y 为 0，如图 6-25(b) 所示，代表在 Y＝0 的条件下，X 从 0 到 2500mm，每隔 200mm 设置一个测试点。

⑧ 接触设置。此模型中接触选自动定义，不用单独设置。

⑨ 炸点设置。通过工具栏的【Detonation】，选择【Point】，定义炸点坐标为（0，0），炸点起爆时间为 0，其他参数默认，如图 6-26 所示。

⑩ 计算控制设置。通过【Control】设置求解时间为 50ms，求解循环为 100000，通过【Save】设置保存的时间为 50ms，保存的时间步长为 1ms。

⑪ 运行求解。点击【Run】进行求解，通过【History】可以查看计算曲线，如图 6-27

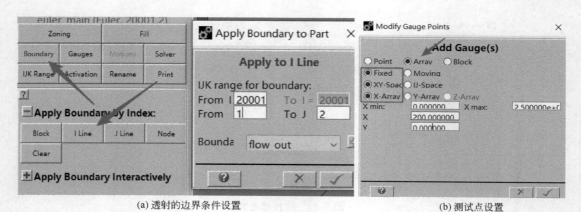

(a) 透射的边界条件设置　　　　(b) 测试点设置

图 6-25　边界及测试点的设置

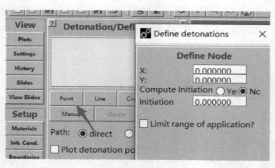

图 6-26　炸点设置

所示。可以看出，在液体中爆炸存在气泡脉动的问题，会存在多个波峰。与空气中爆炸相似，水中爆炸有以下特点：水的可压缩性比空气小得多，水的压缩系数约为 0.5×10^{-4}，仅为空气的二万分之一到三万分之一，在 100MPa 压力下，空气的体积可以压缩 12 倍，而水的体积只能压缩 1.044 倍。在这种压力下，可以忽略水的压缩性。

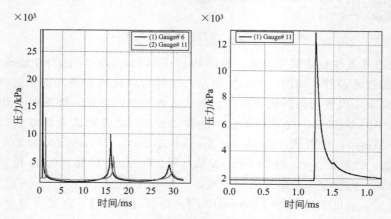

图 6-27　测试点压力-时间曲线

⑫ 生成文件。选择欧拉域的 Part，通过 Part 中的【Fill】→【Additional Fill Options】→【Datafile】，选择【Write Datafile】，设置【File name】为 1d _ blast，如图 6-28 所示。这样

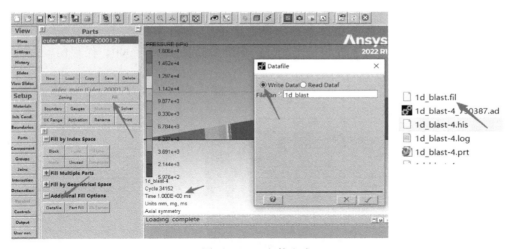

图 6-28　fil 文件生成

在保存目录下会出现 1d_blast.fil 的文件，此文件包含有模型和计算结果信息。

6.3.3　3D 计算模型构建

① 新建模型。打开 Autodyn，选择新建 3D 模型，输入 3D 模型的名称，设置【Symmetry】为关于 X、Y、Z 的对称模型，单位制采用 mm-mg-ms，其他默认。

② 新建欧拉域 Part。选择新建 Part，Part name 为 model-3D，【Solver】选择 Euler，3D Multi-material，【Definition】选择 Part Wizard。设置 3D 模型的起始点坐标为（0，0，0），大小为 $2500 \times 2500 \times 2500$ 的块体，网格数量为 $100 \times 100 \times 100$，填充介质为水（勾选初始能量）。

③ 设置流出边界。通过【Boundaries】对水域的非对称面均设置流出边界。

④ 读取 1D 计算结果。通过 Part 中的【Additional Fill Options】→【Datafile】，选择【Read Datafile】，文件选择 1d_blast.fil。1D 计算结果读取如图 6-29 所示，可以看到炸药已经被读取进来。通过【Plot】中的【Contour】可以查看爆轰波是否读取。

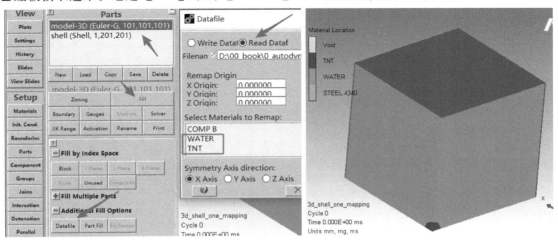

图 6-29　1D 计算结果读取

⑤ 定义流固耦合接触。选择左侧工具栏【Interaction】→【Euler/Lagrange】→【Fully Coupled】→【Fully Auto】，设置自动流固耦合接触。

⑥ 设置计算控制。设置求解时间为 1ms，求解的循环为 1000000，保存的时间为 1ms，保存的间隔为 0.1ms。

⑦ 运行求解。点击【Run】进行计算，结果如图 6-30 所示，可以看出 1D 的冲击波已经导入到 3D 模型中。

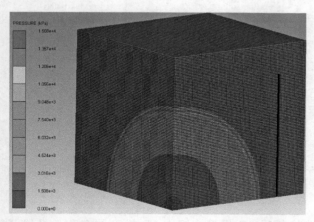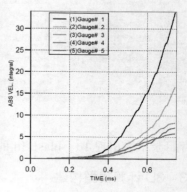

图 6-30　计算结果

 本章小结

Autodyn 软件是 Explicit Dynamics 的求解器，如果想要深入了解 Explicit Dynamics，就一定要先掌握 Autodyn 软件。本章简要介绍了 Autodyn 软件的界面、操作流程等，并通过泰勒杆碰撞、1D 和 3D 爆炸等实例，详细讲解了 Autodyn 软件的建模、计算方法。

第7章 LS-DYNA显式动力学计算

7.1 Workbench LS-DYNA 简介

Workbench 是 ANSYS 公司的一个模块管理平台，几乎包含 ANSYS 所有的功能模块。2019 年，ANSYS 公司收购 LS-DYNA 后，LS-DYNA 作为 ANSYS 一个模块（图 7-1），可以在 Workbench 中完成前后处理、计算分析、参数化计算等操作。

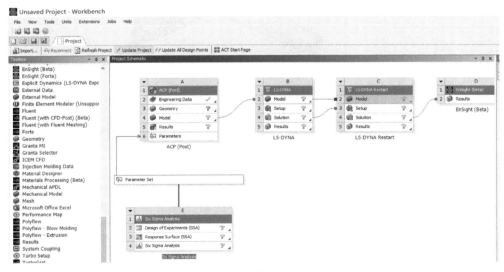

图 7-1　Workbench 平台中的 LS-DYNA

Workbench LS-DYNA 具有如下特点：

· 简洁的图形用户界面（GUI）操作，上手难度小，学习成本低。

· Workbench 平台模块多，操作流程一致，模块之间共享数据，使用 Workbench LS-DYNA 有利于结合各个模块，方便各种多物理场的耦合。

· 方便的几何导入及网格划分模块，几乎支持所有主流格式，可以使用 SpaceClaim 进行几何清理。

· 方便的单位制管理。

· 丰富的材料库模型，自带有材料库，可以建立自定义材料库模型。

· 更加智能的参数自动设置，计算更加稳健。

· 完全集成和完全参数化。

......

ANSYS 2022 R1 版本已默认安装此 LS-DYNA 模块。较早的版本，如 19.0 版本，可以通过 LS-DYNA 的 ACT 插件进行启动。更早的一些版本，可以通过 Explicit Dynamics（LS-DYNA export）进行 K 文件的导出（已基本不用）。

Workbench LS-DYNA 主要界面同 Explicit Dynamics 一致，主要由菜单栏、工具栏、模型树、主窗口、信息栏和状态栏等组成，如图 7-2 所示。

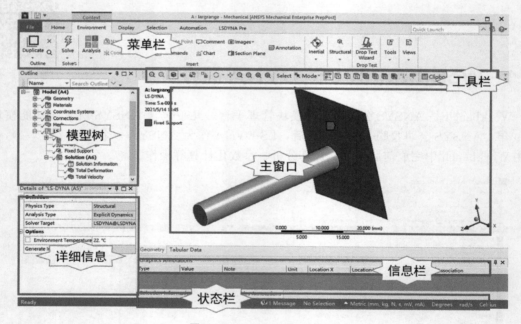

图 7-2 LS-DYNA 主要界面

Workbench LS-DYNA 模块中关于 LS-DYNA 的前处理一般是通过菜单栏中的 LS-DY-NA Pre 来设置（图 7-3），也可以通过右击插入对应的命令来实现，其设置基本同 Explicit Dynamics 模块。

LS-DYNA Pre 中的命令主要如下：

【Part】：定义单元算法、沙漏控制等，主要有 Section、Hourglass、Adaptive Region 和 Solid to SPH 等选项。

【Conditions】：控制条件因素、边界条件等，主要有 Drawbead、Birth and Death、Slid-

图 7-3 LS-DYNA Pre 选项

ing Plane、Deformable to Rigid、Box、Scope Existing Acceleration、Bolt Pretension、Input File Include ALE Boundary 等选项。

【Contact Property】：设置和修改接触选项。

【Rigid Wall】：设置刚性面。

【Airbag】：设置气囊。

【Rigid Body Tools】：设置刚体的工具。

【Trackers】：设置测试点。

【Dynamic Relaxation】：设置动力松弛。

【Time Step Control】：设置时间步长控制选项。

【CFL Time Step】：设置欧拉域时间步长。

【SPH to SPH contact】：设置 SPH 与 SPH Part 之间的接触。

【Coupling】：设置流固耦合接触参数。

【Analysis Settings】是 LS-DYNA 模块中主要的计算设置模块，其基本设置见表 7-1。

表 7-1 【Analysis Settings】基本设置

界面	主要选项描述
Details of "Analysis Settings" **Step Controls** End Time — 0.0005 s Time Step Safety Factor — 0.667 Maximum Number Of Cycles — 10000000 Automatic Mass Scaling — No **CPU and Memory Management** Memory Allocation — Program Controlled Number Of CPUS — 6 Processing Type — Program Controlled **Solver Controls** Solver Type — Program Controlled Solver Precision — Program Controlled Unit System — mks Explicit Solution Only — Yes Invariant Node Numbering — Off Second Order Stress Update — No Solver Version — Program Controlled **Initial Velocities** Initial Velocities are applied immediately — Yes	【End Time】:计算结束时间； 【Time Step Safety Factor】:时间步长系数； 【Maximum Number Of Cycles】:最大循环次数； 【Automatic Mass Scaling】:质量缩放； 【Memory Allocation】:内存,一般默认； 【Number Of CPUS】:CPU 数量； 【Processing Type】:可以设置为 smp 或 mmp； 【Solver Type】:求解类型,可设置为热力耦合和单力学问题,默认是单力学问题； 【Solver Precision】:求解精度,一般使用默认精度； 【Unit System】:单位系统,默认是 nmm,建议改为 mks； 【Invariant Node Numbering】:不变节点编号； 【Second Order Stress Update】:二阶应力更新； 【Initial Velocities are applied immediately】:立即施加初始速度

续表

界面	主要选项描述
Hourglass Controls	
Hourglass Type — Program Controlled	
LS-DYNA ID — 0	
Default Hourglass Coefficient — 0.1	
SPH Controls	
Particle Approximation Theory — Program Controlled	
Number Of Time Steps Between Particle Sorting — 1	
Initial Number Of Neighbors Per Particle — 150	
Death Time For Particle Approximation — 1E+20	
Start Time For Particle Approximation — 0	
Time Integration Type For The Smoothing Length — Program Controlled	【Hourglass Type】：设置沙漏模型；
Maximum Velocity For SPH Particles — 1E+18 mm/s	【LS-DYNA ID】：沙漏模型对应的编号；
Artificial Viscosity Formulation For SPH Elements — Program Controlled	【Default Hourglass Coefficient】：沙漏系数；
ALE Controls	【SPH Controls】：设置 SPH 网格参数；
Continuum Treatment — Use default advection logic	【ALE Controls】：设置 ALE 网格参数
Cycles Between Advection — 1	
Advection Method — Donor Cell + Half Index Shift	
Simple average Weighting factor — -1	
Volume Weighting factor — 0	
Isoparametric Weighting factor — 0	
Equipotential Weighting factor — 0	
Equilibrium Weighting factor — 0	
Advection Factor — 0	
Start — 0	
End — 1E+20	
Joint Controls	
Formulation — Program Controlled	
Composite Controls	
Shell Layered Composite Damage Model — Enhanced Composite Damage	
Output Controls	
Output Format — Program Controlled	
Binary File Size Scale Factor — 70	【Joint Controls】：运动副控制；
Stress — Yes	【Composite Controls】：复合材料控制；
Strain — No	【Output Controls】：输出控制；
Plastic Strain — Yes	【Time History Output Controls】：历史曲线输出；
History Variables — No	【Analysis Data Management】：数据保存位置
Calculate Results At — Program Controlled	
Stress File for flexible parts — No	
Time History Output Controls	
Calculate Results At — No	
Analysis Data Management	
Solver Files Directory — D:\course\20191225\20191207LSDYN/	

　　LS-DYNA 的其他控制选项，均可通过右击插入对应的工况进行设置，或者在菜单栏中找到对应的命令，具体见表 7-2。

表 7-2 右击插入控制选项

界面	主要选项描述
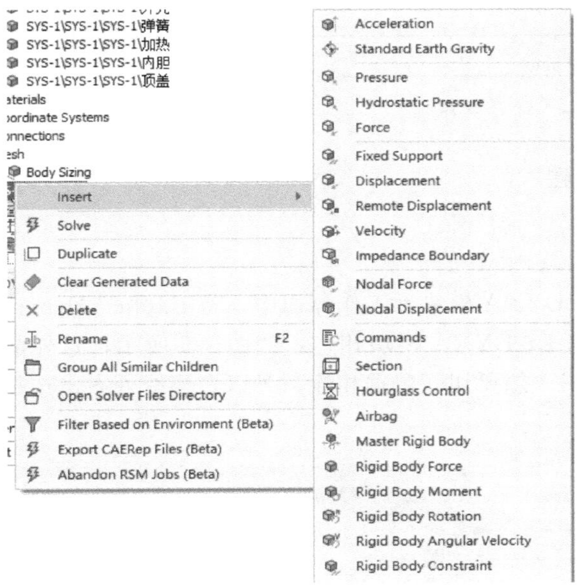	【Acceleration】：加速度； 【Standard Earth Gravity】：重力加速度； 【Pressure】：压力； 【Hydrostatic Pressure】：静水压力； 【Force】：加载力； 【Fixed Support】：固定边界； 【Displacement】：位移边界条件； 【Remote Displacement】：远距离边界条件； 【Velocity】：速度边界条件； 【Impedance Boundary】：无反射边界条件； 【Nodal Force】：通过节点加载力； 【Nodal Displacement】：通过节点加载位移； 【Conmands】：插入命令； 【Section】：定义不同 Part 的 Section； 【Hourglass Control】：定义不同 Part 沙漏； 【Airbag】：气囊模型； 【Master Rigid Body】：刚体 Part 特性； ……
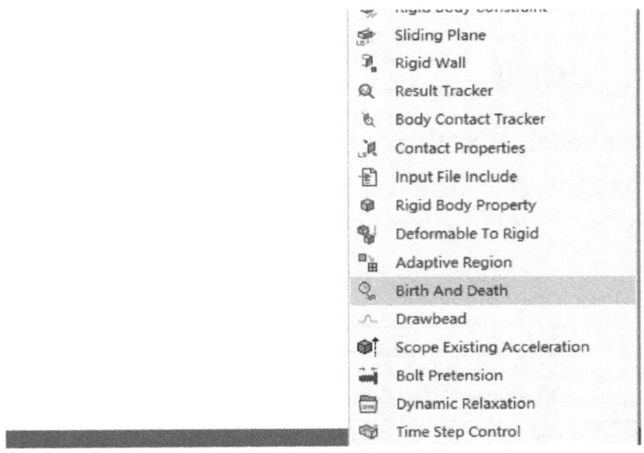	【Sliding Plane】：滑动面； 【Rigid Wall】：刚性面； 【Result Tracker】：测试点； 【Body Contact Tracker】：接触测试点； 【Contact Properties】：接触选项修改； 【Input File Include】：添加外来文件； 【Rigid Body Property】：刚体特性； 【Deformable To Rigid】：刚柔转化； 【Adaptive Region】：自适应网格； 【Birth And Death】：生死单元及边界； 【Drawbead】：拉延筋； 【Scope Existing Acceleration】：现有加速度范围； 【Bolt Pretension】：螺栓预紧力； 【Dynamic Relaxation】：动力松弛； 【Time Step Control】：时间步长； ……

7.2 子弹侵彻靶板计算

7.2.1 计算模型描述

本案例通过仿真研究 $\phi 12\mathrm{mm} \times 12\ \mathrm{mm}$ 的钢破片对于 10mm 的铝板作用，侵彻速度为 800m/s，如图 7-4 所示，计算采用三维对称模型。

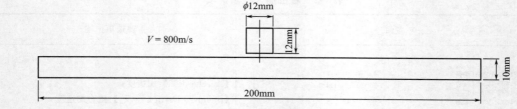

图 7-4　计算模型

7.2.2　Workbench LS-DYNA 模型构建

7.2.2.1　材料、几何处理

根据 4.2 节的模型进行计算。拖动 LS-DYNA 模块到工作界面中，将 Explicit Dynamics 中的【Engineering Data】、【Geometry】与 LS-DYNA 模块相连，如图 7-5 所示，这样能够保证材料数据、几何数据与 LS-DYNA 共用。想要切断数据相连，可以在连线处右击选择删除即可。

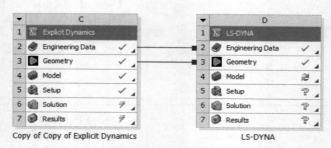

图 7-5　数据传输

不同于 Explicit Dynamics，由于在 Workbench 平台中 LS-DYNA 没有设置全局自动侵蚀参数的工具，这里需修改子弹和靶板的材料参数。如图 7-6 所示，添加 Principal Strain Failure，设置【Maximum Principal Strain】为 0.75（相当于添加 *mat _ add _ erosion，当失效应变为 0.75 时，删除网格）。

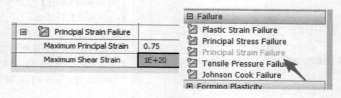

图 7-6　材料修改

7.2.2.2　模型及初始条件

（1）模型选项设置

双击 Model 进行编辑，分别赋予靶板与破片对应的材料，采用拉格朗日计算模型，其他参数默认，所有操作与 Explicit Dynamics 模块中类似。

（2）对称性设置

对称性设置同 Explicit Dynamics，右击插入【Symmetry】，再次插入【Symmetry Region】，选择弹靶的对称面添加。

（3）接触设置

由于在 Workbench LS-DYNA 中默认的 Body Interactions 为自动的接触（一般是*CONTACT _ AUTOMATIC _ SINGLE _ SURFACE _ TO _ SURFACE），对于侵彻模型，一般是采用*CONTACT _ ERODING _ SURFACE _ TO _ SURFACE 关键字。

为方便定义侵蚀接触，右击【Connections】插入【Manual Contact Region】，选择【Contact】为破片体，选择【Target】为靶板体，修改【Type】为 Frictionless，如图 7-7 所示，即定义了破片与靶板的无接触摩擦。

图 7-7　无接触摩擦定义

在下方的【Analysis settings】处，右击插入【Contact Properties】，修改【Contact】为 Frictionless-Solid To Solid，修改【Type】为 Eroding，即定义了【Formulation】为*eroding _ surface _ to _ surface 侵蚀接触，其他参数默认即可。

（4）网格划分

Workbench LS-DYNA 中的网格划分同 Explicit Dynamics 中一样，采用【MultiZone】、【Face Meshing】和【Inflation】进行网格划分。

（5）求解设置

在【Analysis Setting】中设置【End Time】为 0.0001s，设置【Number Of CPUS】为6，设置【Unit System】为 mks，即计算时间为 0.0001s，计算核心数为 6，计算的单位制为 mks。其他参数默认即可，如图 7-8 所示。

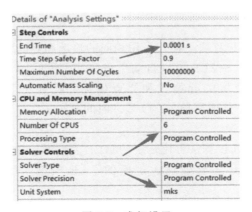

图 7-8　求解设置

7.2.3　计算结果及后处理

Workbench LS-DYNA 中的后处理与 Explicit Dynamics 基本一致，但是其自定义的结果显示内容较少。计算完成后，右击【Solution】插入【Total Velocity】或者相应的求解参数，点击【Evaluate All Results】即可显示计算结果，如图 7-9 所示。

图 7-9　计算结果

7.3　LS-DYNA 中的流固耦合问题

7.3.1　流固耦合模型设置

ANSYS Workbench 2022 支持流固耦合作用，包括炸药、空气等常规流体材料和常见固体材料，其计算流固耦合问题主要采用 S-ALE 和几何映射的方式进行求解。涉及的关键字主要有：* ALE _ STRUCTURED _ MESH、* CONSTRAINED _ LAGRANGE _ IN _ SOLID、* ALE _ STRCUTURED _ MESH _ CONTROL _ POINT、* INITIAL _ VOLUME _ FRACTION _ GEOMETRY 等。

7.3.1.1　S-ALE 算法介绍

S-ALE 算法同传统 ALE 算法一样，采用相同的输运和界面重构算法，具有如下特点：

① 网格生成更加简单。S-ALE 可以自动生成 ALE 的正交网格，类似于 Autodyn 中的欧拉网格，只定义矩形欧拉域的起始点和终点坐标，确定三个坐标系上网格数量即可。S-ALE 算法文件更小，便于修改网格，I/O 处理时间更少。

② 需要更少的内存。

③ 计算时间更短。S-ALE 算法可比传统的 ALE 算法减少 1/3 的计算时间。

④ 并行效率高。S-ALE 适合处理大规模的 ALE 模型，目前可以有 SMP、MPP 和 MPP 混合并行计算办法。

⑤ 计算稳健。

S-ALE 作为 LS-DYNA 新增的 ALE 求解器，采用结构化正交网格求解 ALE 问题。

S-ALE 可生成多块网格,每块网格可独立求解。不同的网格占据相同的空间区域。

S-ALE 中定义了两种 Part:

① 网格 Part,指 S-ALE 网格,由一系列单元和节点组成,没有材料信息,仅仅是一个网格 Part,由 *ALE_STRUCTURED_MESH 中的 DPID 定义。

② 材料 Part,指 S_ALE 网格中流动的多物质材料,没有包含任何网格信息,可有多个卡片,每个卡片定义一种多物质(*MAT+ *EOS+HOURGLASS)。其 ID 仅出现在 *ALE_MULTI-MATERIAL_GROUP 关键字中,其他对于该 ID 的引用都是错误的。

定义 S-ALE 时,用户只需要定义三个方向的网格间距。通过一个节点定义网格源节点,并制定网格平动;通过另外三个节点定义局部坐标系,并制定网格旋转运动。S-ALE 建模过程有以下 3 个步骤:

① 网格生成:生成单块网格 Part。由 *ALE_STRUCTURED_MESH 关键字卡片生成网格 Part,由 *ALE_STRCUTURED_MESH_CONTROL_POINT 关键字卡片控制 X、Y 和 Z 方向的网格间距。

② 定义 ALE 多物质:定义 S-ALE 网格中的材料。对于每一种 ALE 材料,定义一个 Part,该 Part 将 *MAT+ *EOS+ *HOURGLASS 组合在一起,由此形成材料 Part;然后在 *ALE_MULTI-MATERIAL_GROUP 关键字下列出全部的 ALE 多物质 Part。

③ 填充多物质:初始阶段在 S-ALE 网格 Part 中填充多物质材料。通过 *INITIAL_VOLUME_FRACTION_GEOMETRY 关键字实现。

典型 S-ALE 网格形态如图 7-10 所示。

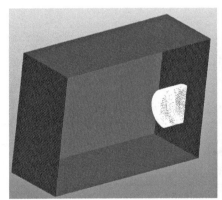

图 7-10 典型 S-ALE 网格形态

7.3.1.2 S-ALE 主要关键字

S-ALE 主要包括的关键字如下:

*ALE_STRUCTURED_MESH

*ALE_STRCUTURED_MESH_MOTION

*ALE_STRCUTURED_MESH_REFINE

*ALE_STRCUTURED_MESH_TRIM

*ALE_STRCUTURED_MESH_CONTROL_POINT

（1）*ALE＿STRUCTURED＿MESH

该关键字主要用于生成 3D 的 S-ALE 网格，具体功能见表 7-3。

表 7-3　*ALE＿STRUCTURED＿MESH 关键字卡片

CARD1	1	2	3	4	5	6	7	8
Variable	MSHID	DPID	NBID	EBID				TDEATH
Type	I	I	I	I				F
Default	0	none	0	0				
CARD2	1	2	3	4	5	6	7	8
Variable	CPIDX	CPIDY	CPIDZ	NID0	LCSID			10^{16}
Type	I	I	I	I	I			
Default	none	none	none	none	none			

注：MSHID—S-ALE 网格 ID，此 ID 唯一。

DPID—默认的 PART ID，生成的网格被赋予 DPID。DPID 是指空 PART，不包含材料，没有单元算法，仅用于引用网格。

NBID—生成节点，节点编号 ID 从 NBID 开始。

EBID—生成单元，单元编号 ID 从 EBID 开始。

TDEATH—设置网格的关闭时间。关闭后删除 S-ALE 网格及与之相关的*CONSTRAINED＿LAGRANGE＿IN＿SOLID 和*ALE＿COUPLING＿NODAL 卡片，ALE 网格相关的计算随之停止。

CPIDX、CPIDY、CPIDZ—沿着每个局部坐标轴方向上定义节点/值控制点 ID。

NID0—在输入阶段指定网格源节点，随后计算过程中，在该节点施加指定运动，使网格平动。

LCSID—局部坐标系 ID。

（2）*ALE＿STRCUTURED＿MESH＿CONTROL＿POINT

该关键字为*ALE＿STRUCTURED＿MESH 关键字提供 CPIDX、CPIDY、CPIDZ 间隔信息，以定义结构化网格，具体功能见表 7-4。

表 7-4　*ALE＿STRCUTURED＿MESH＿CONTROL＿POINT 关键字卡片

CARD1	1	2	3	4	5	6	7	8
Variable	CPID			SFO		OFFO		
Type	I			F		F		
Default	none			1		0		
CARD2	1	2	3	4	5	6	7	8
Variable	N			X		RATIO		
Type	I			F		F		
Default	None			none		0		

注：CPID—控制点 ID。ID 号唯一，被*ALE＿STRCUTURED＿MESH 中 CPIDX、CPIDY、CPIDZ 引用。

SFO—纵坐标缩放因子，用于对网格进行简单修改。默认值为 1.0。

OFFO—纵坐标偏移值。

N—控制点节点序号，一般起始点为 1，终点值可以按照某特定网格的网格数量+1。

X—控制点的位置，主要是坐标值。

RATIO—渐变网格间距比。RATIO＞0，网格尺寸渐进增加；RATID＜0，网格尺寸渐进减少。

7.3.2　Workbench 平台中的 S-ALE

（1）S-ALE 支持的关键字

Workbench 平台中 S-ALE 算法设置较简单，主要支持的关键字如下：

* ALE_MULTI-MATERIAL_GROUP：定义模型的多物质耦合。

* ALE_STRUCTURED_MESH：定义 S-ALE 网格划分。

* ALE_STRUCTURED_MESH_CONTROL_POINTS：定义 S-ALE 网格控制节点。

* INITIAL_DETONATION：设置炸点，炸点会默认为所有的 Part。

* INITIAL_VOLUME_FRACTION_GEOMETRY：S-ALE 域体用于填充背景网格，如填充特定形状的炸药。

* ALE_VOID_PART：用于 * SECTION_SOLID 为 12 的情况。

* ALE_ESSENTIAL_BOUNDARY：定义 ALE 的边界条件。

* CONSTRAINED_LAGRANGE_IN_SOLID：定义流固耦合之间的接触。

（2）S-ALE 网格划分

Workbench 中主要有两种 S-ALE 的网格划分方式：一种是给出各个方向上单元网格的尺寸，另一种是给出各个方向上网格的数量。通过右击插入【S-ALE Mesh】命令来定义网格，如图 7-11 所示。

$$n_x = \frac{\mathrm{d}x}{\text{cell\_size}}, n_y = \frac{\mathrm{d}y}{\text{cell\_size}}, n_z = \frac{\mathrm{d}z}{\text{cell\_size}} \tag{7-1}$$

$$\text{cell\_size} = \sqrt[3]{\frac{\mathrm{d}x\,\mathrm{d}y\,\mathrm{d}z}{N}} \tag{7-2}$$

式中，N 为网格划分的数量；$\mathrm{d}x$、$\mathrm{d}y$、$\mathrm{d}z$ 为长方体各个方向的尺寸；n_x、n_y、n_z 为各个方向上的网格数量。

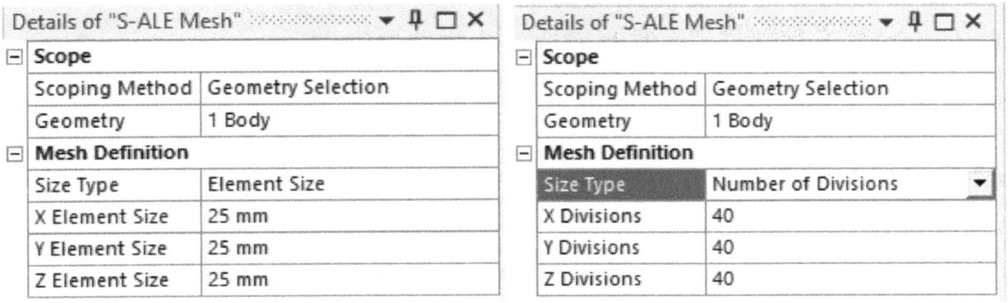

Details of "S-ALE Mesh" ▼ 中 □ ×	
Scope	
Scoping Method	Geometry Selection
Geometry	1 Body
Mesh Definition	
Size Type	Element Size
X Element Size	25 mm
Y Element Size	25 mm
Z Element Size	25 mm

Details of "S-ALE Mesh" ▼ 中 □ ×	
Scope	
Scoping Method	Geometry Selection
Geometry	1 Body
Mesh Definition	
Size Type	Number of Divisions ▼
X Divisions	40
Y Divisions	40
Z Divisions	40

图 7-11　网格定义

（3）炸药等流体参数的设置

Workbench 2022 R1 LS-DYNA 版本支持常见的炸药、空气、水等有关爆炸方面的材料参数。在材料库中可以通过【Toolbox】选择并进行添加材料。最新的材料支持主要通过 LS-DYNA External Model Mat 和 LS-DYNA External Model EOS 来设置，增加支持的关键字如下：

* EOS_JWL；

* EOS_LINEAR_POLYNOMIAL；

[*] EOS _ GRUNEISEN；

[*] EOS _ IDEAL _ GAS；

[*] MAT _ HIGH _ EXPLOSIVE _ BURN；

[*] MAT _ NULL。

（4）流固耦合接触设置

Workbench LS-DYNA 中的流固耦合接触可通过右击【Contact】插入命令进行设置，对应 [*]CONSTRAINED _ LAGRANGE _ IN _ SOLID 关键字。该关键字为拉格朗日几何实体（如薄壳、实体和梁的拉格朗日网格）、ALE 或欧拉几何实体（如 ALE 和欧拉网格）提供耦合作用的途径。常见的选项如图 7-12 所示，具体功能如下：

Details of "Coupling"	▼ ⬛ □ ×
⊟ **Lagrange Bodies**	
Scoping Method	Geometry Selection
Geometry	1 Body
⊟ **ALE Bodies**	
Scoping Method	Geometry Selection
Geometry	1 Body
⊟ **Definition**	
Fluid Structure Coupling Method	Penalty Coupling Allowing Erosion in the Lagrangian Entities
Coupling Direction	Normal Direction, Compression and Tension
Number of Coupling Points	2
Lagrange Normals Point Toward ALE Fluids	Yes
Leakage Control	None
☐ Stiffness Scale Factor	0.1
☐ Minimum Volume Fraction to Activate Coupling	0.5
☐ Friction	0
☐ Birth Time	0 s
☐ Death Time	1E+20 s

图 7-12　流固耦合接触选项

【Lagrange Bodies】：通过选择器，选择对应的固体拉格朗日网格。

【ALE Bodies】：通过选择器，选择对应的流体欧拉网格。

【Fluid Structure Coupling Method】：选择流固耦合类型，一般默认为带侵蚀的耦合模型。

【Coupling Direction】：耦合方向，一般默认为 Normal Direction，Compression and Tension，即发现方向，考虑压缩和拉伸。

【Number of Coupling Points】：耦合点数，一般默认为 2。

【Lagrange Normals Point Toward ALE Fluids】：拉格朗日法线指向 ALE Fluis，一般默认为 Yes。

【Leakage Control】：泄漏控制，一般默认为 None。

【Stiffness Scale Factor】：刚度比例因子，一般默认为 0.1。

【Minimum Volume Fraction to Activate Coupling】：激活耦合的最小体积分数，一般默认为 0.5。

【Friction】：摩擦因数，一般默认为 0。

【Birth Time】：开始时间，一般默认为 0s。

【Death Time】：结束时间，一般默认为 1×10^{20} s。

7.3.3 爆炸冲击波对结构作用

7.3.3.1 计算模型描述

同 Explicit Dynamics 中的算例一样，研究 500g 炸药对混凝土结构作用。其中，炸药为 TNT 炸药，密度为 $1.63g/cm^3$；混凝土墙为 CONC-35MPA 的混凝土，厚度为 120mm，长宽为 1m，如图 7-13 所示。同时，建立欧拉域，欧拉域的空间需要包括整个模型。

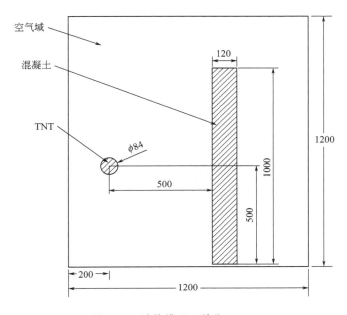

图 7-13　计算模型（单位：mm）

7.3.3.2 材料、几何处理

（1）模块选择

打开 Workbench 软件，在【Toolbox】中选择 LS-DYNA 模块，并将其拖动到 Project Schematic 中。将 4.3 节中爆炸算例的 Explicit Dynamics 几何模型与 LS-DYNA 模块中的几何模型相关联。

（2）材料定义

选择 Engineering Data，双击进入材料定义界面，设置 TNT 材料和空气材料。

在左侧【Toolbox】的【LS DYNA External Model-MAT】中设置 TNT 为 *MAT_HIGH_EXPLOSIVE_BURN，选择【LS DYNA External Model-EOS】为 *EOS_JWL，如图 7-14（a）所示。TNT 炸药材料参数见表 7-5。

同样，设置空气的材料参数为 *MAT_NULL，状态方程为 *EOS_LINEAR_POLY-NOMIAL，如图 7-14（b）所示。空气材料参数见表 7-6。

表 7-5　TNT 炸药材料参数

参数	数值	参数	数值
*MAR_HIGH_EXPLOSIVE_BURN		*EOS_JWL	
Desity	1630kg/m³	Equation of State Coefficient,A	3.7377E11Pa
Detonation Velocity,d	6930m/s	Equation of State Coefficient,B	3.7471E9Pa
Chapman-Jouget Pressure,pcj	21E9Pa	Equation of State Coefficient,R1	4.15
Bulk Modulus,k	0	Equation of State Coefficient,R2	0.9
Shear Modulus,g	0	Equation of State Coefficient,omeg	0.35
Yield Stress,sigy	0	Detonation Energy per Unit Volume and Initial Value for E,E0	6E9Pa
		Initial Relative Volume,V0	1

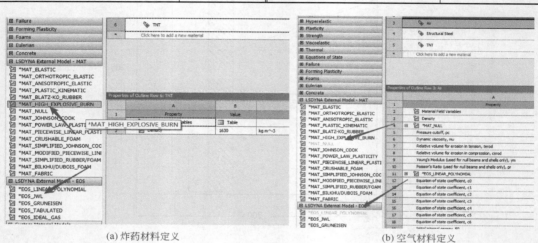

(a) 炸药材料定义　　　　　　　　　　　　(b) 空气材料定义

图 7-14　材料模型加载

表 7-6　空气材料参数

参数	数值	参数	数值
*MAT_NULL		*EOS_LINEAR_POLYNOMIAL	
Desity	1.25kg/m³	Equation of State Coefficient,c0	0
PressureCutoff,pc	0	Equation of State Coefficient,c1	0
Dynamic Viscosity,mu	0	Equation of State Coefficient,c2	0
Relative Volume for Rrosion in Tension, terod	0	Equation of State Coefficient,c3	0
Relative Volume for Erosion in Compression,cerod	0	Equation of State Coefficient,c4	0.4
Young's Modulus(used for null beams and shells only),ym	0	Equation of State Coefficient,c5	0.4
Poisson's Ratio(used for null beams and shells only),pr	0	Equation of State Coefficient,c6	0
		Initial Internal Energy,E0	2.5E5Pa
		Initial Relative Volume,V0	1

（3）几何建模

退出 Engineering Data。右击【Geometry】选择【Edit Geometry in Design Model】，进入几何编辑界面。选择布尔运算，右击选择抑制，如图 7-15 所示，即空气与炸药之间不做任何布尔运算。这是由于在 S-ALE 网格中，需要构建长方体块，然后炸药通过几何填充的形式进行模型映射（相应的关键字见*INITIAL _ VOLUME _ FRACTION _ GEOMETRY）。

图 7-15 抑制布尔运算

7.3.3.3 Model 中的前处理

（1）材料及算法设置

双击 Model 进入编辑界面，修改空气域的【Reference Frame】为 S-ALE Domain（图 7-16），将空气域变为 S-ALE 主体域，赋予空气域材料为 Air；修改炸药的【Reference Frame】为 S-ALE Fill，将炸药变为 S-ALE 填充域，赋予炸药材料为 TNT。

选择混凝土 Part，右击插入【Commands】，通过命令的方式赋予混凝土材料，混凝土材料为 HJC 模型，注意单位制是 mks 标准单位制。

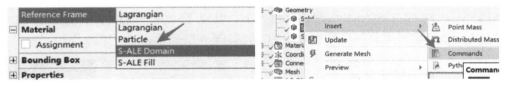

图 7-16 模型分析设置

注：因为显式动力学材料库中的 CONC-35 混凝土，其状态方程为 RHT 模型，在 Workbench LS-DYNA 中不支持，所以需要通过插入命令的形式，添加 HJC 混凝土材料模型，实际也可以添加*Mat _ RHT 材料（272 号）进行计算。

注：K 文件是每 10 个字符作为一个间隔读取，或者在每个数据之间用英文的"，"隔开，$ 代表的是注释文件，可以在 K 文件手册中进行查询。示例如下：

$ 混凝土材料参数
*MAT _ JOHNSON _ HOLMQUIST _ CONCRETE

$ # mid	ro	g	a	b	c	n	fc
2	2292	1.486E10	0.35	0.85	0.61	0.01	4.54E7
$ # t	eps0	efmin	Sfmax	Pc	Uc	P1	U1
4180000	1	0.01	7	1.513E7	8.2E-4	1E9	0.17
D1	D2	K1	K2	K3	fs		
0.04	1.0	8.5E10	−1.7E11	2.08E11	0.004		

（2）接触设置

右击【Connections】插入【Coupling】，定义拉格朗日与欧拉域的接触，选择混凝土为 Lagrange Bodis，选择空气和炸药为 ALE Bodies，其他参数默认，如图 7-17 所示。

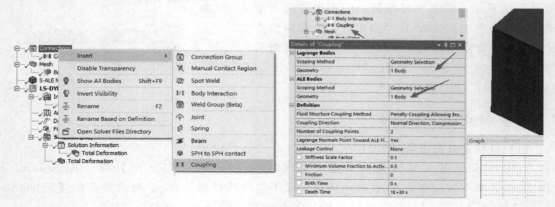

图 7-17　接触定义

（3）网格划分

右击【Model（A4）】插入总体网格大小为 0.01m，还可以右击【Mesh】选择【S_ALE Mesh】，定义 S-ALE 的网格模型大小，设置【Size Type】为 Element Size，分别设置 X、Y、Z 方向的单元网格尺寸为 0.01m，如图 7-18 所示。

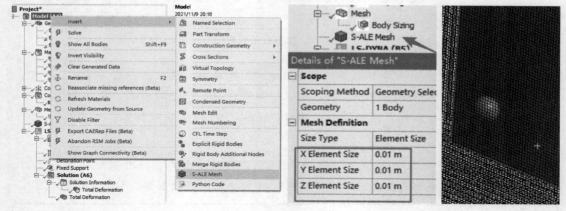

图 7-18　网格设置

（4）炸点设置

右击【Analysis Setting】插入【Detonation】，在模型窗口中选择炸药的表面，此时炸点就会自动设置在炸药中心处。也可以通过输出坐标参数的形式设置炸点的位置。

（5）固定边界设置

选择混凝土的 Y 负方向（即地面）作为固定边界。右击插入【ALE Boundary】，设置 Y 负方向的【Constraint Type】为 No Flow Through All Directions，即设置地面为刚性地面，冲击波会在地面处发生反射。

（6）求解时间设置

设置求解时间为 0.0005s，设置【Time Step Safety Factor】为 0.667，设置【Number of CPUS】为 6，设置【Unit System】为 mks。点击【Solve】进行计算。

> 💡 **注**：此处的求解单位制一定是 mks，因为在材料赋予时，通过 Command 命令进行材料模型的插入，其采用的单位制是 mks。

> 💡 **注**：对于无反射边界条件，在 Workbench 中插入比较复杂，建议构建较大模型，忽略无反射边界条件。如若需要添加，可以通过下述插入命令来进行添加：
>
> $无反射边界条件定义
>
> * BOUNDARY_NON_REFLECTING
>
> 999,0,0
>
> $定义 S-ALE 的 X 正负方向,Y 正方向和 Z 的正负方向为 Segment 集合,集合代号为 999,并被无反射边界引用.
>
> * SET_SEGMENT_GENERAL

$	ID	da1	da2	da3	da4			unused1
	999	0	0	0	0			
$	option	e1	e2	e3	e4	e5	e6	e7
	SALEFAC	1	1	0	0	0	0	0
	SALEFAC	1	0	1	0	0	0	0
	SALEFAC	1	0	0	0	1	0	0
	SALEFAC	1	0	0	0	0	1	0
	SALEFAC	1	0	0	0	0	0	1

7.3.3.4　计算结果及后处理

计算完成，可右击插入【Deformation】→【Total】查看总体变形情况。点击不同时刻位置可生成不同时刻的变形情况，如图 7-19 所示。

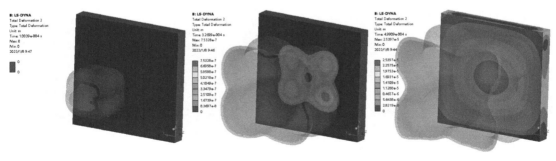

图 7-19　不同时刻变形云图

右击【Soluton(A6)】选择【Opern Solver Files Directory】，如图 7-20(a) 所示，可以查看计算生成的 K 文件、d3Plot 文件等。可以直接用 Prepost 打开相应的文件，或者在 Environment 菜单栏中通过右上角【Write Input File】直接输出 K 文件进行编辑后，提交 LS-RUN 计算软件进行计算，如图 7-20（b）所示。

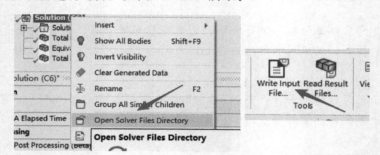

(a) 直接打开文件　　　　　　　(b) 通过【Write Input File】输出 K 文件

图 7-20　结果查看和 K 文件查看

核心关键字如下：

```
$ 流固耦合流体域
* ALE_MULTI-MATERIAL_GROUP
$    psid   idtype                                                      unused1
      8       1
$    psid   idtype                                                      unused1
     50       1
$ S-ALE 网格划分
* ALE_STRUCTURED_MESH_CONTROL_POINTS
$    cipd       unused1     sfo   unused2    offo                       unused3
      1                       0               0
$    n      unused1       x    unused2    ratio                         unused3
      1                  - 0.6             0
$    n      unused1       x    unused2    ratio                         unused3
     121                   0.6             0
$ S-ALE X 方向控制点
* ALE_STRUCTURED_MESH_CONTROL_POINTS
$    cipd       unused1     sfo   unused2    offo                       unused3
      2                       0               0
$    n      unused1       x    unused2    ratio                         unused3
      1                  - 0.5             0
$    n      unused1       x    unused2    ratio                         unused3
     121                   0.7             0
$ S-ALE Y 方向控制点
* ALE_STRUCTURED_MESH_CONTROL_POINTS
$    cipd       unused1     sfo   unused2    offo                       unused3
      3                       0               0
$    n      unused1       x    unused2    ratio                         unused3
      1                  - 0.2             0
```

```
$     n  unused1      x  unused2   ratio                              unused3
     121           1           0
$ S-ALE Z 方向控制点
* ALE_STRUCTURED_MESH
$  meshid    dpid    nbid    ebid                              unused1  tdeath
      1       3       0       0                                          0
$  cpidx   cpidy   cpidz    nido   lcsid                              unused2
      1       2       3       0       0
$ 背景网格填充,炸药填充
* INITIAL_VOLUME_FRACTION_GEOMETRY
$  fmsid  fmidtyp   bammg   ntrace                              unused1
      1       0       2       3
$  cnttyp  fillopt   fammg     vx      vy      vz              unused1
      2       1       1       0       0       0
$  sgsid  normdir   offst                                      unused2
      2       0       0
$ 定义流固耦合组
* SET_MULTI-MATERIAL_GROUP_LIST
      3
      2
$ 流固耦合接触
* CONSTRAINED_LAGRANGE_IN_SOLID
$  slave  master   sstyp   mstyp   nquad   ctype   direc   mcoup
      2       3       1       1       2       5       1      − 3
$  start     end    pfac     fric  frcmin    norm  normtyp    damp
      0   1E + 20   0.1        0     0.5       0       0        0
$  cq      hmin    hmax   ileak   pleak  lcidpor   nvent  blockage
      0       0       0       0     0.1       0       0       0
$  iboxid  ipenchk  intforc  ialesof  lagmul  pfacmm    thkf    unused1
      0       0       0       0       0       0       0
$ 定义 S-ALE 负方向为集合
* SET_SEGMENT_GENERAL
$   ID     da1     da2     da3     da4                          unused1
      4       0       0       0       0
$  option    e1      e2      e3      e4      e5      e6      e7
  SALEFAC     1       0       0       1       0       0       0
$ 全反射边界条件
* ALE_ESSENTIAL_BOUNDARY
$   id  idtype  ictype   iexcl                                 unused1
      4       2       1       0
```

7.4 爆炸冲击波对蜂窝结构作用（Conwep 模型）

7.4.1 计算模型描述

本案例计算 200gTNT 炸药对于复合夹芯蜂窝靶板的作用。其中，靶板由面板、蜂窝铝和背板组成，如图 7-21 所示，面板和背板都采用钢板，厚度为 4mm，蜂窝铝厚度为 40mm。计算查看整体结构在 TNT 炸药作用下的变形情况和内部蜂窝结构的吸能情况。

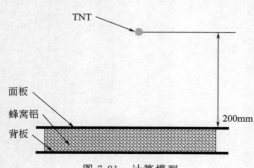

图 7-21 计算模型

此问题主要考虑结构变形和蜂窝铝的吸能问题，由于不用考虑冲击波的绕射问题，可以直接采用 Conwep 的爆炸加载方式。

Conwep 源于美国军方实验数据的爆炸载荷计算方法，利用自由场中爆炸和近距离爆炸的数据来进行计算。Conwep 忽略空气介质的刚度和惯性，可以避免对空气模型进行计算。Conwep 一般给出载荷数据，包括载荷传播到面的时间、最大超压、超压时间以及指数衰减因子，从而可获得完整的压力载荷曲线。

Conwep 加载的优势有：

① 计算速度快；

② 对于大模型计算较为精确。

通过 ALE 进行爆炸计算，可以定义炸药 JWL 参数、定义炸药；可以考虑在不同结构中的反射、透射作用等。

典型 LS-DYNA 中的 Conwep 计算模型（*Load_Blast 关键字）见表 7-7。

表 7-7 典型 Conwep 计算关键字模型

Cad1	1	2	3	4	5	6	7	8
Variable	Wgt	Xb0	Yb0	Zb0	Tb0	Iunit	Isurf	
Type	f	f	f	f	f	I	I	
default	none	0	0	0	0	2	2	
Cad2	1	2	3	4	5	6	7	8
Variable	CFM	CFL	CFT	CFP	DEATH			
Type	F	F	F	F	F			
default	0	0	0	0	0			

注：Wgt—等效 TNT 当量。
Xb0—炸药的球心 X 坐标。
Yb0—炸药的球心 Y 坐标。
Zb0—炸药的球心 Z 坐标。
Tb0—起爆时间，默认是 0 点。
Iunit—单位制系统，默认参数 2 是 mks 的标准单位制。
Isurfe—爆炸类型。1 为地面爆炸，2 为空气爆炸，默认是 2。
CFM—质量转化系数，一般采用标准单位制后选择默认参数。
CFL—长度转化系数，一般采用标准单位制后选择默认参数。
CFT—时间转化系数，一般采用标准单位制后选择默认参数。
CFP—压力转化系数，一般采用标准单位制后选择默认参数。
DEATH—结束时间，采用默认参数。

7.4.2　Workbench LS-DYNA 模型构建

7.4.2.1　材料、几何处理

（1）MD 模块中处理

① 模块选择。打开 Workbench 软件，在【Toolbox】中选择【Material Designer】和【LS-DYNA】模块，并将其拖动到 Project Schematic 中，如图 7-22 所示。

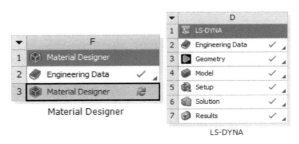

图 7-22　MD 模型

② Material Designer 设计。右击【Material Designer】选择【New MD】，进入材料设计器。选择右上角的蜂窝选项，出现 RVE 模型（honeycomb），然后选择【材料】，在选项中定义【Honeycomb】为默认的 Structual Steel（由于此处只提供模型文件，也可先在 Engineering Data 中设置好蜂窝铝的基体材料，材料最终在 LS-DYNA 模块中定义）。点击主窗口中的✔，然后在模型树中选择【几何】，在弹出的选项中，选择指定蜂窝生成形式为"叶形片厚度"，设置叶形片厚度为 0.5mm，侧边长度为 20mm，单元格角度为 60mm，厚度为 40mm，在高级选项中，设置重复计数为 10，如图 7-23 所示。再次点击主窗口的✔，然后点击右上角的材料栏目，选择 🖼，退出 MD 模型。

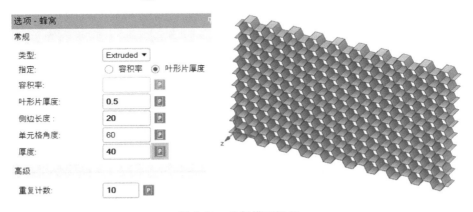

图 7-23　几何模型设置

退出 MD 模型后，直接进入 SpaceClaim 界面，选择菜单栏中的【准备】→【中间面】，然后点击其中一个蜂窝结构的正反面，模型会自动生成中间面。

选择在蜂窝的上表面建立矩形面，长度为 700mm，宽度为 400mm，矩形处于蜂窝模型的正中间位置，如图 7-24（a）所示。生成矩形面后，选择移动平面，向 Z 方向的正方向平移 2mm（由于靶板为 4mm 厚度，创建的平面即为上面板），同时在蜂窝中间创建中间面，

将生成的上面板生成对称模型。可以通过菜单栏最右侧的脚本记录及生成模型，如图 7-24（b）所示。

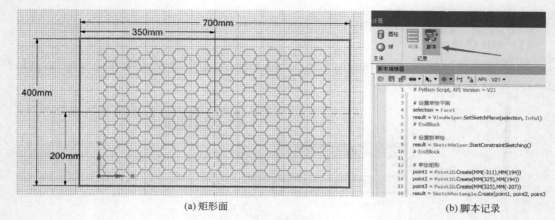

(a) 矩形面　　　　　　　　　　　　　　　　(b) 脚本记录

图 7-24　草图绘制

模型生成后，通过菜单栏中【准备】→【共享】，将蜂窝模型共边处的面结构进行节点绑定。模型生成后，通过另存的方式，将模型保存为如 *.scdoc 格式的几何文件。

（2）LS-DYNA 模块处理

加载 LS-DYNA 模块，在 Engineering 中创建材料模型，主要有面板、背板和中间蜂窝铝的材料模型。其中，面板和背板都是 Q235 钢，中间蜂窝铝为 6061 铝合金，材料均采用 Bilinear Isotropic Hardening 弹塑性模型。材料主要参数见表 7-8。

表 7-8　材料参数

参数	数值	参数	数值
面板、背板（Q235 钢）		蜂窝铝（6061 铝合金）	
密度	7850kg/m³	密度	2700kg/m³
弹性模量	200GPa	弹性模量	70GPa
泊松比	0.3	泊松比	0.3
屈服强度	235MPa	屈服强度	120MPa
切线模量	6100MPa	切线模量	0

退出 Engineering 模块，在【Geometry】中，导入 *.scdoc 格式文件。

7.4.2.2　Model 中的前处理

（1）材料设置

双击 Model 进入编辑界面，赋予中间的蜂窝铝为 6061 铝合金材料，赋予面板和背板为 Q235 钢材料。确认蜂窝铝的模型壁面厚度为 0.5mm，面板和背板的厚度为 4mm，确认【Offset Type】为 Middle（即面属于中间面）。

（2）接触设置

在【Connections】中删除多余的接触，采用默认的接触 Body Interatctions（默认接触一般是*Contact＿automatic＿single＿surface）。

（3）网格划分

定义整体的面网格大小为 5mm，插入 Face Meshing，网格划分方式采用正四边形，如图 7-25 所示。

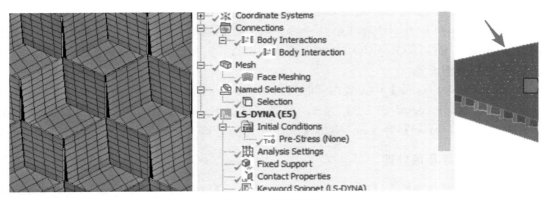

图 7-25　网格设置

（4）定义加载面

选择上表面的靶板，右击选择【Creat Named Section】，定义上表面为*Set＿segment集合，为冲击波的加载定义了加载面。

（5）固定边界设置

右击插入【Fixed Support】，选择背板，即设置背板为固定边界。

右击插入【Keyword Snippet（LS-DYNA）】命令，定义 Conwep 模型加载，关键字如下：

```
* LOAD_BLAST
$ #    wgt     xbo     ybo     zbo     tbo    iunit   isurf
       0.2     0.3     0.17    0.2     0.0      2       2
$ #    cfm     cfl     cft     cfp    death
       0.0     0.0     0.0     0.0     0.0
* LOAD_SEGMENT_SET
$ #   ssid    lcid     sf      at
        1      -2      1.0     0.0
* DEFINE_CURVE
$ #   lcid    sidr     sfa     sfo     offa    offo   dattyp   lcint
        1       0      1.0     1.0     0.0     0.0      0        0
* DEFINE_CURVE
$ #   lcid    sidr     sfa     sfo     offa    offo   dattyp   lcint
        2       0      1.0     1.0     0.0     0.0      0        0
```

通过*LOAD＿BLAST 定义了 Conwep 模型。其中，炸药的质量为 0.2kg，X、Y、Z

坐标为（0.3，0.17，0.2），单位制采用标准单位制 mks，*LOAD_BLAST 关键字采用空气中爆炸（无地面反射）。

通过*LOAD_SEGMENT_SET 设置了冲击波加载面。其中，SSID 数值为 1，即之前定义的靶板的上表面；LCID 为 -2，代表加载的曲线是*LOAD_BLAST 中的冲击波；其他参数默认。

通过*DEFINE_CURVE 定义了两条默认的曲线。虽然两条曲线没有实际意义，但是根据 LS-DYNA 说明手册，必须定义此两条曲线才能使计算代码执行下去。

添加了*CONTROL_CONTACT 命令，设置接触刚度为 1，避免变形较大，出现穿透的现象（注意*CONTROL_CONTACT 至少为两行，需要空出完全默认值的一行）。

（6）求解时间设置

在【Analysis Setting】中设置求解时间为 0.002s，设置【Time Step Safety Factor】为 0.667，设置【Number of CPUS】为 6，设置【Unit System】为 mks。在【Output Control】中，设置【Strain】为 Yes。点击【Solve】进行计算。

7.4.3 计算结果及后处理

计算完成，可右击插入【Deformation】→【Total】查看总体变形情况。点击不同时刻位置可生成不同时刻的变形情况，如图 7-26 所示。

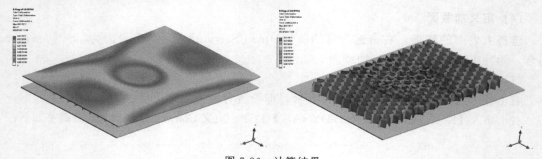

图 7-26 计算结果

右击【Solution】，选择【Open Solverfiles Directory】，然后通过【Prepost】打开 Workbench 计算完成的 d3Plot 文件，在【Prepost】中通过【History】→【Part Internal Energy】，勾选【Sum Mats】，选择所有的蜂窝铝 Part，可以查看蜂窝铝材料的总体吸能情况，如图 7-27 所示。

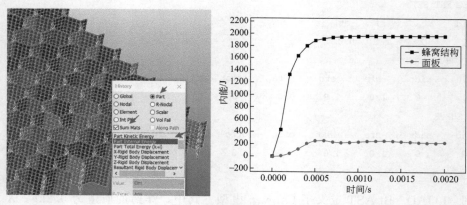

图 7-27 蜂窝铝吸能特性

分析结果发现，蜂窝复合夹层结构在冲击波作用下发生较大的塑性变形，蜂窝结构是主要的吸能结构，其吸能效率远远大于面板结构。

 本章小结

本章介绍了 Workbench 平台中 LS-DYNA 计算模块的使用方法，通过子弹侵彻靶板、爆炸冲击波对结构作用和爆炸冲击波对蜂窝结构作用 3 个案例，帮助读者学习了 Workbench LS-DYNA 显式动力学的建模和计算方法。关于 LS-DYNA 软件计算，主要是通过查看关键字手册进行对应并修改，本章不做重点介绍。

第8章 Explicit Dynamics与 Autodyn联合仿真

8.1 仿真流程简介

Autodyn 前处理能力较弱,一般只支持规则的结构网格的创建。对于复杂模型,需要在 Wokrbench 平台使用 Explicit Dynamics(或者 Mesh 单独模块)作为 Autodyn 的前处理, 如图 8-1 所示,连接 Explicit Dynamics 中的【Setup】与 Autodyn 中的【Setup】,在 Autodyn 中右击【Update】后进入 Autodyn 计算模块。

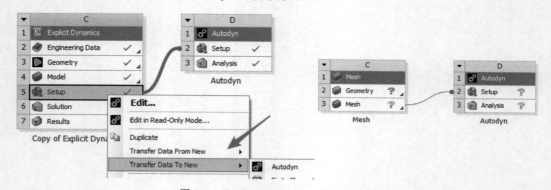

图 8-1 Explicit Dynamics 与 Autodyn

使用 Workbench Explicit Dynamics 提供的材料、几何模型、非结构化网格、初始条件、 边界条件,计算参数设置等,能够基本满足所有的求解问题需要。但是由于部分功能限制, 或者由于某些版本的限制,需要在 Autodyn 中进行单独设置。

Workbench Explicit Dynamics 主要生成的是. adres 格式文件和. ad 格式文件,Autodyn

主要是生成.ad格式的计算文件，Autodyn可以打开.ad和.adres格式的文件进行后处理。

8.2　子弹侵彻复合材料靶板

8.2.1　计算模型描述及分析

8.2.1.1　计算模型描述

本案例计算模型如图 8-2 所示。其中，子弹为 $\phi12mm$ 的钢制子弹，子弹的初速是 1200m/s，靶板依次是碳化硅、凯夫拉和钛合金，厚度均为 6mm。

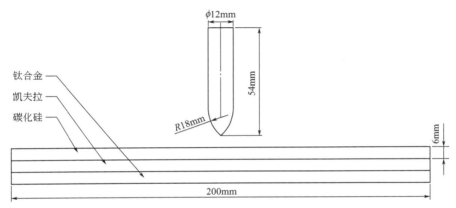

图 8-2　计算模型

8.2.1.2　数值模型构建

实际在 Autodyn 中也可以创建模型。本例中以 Explicit Dynamics 作为 Autodyn 的前处理软件，该模型可以采用 2D 轴对称模型，也可以采用 3D 模型，或者 3D 对称模型，本例采用 1/4 对称的 3D 计算模型。由于本例中涉及复合材料模型，在 Explicit Dynamics 模块中有复合材料模型，但是其基本是解决静力学问题的线弹性各向异性材料，对于动力学问题支持的效果不好。因此，本例采用 Explicit Dynamics 模块与 Autodyn 模块进行联合仿真，通过 Explicit Dynamics 建立相应的计算模型，通过 Autodyn 中复合材料库进行材料赋予与结果计算。

（1）陶瓷材料

陶瓷材料采用 Autodyn 中材料库模型中的 SIC（碳化硅），其状态方程采用 Polynomial，强化模型和损伤采用 Johnson-Holmquist 模型。Johnson-Holmquist 主要有两种形式：JH-1 和 JH-2。Autodyn 中，SIC 采用的是 JH-1 材料模型，材料强度由直线段描述，损伤是瞬时施加的。该强度和损伤模型用于模拟诸如玻璃和陶瓷等脆性材料时，受到大的压力、剪切应变和高应变率的影响。

对于 JH-1 材料模型有：

① 完整表面：$\sigma_i^* = A(P^* + T^*)^n(1 + C\ln\varepsilon_p^*)$；

② 损伤：$\sigma_D^* = \sigma_i^* - D(\sigma_i^* - \sigma_F^*)$；

③ 破坏：$\sigma_F^* = \min(B(P^*)^m(1 + C\ln(\varepsilon), \sigma_F^{\max}))$。

当材料经历非弹性变形时，会产生累积损伤。Johnson-Holmquist 模型用于模拟脆性材料的压缩和剪切引起的强度和破坏。损伤累积为增量塑性应变与当前估计的断裂应变之比，有效的断裂应变与压力有关。

（2）复合材料

对于复合材料，Autodyn 中有专业的复合材料库模型，包括凯夫拉等常见复合材料，可用于模拟承受各种载荷条件的复合材料，包括：①简单载荷下的线弹性正交各向异性本构模型；②受一定载荷影响弹塑性正交各向异性本构模型；③冲击效应明显的超高速碰撞正交各向异性本构模型。Autodyn 中正交各向异性模型可以与非线性状态方程结合。通过定向破坏模型，如材料应力和/或应变破坏，可以将损伤/破坏视为脆性，也可以在正交各向异性损伤模型中加入特定的软化模型。

一般来说，复合材料层合板的行为可以通过一组正交各向异性本构关系来表示。假设材料行为保持弹性，体积响应为线性。对于更复杂的材料响应，Autodyn 允许将非线性状态方程与正交各向异性刚度矩阵结合使用，并在状态方程中进行描述，这对于复合材料的高速碰撞具有良好的计算结果。一些复合材料，如 Kevlar 环氧树脂，采用了正交各向异性状态方程和 Polynomial 或者 Shock 状态方程，表现出显著的非线性应力应变关系。为了模拟这种观察到的非线性行为，本案例采用正交异性硬化模型。

对于复合材料，Autodyn 中采用的非线性硬化效应的二次屈服函数材料本构模型如下：

$$f(\sigma_{ij}) = a_{11}\sigma_{11}^2 + a_{22}\sigma_{22}^2 + a_{33}\sigma_{33}^2 + 2a_{12}\sigma_{11}\sigma_{22} + 2a_{23}\sigma_{22}\sigma_{33}$$
$$+ 2a_{13}\sigma_{11}\sigma_{33} + 2a_{44}\sigma_{23}^2 + 2a_{55}\sigma_{31}^2 + 2a_{66}\sigma_{12}^2 = k \tag{8-1}$$

式中，a_{ij} 是塑性参数（$i, j = 1, 2, 3, 4, 5, 6$）；σ_{ij} 是主方向的应力（下角标 i，$j = 1, 2, 3$，11 指平面外方向，22 和 33 指平面内加强方向）；k 是屈服面的极限。在 Autodyn 软件中，k 由有效应力和有效塑性应变的十段曲线代替。

对于 Kev-epoxy（环氧树脂与凯夫拉固化）材料，可以采用 Stress/Strain 失效模型。该模型适用于可能沿预定义材料平面失效的材料，如在层压板两层之间平行于界面发生失效的地方。

（3）金属材料

对于背板的金属模型，采用 Autodyn 材料库中的 TI6％AL4％V（TC4）钛合金材料模型，采用的状态方程为 Shock，采用的强化模型为 Steinberg Guinan 模型。

8.2.2　Workbench 模型构建

8.2.2.1　材料、几何处理

（1）模块选择

打开 Workbench 软件，在【Toolbox】中选择 Explicit Dynamics 模块，并将其拖动到 Project Schematic 中。

（2）材料定义

由于 Explicit Dynamics 模块关于复合材料参数方面有所缺失，此处可以先不用特别定义材料，可进入 Autodyn 模块中通过 Autodyn 材料库进行加载，然后通过【Fill】将材料赋予到 Part 中。

（3）几何建模

在【XYPlane】中创建草图，建立关于 Y 轴对称的模型。其中，子弹的半径是 6mm，大径是 18mm，总长度是 54mm。草图创建完成后，通过【Revolve】命令，将草图模型旋转 90°。

通过菜单栏中【Create】→【Slice】命令，选择在弹丸的头部与尾部之间进行分离。

通过【Concept】→【Box】，创建长宽为 100mm，厚度为 6mm 的靶板。设置靶板的【Operation】为 Add Frozen，将其冰冻，避免与其他的 Part 产生布尔运算。通过【Create】→【Pattern】，选择靶板模型进行阵列，得到计算的模型。

选择子弹头部和尾部 Part，右击选择【Form New Part】，将子弹的头部模型与尾部模型共节点。

确保所有的模型在第一象限。建立的几何模型如图 8-3 所示。

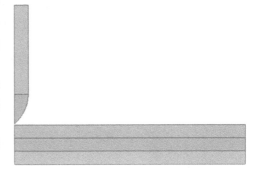

图 8-3　几何模型建立

8.2.2.2　Model 中的前处理

可以采用默认的材料和算法，具体参数会在 Autodyn 软件中进行更改。

（1）分析模型设置

右击【Model（A4）】，创建【Symmetry】，选择靶板或者子弹关于 X 轴对称和 Z 轴对称的对称面。

（2）接触设置

由于三个靶板之间没有留出较大的间隙，系统会默认创建绑定接触，一般条件下可以直接删除掉绑定的接触，也可以修改碳化硅靶板与凯夫拉靶板之间绑定接触【Breakable】为 Stress Criteria，设置【Normal Stress Limit】为 10MPa，设置【Shear Stress Limit】为 5MPa，其他参数默认即可，如图 8-4 所示。同样，修改凯夫拉靶板与钛合金靶板之间绑定接触为可分离的绑定接触，参数同上。

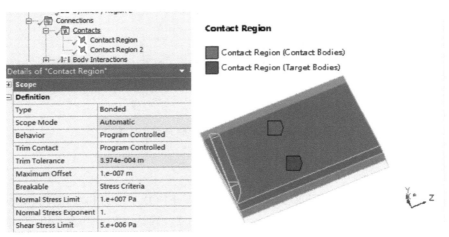

图 8-4　可分离绑定接触

（3）网格划分

选择【Mesh】，设置全局网格尺寸为 2mm，右击插入【Size】，选择子弹头部的所有线段，创建【Edge Sizing】，设置【Type】为 Element Size，网格大小为 2mm。

选择子弹体模型插入【Method】，设置【Method】为 MultiZone，选择所有的面，右击插入【Face Meshing】。

选择靶板的边缘，右击创建【Seize】，设置【Bias Type】为渐变形式——— - - ，设置【Bias Factor】为 2，渐变的形式会在窗口中预览，网格是逐渐向中间汇聚。

网格划分完成后，确认所有网格为六面体网格，如图 8-5 所示。

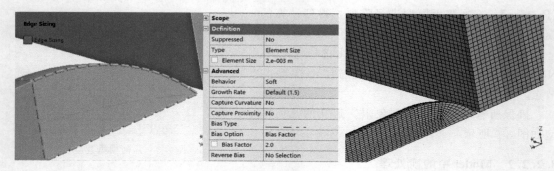

图 8-5　网格划分

（4）其他设置

设置子弹的速度为 1200m/s，速度朝向靶板方向；设置求解时间为 0.0001s；其余参数默认。退出 Model。

8.2.3　Autodyn 计算及后处理

加载 Autodyn 模块到工作台中，连接 Explicit Dynamics 中的【Setup】与 Autodyn 中的【Setup】，如图 8-6 所示，在 Autodyn 中点击【Update】后进入 Autodyn 计算模块。

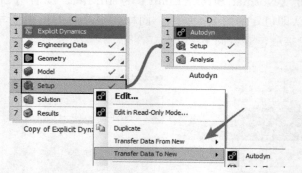

图 8-6　Explicit 与 Autodyn 联合仿真计算

（1）Autodyn 设置

进入 Autodyn 模块，回到 0 循环。

通过【Material】加载 STEEL 4340、SiC、KEV-EPOXY 和 TI6％AL4％V 材料，修改 KEV-EPOXY 材料中 Y-coord. for dirn11（XYZ）为 1，确认 X-coord. for dirn11（XYZ）和 Z-coord. for dirn11（XYZ）为 0，即主方向为 Y 方向（模型关于 X 轴和 Z 轴面对称）。修改模型的侵蚀参数为 Geometry Strain，设置 SiC Erosion Strain 为 0.5，其余材料的 Erosion Strain 为 1.5，即模型发生几何变形 150％时，将网格删除。

在【Parts】中，通过【Fill】，在【Fill by Index Space】中选择【Block】，针对弹靶模型，分别按照对应的材料进行材料赋予，如图8-7所示。

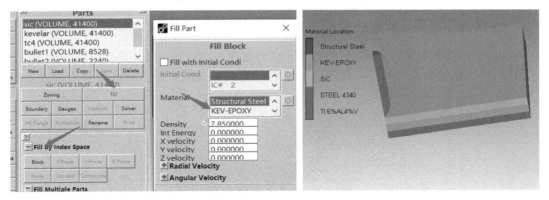

图8-7 模型材料赋予

其他参数默认。点击【Run】即可开始进行计算。

（2）计算结果及后处理

计算结果如图8-8所示，可以看出，子弹能够穿透3层靶板，剩余速度约850m/s。碳化硅和凯夫拉均出现大面积的损伤情况，如图8-9所示。

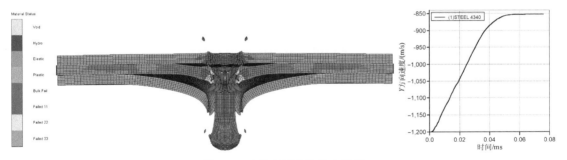

图8-8 破片云显示和输出设置

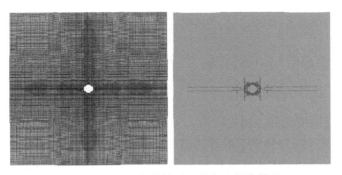

图8-9 凯夫拉损伤情况、碳化硅损伤情况

子弹在侵彻过程中，由于碳化硅具有高强的硬度，弹头会发生破碎，从而降低了其侵彻性能；纤维复合材料具有较好的防弹性能，够发生较大变形，进一步降低弹丸的速度；钛合金材料具有密度低、强度高的特点，也是较好的防弹材料。

8.3 战斗部爆炸碎片（SPH 模型）

8.3.1 计算模型及理论分析

战斗部结构为圆柱形，如图 8-10 所示，炸药直径为 42mm，壳体厚度为 6mm，炸药为 CompB 炸药，壳体为钢材料。本案例通过仿真研究战斗部爆炸后的随机破片质量分布和飞散情况。

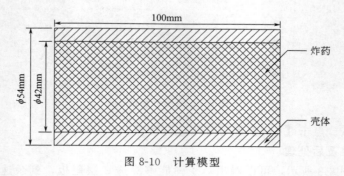

图 8-10 计算模型

8.3.1.1 模型计算理论分析

装药结构破片速度计算公式是装药结构毁伤效能优化及相应战斗部设计的重要参考。研究人员针对装药结构的破片初速计算提出了较多的理论及经验计算公式，其中 Gurney 公式是装药结构破片飞散速度计算中最为经典的公式，其基于能量守恒理论，根据一定的假设获得了形式较为简洁的理论计算公式。

Gurney 公式采用以下简化假设：①装药结构内炸药全部瞬时爆轰；②炸药能量全部转变为壳体动能及爆轰产物动能；③爆轰产物的膨胀速度沿径向呈线性分布；④装药结构破片飞散速度与最外层爆轰产物的飞散速度相同；⑤装药结构壳体速度沿周向均匀分布。

对于圆柱形战斗部，破片的速度可以由简单的 Gurney 公式进行估算。其形式为

$$v_f = \frac{\sqrt{2E_0}}{\sqrt{M/m+0.5}} \tag{8-2}$$

式中，$\sqrt{2E_0}$ 为炸药的 Gurney 速度，是炸药的特性值。

8.3.1.2 模型计算数值方法分析

模拟随机破片飞散情况的方法有：

① 炸药和壳体都采用拉格朗日的计算模型。该计算模型中，由于炸药爆炸后体积膨胀，炸药和壳体的网格会都会发生较大变形，需要对网格进行删除，影响计算结果。

② 炸药采用欧拉、壳体采用拉格朗日的计算模型。该计算模型中，炸药网格不会发生畸变，壳体的网格会发生较大变形，需要对网格进行删除，影响计算结果。

③ 炸药采用欧拉、壳体采用 SPH 的计算模型。目前 Autodyn 和 Explicit Dynamics 模块不支持欧拉与 SPH 的耦合作用。

④ 炸药采用 SPH、壳体采用 SPH 的计算模型。该计算模型中，炸药和壳体都采用无网

格方式，发生大变形也不用对网格进行删除，计算结果较为精确。

随机破片的爆炸飞散过程中，壳体材料发生大变形、高应变率和热软化。所以，对于弹丸的壳体材料，采用的状态方程为 Shock 状态方程，采用的强化模型为 Johnson-Cook 模型；对于损伤失效模型，Autodyn 软件中有随机失效模型。

计算模型可采用主应变随机失效模型，用来表示材料中的脆性或延性失效。失效开始是基于两个标准之一：最大主拉伸应变和最大剪切应变。当满足上述任一标准时，启动材料失效。如果将此模型与塑性模型结合使用，则通常建议通过指定较大的值来禁用最大剪应变标准。一般在这种情况下，材料的失效由最大拉伸应变主导。

为了模拟对称加载和几何的碎裂，有必要施加一些材料异质性。真正的材料具有固有的微观缺陷，会导致失败和开裂。以数字方式再现这一点的方法是随机化材料的失效应力或应变。使用这个属性，Mott 分布用于定义失效应力或应变的变化，每个单元都分配一个由 Mott 分布确定的值，其中一个值等于材料的破坏应力或应变。

Mott 分布采取的形式如下：

$$P(\varepsilon)=1-\exp\left\{-\frac{C}{\gamma}\big[\exp(\gamma\varepsilon)-1\big]\right\} \tag{8-3}$$

式中，P 为失效的概率；ε 为应变；C 和 γ 为材料的参数。

对于显式动力学分析，断裂值为 1 的概率被强制设置为 50%。因此，只需指定一个 γ，并从中得出常数 C。Mott 参数设置如图 8-11 所示。

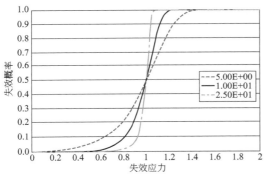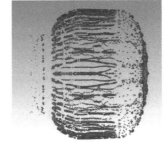

图 8-11　Mott 参数设置

随机失效选项可以与许多失效特性结合使用，包括 Hydro（Pmin）、塑性应变、主应力和/或应变。它也可以与 RHT 混凝土模型结合使用。随机失效模型需要指定随机方差的值 γ 以及失效分布的类型。如果每次执行模拟时，选择【Random】选项，则将计算新的分布；如果选择【Fix】选项，则将保持相同的分布。

其中，Mott 随机失效模型在 Autodyn 中表示为

$$\mathrm{d}p=(1-p)Ce^{\gamma\varepsilon}\,\mathrm{d}\varepsilon \tag{8-4}$$

式中，$(1-p)$ 为小于应变 e 时发生破坏的可能性；C 和 γ 为常数。其中，γ 计算如下：

$$\gamma=160\frac{P_2}{P_F(1+\varepsilon_F)} \tag{8-5}$$

式中，P_F 是真实的破坏应力；ε_F 为发生破坏时对应的应变。其中，P_2 可以由式（8-6）得出：

$$P = P_1 + P_2 \lg(1 + \varepsilon) \tag{8-6}$$

式中，P 为应力应变曲线；P_1、P_2 为标准拉伸试验的参数。

ε_F 可以由式（8-7）得到：

$$\varepsilon_F = \ln\left(\frac{A_i}{A_f}\right) = -2\ln\left(\frac{d_f}{d_i}\right) \tag{8-7}$$

式中，A_f 为发生破坏后结构断面面积；A_i 为初始结构断面面积；d_f 为发生破坏后结构直径；d_i 为初始结构直径。

对于本案例中的钢，可以采用 $\varepsilon = 0.23$，$\gamma = 56$，$\varepsilon_F = 0.65$。

对于炸药的材料，采用材料库中的 B 炸药，采用 JWL 状态方程。

8.3.2　Workbench 模型构建

8.3.2.1　材料、几何处理

（1）模块选择

打开 Workbench 软件，在【Toolbox】中选择 Explicit Dynamics 模块，并将其拖动到 Project Schematic 中。

（2）材料定义

选择 Engineering Data，双击进入材料定义界面。选择添加显式动力学材料库中模型，选择 COMP B 炸药（35 行）和 STEEL 1006 钢（166 行）。

选择 STEEL 1006，在右侧的【Toolbox】中添加【Principe Strain Failure】，设置【Maximum Principal Strain】为 0.65，添加【Stochastic Failure】，设置【Stochastic Variance γ】为 56，确定【Distribution Type】为 Fixed Seed，其他参数默认，如图 8-12 所示。

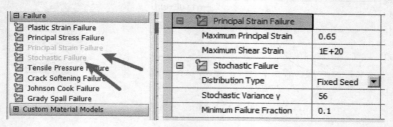

图 8-12　材料模型加载

（3）几何建模

退出 Engineering Data。右击【Geometry】选择【Edit Geometry in Design Model】，进入几何编辑界面。

壳体模型建立：通过【Concept】→【Primitives】→【Cylinder】构建炸药模型。输入壳体的长度为 0.1m，半径为 0.027m，即 FD8＝0.1m，FD10＝0.027m。

炸药模型建立：通过【Concept】→【Primitives】→【Cylinder】构建炸药模型。输入炸药的长度为 0.1m，半径为 0.021m，即 FD8＝0.1m，FD10＝0.021m。在【Operation】中选择 Slice Material 可针对原壳体进行布尔减的运算。模型建立完成后如图 8-13 所示。

图 8-13　炸药模型建立

8. 3. 2. 2　Model 中的前处理

（1）材料及算法设置

退出 Geometry 模块。点击壳体【Solid】，选择【Reference Frame】为 Particle，赋予材料为 STEEL 1006，即定义分析壳体采用粒子计算模型；同样，设置炸药【Reference Frame】为 Particle，材料为 COMP B，如图 8-14 所示。

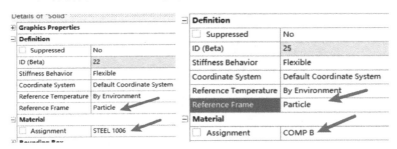

图 8-14　材料设置

（2）接触设置

将绑定接触删除，采用默认的 Body Interactions 接触。

（3）网格划分

选择【Mesh】，右击插入【Method】，选择【Method】为 Particle，设置网格的大小为 0.001m。右击【Generation Mesh】完成网格的划分。

（4）炸点设置

右击【Analysis Settings】，选择【Detonation Point】，设置炸点的【X Coordinate】和【Y Coordinate】为（0，0），其他参数默认。

> 💡 **注：**在 Explicit Dynamics 模块中定义的炸点默认参数不支持 SPH 的计算，需要在 Autodyn 中选择非直接的引爆炸点。

（5）求解设置

设置求解时间为 0.0002s，其余参数默认。退出【Model】，选择加载 Autodyn 模块到工作台中，连接 Explicit Dynamics 中的【Setup】与 Autodyn 中的【Setup】，在 Autodyn 中点击【Update】后进入 Autodyn 计算模块。

8.3.3　Autodyn 计算及后处理

修改炸点的【Path】为 direct，修改【Interactions】为 External Gap，其他参数默认，

如图 8-15 所示。点击【Run】开始计算。

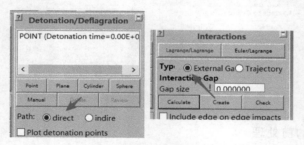

图 8-15　炸点和接触的修改

计算完成后可以看到，壳体爆炸后形成较多碎片，可以通过【Plot】→【Material Location】，勾选【Fragment Plot】进行破片云的显示，点击【Output fragment analysis】生成破片统计文件，得到破片质量分布、速度分布等关键信息，如图 8-16 和图 8-17 所示。

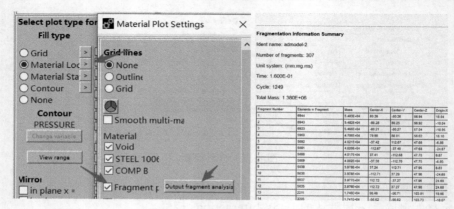

图 8-16　破片云显示和输出设置

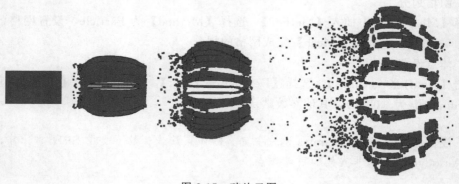

图 8-17　破片云图

此时可以删除炸药 Part，新建靶板材料，即可将破片云提取出来，针对靶板进行侵彻计算，如图 8-18 所示。

> **注**：本算例也可以直接在 Explicit Dynamics 平台进行计算，需要在【Analysis Setting】中将【Detonation Point Burn Type】改为 Direct Burn。但是对于破片的后处理，还是需要通过 Autodyn 打开后进行处理。

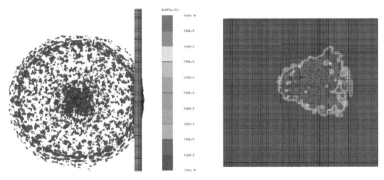

图 8-18　提取破片针对靶板作用

对于版本较低的 ANSYS，在 Explicit Dynamics 中不支持 SPH 粒子网格的划分，可以通过 Explicit Dynamics 建模，划分拉格朗日网格后，导入到 Autodyn，然后在 Autodyn 中新建 SPH Part，再通过 SPH 中【Geometry（Zoning）】→【Import Objects】将拉格朗日模型转化为 SPH 模型，并且通过【Pack（Fill）】填充粒子，如图 8-19 所示。填充完成后，需要将原来的拉格朗日 Part 删除，即可完成计算。

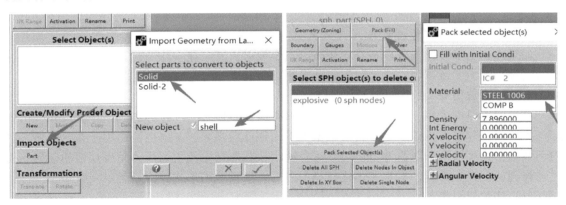

图 8-19　低版本的 Explicit Dynamics 与 Autodyn 的 SPH 转化

8.4　金属射流冲击引爆带壳装药

8.4.1　计算模型及理论分析

计算模型主要由战斗部和屏蔽装药组成。其中，战斗部由药型罩、炸药、隔板组成，屏蔽装药由前板、装药和背板组成，由图 8-20 所示。本案例研究战斗部爆炸后形成射流是否能冲击引爆带壳装药。

8.4.1.1　计算模型理论分析

利用聚能装药进行冲击引爆带壳装药，是一种常见的未爆弹药销毁方式。起爆聚能弹后，聚能装药爆炸使线性药型罩形成一束高速度、高温度、高能量密度的小直径金属射流，射流侵彻弹丸壳体，同时在壳体内形成先驱冲击波。完成切割弹丸壳体任务后，剩余的金属射流及射流侵彻弹壳时形成的先驱冲击波对未爆弹的共同作用使弹丸爆炸，实现销毁的目

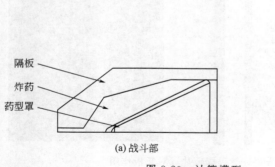

图 8-20　计算模型

的。聚能效应的主要特点是能量密度高和方向性强，在药型罩方向上有很大的能量密度和破坏作用，其他方向则和普通装药的破坏作用一样，因此聚能装药一般只适用于产生局部破坏的领域。该方法具有销毁用爆炸药量少的优点，这有利于减少爆破地震效应，控制土块和碎石的飞散，对销毁未爆弹具有安全性和彻底性。

聚能射流对炸药的引爆作用可分为金属射流直接冲击引爆、冲击波引爆以及热效应引爆3种形式。

（1）金属射流直接冲击引爆

如果炸药为裸装药或者覆盖板比较薄，当金属射流高速撞击炸药时，产生的冲击波能够瞬时引爆炸药。一般来说，金属射流速度较高、直径较细时，该种作用较为显著。

（2）冲击波引爆

对于中等厚度壳体，聚能金属射流在侵彻未爆弹壳体时会产生冲击波，冲击波在炸药内部产生热点，炸药发生热分解，由于热量汇聚而使炸药爆轰。金属射流作用于弹丸壳体，其内部装药会产生强烈的射流冲击波，当这种冲击波在炸药中产生的压力超过炸药的临界压力时，炸药就会产生爆炸。对于壳体比较厚的弹药，该种作用形式较为显著。

（3）热效应引爆

对于较厚的壳体，金属射流撞击到壳体上产生应力波，应力波在较厚介质中传播衰减较快，在金属射流侵彻完壳体后，进入到炸药，金属射流具有高温、高速、高能量密度等特点，金属射流在穿过装药时，能够引起局部装药剧烈的温度变化，产生的温度远大于炸药的热感度范围，利用温度引燃或引爆炸药；射流作用于炸药时，撞击和摩擦产生的热使得炸药内产生热点，引发炸药爆炸。

关于金属射流冲击起爆带壳装药反应机理问题，Howe 等人通过大量实验数据分析指出，当平射流头部侵彻壳体在壳体内产生冲击波，冲击波穿过壳体-炸药界面在炸药中传入一个透射冲击波，若该冲击波达到一定强度时，能够直接引爆炸药。若壳体厚度较大，冲击波在壳体内衰减，强度不足以引爆炸药，射流头部在侵彻过程中冲出一个塞块，塞块和射流头部在装药内部继续运动，形成剪切带，该剪切带的温度足够高引起炸药爆轰，这就是宏观剪切引起的装药失效。

（4）射流冲击引爆装药判据

对于细长型小射流可以采用 Held 判据。Held 综合了射流引爆裸炸药的大量实验结果，并与平板和射弹撞击引爆实验进行比较，提出起爆判据 $u^2 d = \text{const}$。其中，u、d 分别是射流（或者细长形射弹、飞片）的速度和直径。

8.4.1.2 数值模型构建

在 Autodyn 软件建模和划分网格较简单，但是对于一些复杂的模型的几何模型却无法进行有效的建模。由于模型结构较为复杂，需要通过外部的 CAD 软件进行建模，导入 Workbench Explicit Dynamics，然后再导入 Autodyn 进行建模。

这里简单介绍一下如何建立 2D 模型。

在 3D 软件（如 UG NX 或者 Design Modeler）中建立 3 个拉伸的片体模型，片体厚度为 0。这里需要注意的是，必须在 XY 面上建立片体，且片体关于 Y 轴对称。

对于金属射流成型，在 ANSYS 2022 版本中可以通过 Explicit Dynamics 直接进行计算，然后使用 Autodyn 软件将结果导出，再次构建带壳装药模型，进行冲击引爆模型的构建。

对于金属射流成型，药型罩采用材料库中的 CU-OFHC 紫铜，炸药采用 PBX-9404-3 炸药，外壳采用 STEEL 4340 钢。

对于冲击引爆带壳装药模型，装药采用 Lee-Tarver 模型进行计算，其状态方程又称点火增长模型，最早是点火-燃烧二项式模型，后拓展为点火-燃烧-快反应三项式的反应速率方程，用来描述炸药在受到压力脉冲时炸药反应的一个状态方程，其表达式为

$$\frac{\mathrm{d}\lambda}{\mathrm{d}t}=I(1-\lambda)^b(\rho_1/\rho_0-1-a)^x+G_1(1-\lambda)^c\lambda^d p^y+G_2(1-\lambda)^e\lambda^g p^z \tag{8-8}$$

式（8-8）右侧第一项用于描述热点的形成过程，即点火项；第二项为燃烧项，第三项为快速反应项。在反应速率计算中，需设定反应度 λ 的最大值和最小值，使三项中的每一项在合适的 λ 值时开始或截断。当 $\lambda>\lambda_{\mathrm{igmax}}$ 时，点火项取零；$\lambda>\lambda_{\mathrm{G1max}}$ 时，燃烧项取为零；当 $\lambda<\lambda_{\mathrm{G2min}}$ 时，快速反应项取为零。另外，I、G_1、G_2、a、b、c、d、e、g、x、y 和 z 是 12 个可调系数，可以通过拉氏分析进行参数的拟合。参数 I 和 x 控制点火热点，点火项是冲击波强度和压缩度的函数；参数 G_1 和 d 控制点火后早期的增长反应；参数 G_2 和 g 控制主要反应后相对缓慢的扩散控制反应。

在冲击起爆领域中，炸药的固态状态方程一般采用 Shock 状态方程或者 JWL 状态方程。固体的 JWL 方程如下：

$$p_S=A_S\left(1-\frac{w_S}{R_{S1}V_S}\right)e^{-R_{S1}V_S}+B_S\left(1-\frac{w_S}{R_{S2}V_S}\right)e^{-R_{S2}V_S}+\frac{w_S E_S}{V_S} \tag{8-9}$$

式中，A_S、B_S、R_{S1}、R_{S2}、w_S 为材料参数，这些参数的确定需要通过试验拟合 Hugoniot 数据。一般情况下，B_S 为负值，允许材料的拉伸。值得注意的是，在 $V_S=1$，$E_S=0$ 时，$P_S\neq 0$，因此，在计算初始，内能需要调整，使得 $P_S=0$。

8.4.2 Workbench 中的前处理

8.4.2.1 材料、几何处理

双击 Engineering Data 进入材料编辑界面，选择 CU-OFHC 紫铜、PBX-9404-3 炸药、STEEL 4340 钢，分别作为药型罩、炸药和外壳材料。

导入的几何模型如图 8-21 所示。通过新建草图模型，设置一个空气域，空气域的大小为 $0.04\mathrm{m}\times0.2\mathrm{m}$，空气域距离坐标原点距离为 $0.1\mathrm{m}$。通过布尔运算将空气域与炸药和药型

罩进行布尔减运算。

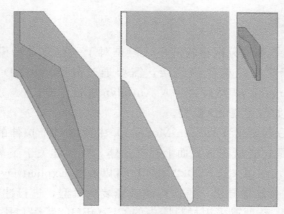

图 8-21　导入的几何模型与完整模型

设置求解类型为 2D：右击【Geometry】模块，选择【Properties】，在弹出的【Analysis Type】中选择 2D。

8.4.2.2　Model 中的前处理

双击 Model 进入模型编辑界面，点击【Geometry】，选择求解方式为 Axisymmetric，即采用 2D 轴对称模型。依次赋予空气、药型罩、炸药和外壳材料，选择空气、炸药和药型罩的【Reference Frame】为 Eulerian（virtual）。

接触设置：抑制或者删除所有的绑定接触，保留自动接触即可。

网格划分：控制所有网格尺寸大小为 1mm。

右击插入炸点，设置炸点的坐标为炸药的顶部点处。

如图 8-22 所示，设置计算时间为 3×10^{-5} s，设置欧拉域的【X Scale factor】为 1，【Y Scale factor】为 1，设置【Domain Resolution Definition】为 Cell Size，设置【Cell Size】为 0.5mm，设置保存点为 30 个。

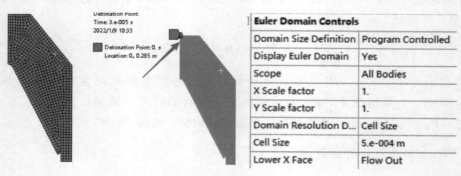

Euler Domain Controls	
Domain Size Definition	Program Controlled
Display Euler Domain	Yes
Scope	All Bodies
X Scale factor	1.
Y Scale factor	1.
Domain Resolution D...	Cell Size
Cell Size	5.e-004 m
Lower X Face	Flow Out

图 8-22　网格、炸点及欧拉域设置

8.4.2.3　计算结果

右击【Solution】选择【Open Solver Directory】，打开计算结果文件夹，然后单独启动 Autodyn 软件，打开对应的 ad 文件，查看计算结果，如图 8-23 所示。由图可知，0.03ms

时，射流已基本成型。

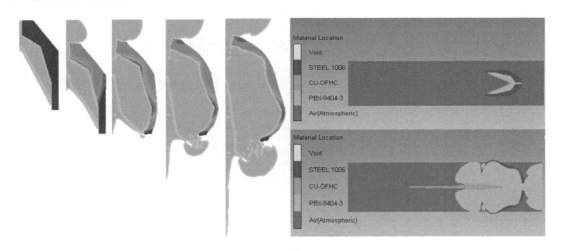

图 8-23　计算结果

8.4.3　Autodyn 计算及后处理

使用 Autodyn 软件打开 ad 文件后，通过【Cycle】，找到对应的 0.03ms 处循环，然后将其对应时刻的计算结果导出；在【Parts】→【Datafile】选择 Write Datafile，设置【Filename】为 adModel-2；点击【确定】，保存结果。

新建一个 Autodyn 文件，加载材料库中的 COMPBJJ1 材料（未爆弹药炸药参数）、AIR（Atmosphere）、CU-OFHC、PBX9404-3 材料、STEEL 1006 材料。

修改 COMPBJJ1 材料参数中的 G1 为 $4.14×10^{-11}$（图 8-24），这是由于 Lee-tarver 状态方程的一般单位制是 cm-g-μs，而 G1 和 G2 有单位制（由于不同炸药对应的参数有较大的不同，在 Autodyn 中未对其单位进行表征），对应的 COMPBJJ1 材料参数在 cm-g-μs 单位制下，G1 为 $1/(Mbar^\gamma \cdot \mu s)$，G2 为 $1/(Mbar^z \cdot \mu s)$。

Ignition reaction ratio	0.222000	(no
Ignition critical	0.010000	(no
Ignition compressio exp.	4.000000	(no
Growth parameter G1	.140000e-11	(no
Growth reaction ratio	0.222000	(no

图 8-24　G1 参数修改

新建欧拉域，大小为 300×40，起始点的坐标为（20，0），网格大小为 600×80，填充材料为 Void 空材料。

通过【Parts】→【Datafile】选择 Read Datafile，读取上面计算的射流成型后的结果，删除掉多余的空气、炸药的材料，只保留药型罩的铜材料，如图 8-25 所示。

新建前靶板 Part，采用的起始点坐标为（100，0），长度为 10mm，高度为 40mm，网格数量为 20×80，填充材料为 STEEL 1006 钢。

新建炸药 Part，采用的起始点坐标为（39.8，0），长度为 60mm，高度为 40mm，网格数量为 120×80，填充材料为 COMBJJ1。注意炸药与靶板之间留出间隙，用于定义接触。

新建后靶板 Part，采用的起始点坐标为（29.6，0），长度为 10mm，高度为 40mm，网格数量为 20×80，填充材料为 STEEL 1006 钢。

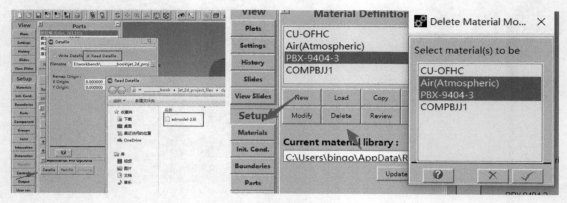

图 8-25　读取映射结果

根据需求可以定义一定数量的测试点。映射后的计算模型如图 8-26 所示。

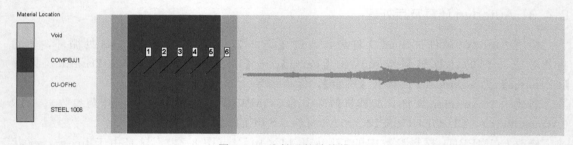

图 8-26　映射后的计算模型

在【Interaction】中定义接触，选择 Euler/Lagrange，设置为 Automatic（Polygon free），即流固耦合的自动接触。

在【Output】中设置求解时间为 0.015ms，保存时间为 0.015ms，保存间隔为 0.001ms。

通过【Output】→【History】→【Select Gauge Variables】选择 Alpha，此变量可以用于查看炸药的反应情况，当反应度为 1 时，代表炸药完全爆轰。

通过计算可以看到，带壳装药在射流作用下发生了冲击引爆。通过【Plot】选择 Pressure 显示压力云图，可以查看到炸药内部形成了稳定的爆轰波进行传播，如图 8-27（a）所示；通过【Plot】选择 Alpha，查看炸药的反应度，可以看到炸药内部开始反应，如图 8-27（b）所示。

在 History 中可以查看测试点的数据，如图 8-28 所示。从图中可以看到，炸药测试点压力逐渐升高，并且最终稳定在 30GPa 以上（B 炸药的爆轰压力为 29.5GPa，一般冲击起爆的数值仿真结果压力要大于实际炸药的爆轰压力 20％左右），炸药测试点的反应度为 1，代表炸药完全爆轰。

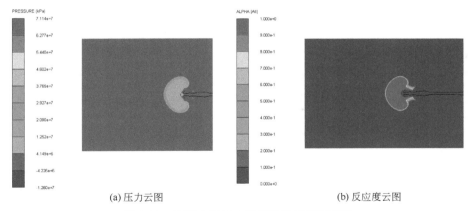

(a) 压力云图　　　　　　　　　　　　　(b) 反应度云图

图 8-27　炸药内部压力云图以及反应度云图

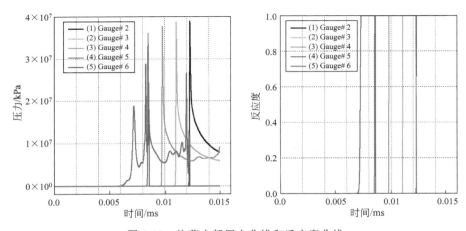

图 8-28　炸药内部压力曲线和反应度曲线

 本章小结

　　本章主要介绍了 Explicit Dynamics 模块与 Autodyn 模块的联合仿真，通过子弹侵彻复合材料靶板、战斗部爆炸碎片和金属射流冲击引爆带壳装药 3 个实例，详细介绍了 Workbench 作为前处理，Autodyn 作为计算和后处理模块的应用方法和操作流程。

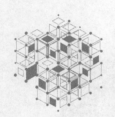

第**9**章 Explicit Dynamics与
其他模块的联合应用

扫码领取源文件

9.1 静力学及隐式动力学模块

9.1.1 预应力条件下侵彻作用

9.1.1.1 静力学模块计算构建

如图 9-1 所示，选择 Static Structural，右击【Solution】，选择【Transfer Data To New】，选择【Explicit Dynamics】，可以将静力学模块与动力学模块相关联。

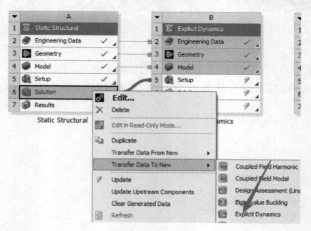

图 9-1 模块选择

双击【Engineering】：定义 STEEL 材料，密度为 $7850\mathrm{kg/m^3}$，弹性模量为 200GPa，泊

松比为 0.3，屈服强度为 450MPa，切线模量为 0。

定义 AL 材料，密度为 2700kg/m³，弹性模量为 70GPa，泊松比为 0.3，屈服强度为 120MPa，切线模量为 0。

双击【Geometry】：定义子弹尺寸为 12mm×12mm，定义靶板尺寸为 100mm×100mm×4mm。

点击【Model】，赋予子弹材料为 STEEL，赋予靶板材料为 AL。

设置网格大小为 1mm，选择网格的【Physics Preference】为 Explicit，网格划分参考采用【MultiZone】和【Face Meshing】，全部划分为六面体网格，如图 9-2 所示。

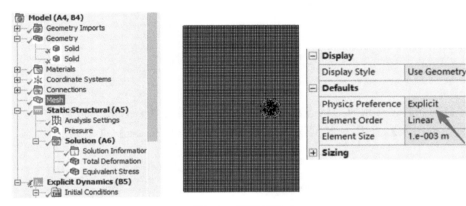

图 9-2　网格设置

右击插入【Pressure】，定义边界条件为 $1×10^7$，方向沿着靶板方向，如图 9-3（a）所示；在【Analysis】中修改【Weak Springs】为 On，设置【Large Deflection】为 On，如图 9-3（b）所示；点击【Solve】进行静力学计算。

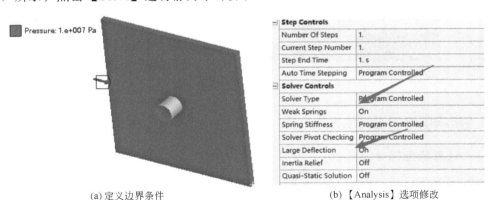

(a)定义边界条件　　　　　　　(b)【Analysis】选项修改

图 9-3　静力学设置

静力学计算完成后关闭 Static Structural 模块。

9.1.1.2　显式动力学模块计算构建

在主界面，打开 Explicit Dynamics 中的 Modeler，将【Pre Stress（Static Structural）】中的【Pressure Initialization】设置为 From Stress Trace，如图 9-4 所示。

设置子弹的速度为 800m/s，求解时间为 0.0001s，其他参数默认。

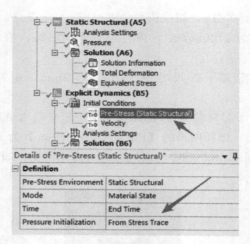

图 9-4　预应力设置

点击【Solve】进行预应力状态项的显式动力学计算分析。计算完成后，可以通过插入【Total Deformation】查看变形情况，通过【Equivalent Stress】查看应力状态，如图 9-5 所示。

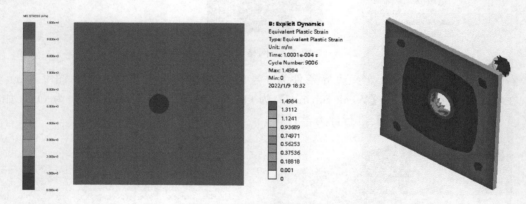

图 9-5　显式动力学计算结果

9.1.2　瞬态动力学及显式动力学分析

9.1.2.1　计算模型描述及分析

如图 9-6 所示，大齿轮和小齿轮进行啮合，其中小齿轮为主动轮，转速为 1000r/min，大齿轮为与之相反的负载扭矩，扭矩大小为 1N·m。

问题分析：此为齿轮传动问题，可以采用 Transient Structural 隐式的瞬态动力学模块，也可采用 Explicit Dynamics 显式动力学模块，本小节采用两种模型分别进行分析。

9.1.2.2　瞬态动力学的齿轮啮合模拟

（1）材料及几何处理

① 模块选择。在左侧工具栏选择 Transient Structural 模块。

② 材料设置。在默认的 Structure Steel 中通过左侧工具栏添加【Bilinear Isotropic

图 9-6　齿轮啮合模型描述及齿轮啮合仿真结果

Hardening】，设置结构钢材料屈服强度为 450MPa，切线模量为 6100MPa。

③ 几何建模。使用外部的 CAD 建模软件建立齿轮模型，这里推荐 UG NX 软件中的 GC 工具箱，可以很方便地建立齿轮的模型。然后使用啮合，保证移动的过程中不出现体的干涉问题。其中，齿轮的模数为 2，小齿轮的齿数为 20，大齿轮的齿数为 30，齿宽为 20mm，保存为 Parasolid 格式文件。

④ 几何模型导入。通过【Geometry】模块导入 .xt 文件。

⑤ 双击 Model，进入【Transient Structural-Mechanical】。齿轮的材料会自动设置为结构钢材料，其他参数默认。

⑥ 接触设置。修改接触面的类型为 Frictionnal，定义摩擦因数为 0.1。

⑦ 关节设置。设置转动关节，选择 Body-Ground 和 Revolute，如图 9-7 所示，选择小齿轮的内表面为转动面。同理，可设置大齿轮的内表面为另一个转动关节。这就定义了齿轮只能绕着轴进行转动，同时可以通过关节施加载荷和转速等约束。

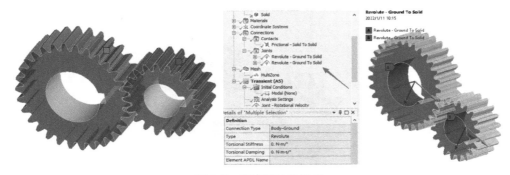

图 9-7　摩擦接触的设置

⑧ 网格划分。右击【Mesh】模块，插入【Method】，选择 MultiZone 网格划分方式，选择两个齿轮，其他参数无需修改；然后右击插入【Body Sizing】，设置体的网格大小为 0.002m，选择合适的网格大小能够在保证求解精度的同时，降低求解时间；选择【Contact Sizing】，设置接触处的网格大小为 0.001m。

⑨ 分析步设置。分析步的设置可以保证非线性求解的收敛问题。这里设置两个求解步骤：第一个求解步骤结束时间为 0.02s，第二个求解步骤结束时间为 0.05s。

将【Define by】设置为 Substeps，设置 Subsetps 步数多有利于非线性结果的收敛。这里可以参考设置为 1000，调整【Stabilization】为 Constant，采用默认参数，有利于结果收敛和计算的准确性。

⑩ 加载设置。插入【Loads】→【Joint Load】，对建立的转动关节施加转动速度和载荷。

选择小齿轮转动副，在【Type】中选择 Rotational Velocity 设置转动的速度，0s 时速度为 0m/s，0.02s 时速度为 1000r/min，0.05s 时速度为 1000r/min，其加载如图 9-8所示。

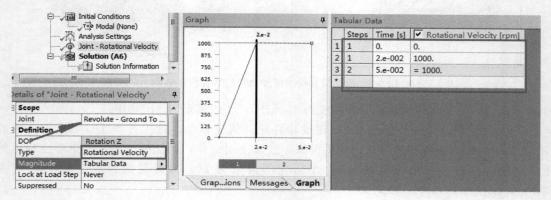

图 9-8　小齿轮转速设置

同理，插入【Joint Load】，选择大齿轮转动关节，【Type】选择 Moment，施加任意时刻的转动力矩为 -1N·m，方向与转动方向相反。

（2）计算求解及后处理

右击插入【Total Deformation】、【Equivalent（von-Mises）】等后处理结果，点击【Solve】求解。至此，采用瞬态动力学的齿轮啮合模拟完成。通过一段时间的求解，其部分的应力云图如图 9-9 所示。

图 9-9　计算结果

9.1.2.3　显式动力学的齿轮啮合模拟

（1）几何及材料

拖动 Explicit Dynamics 模块，连接 Transient Structural 的【Geometry】和【Engineering Data】，即可将材料与几何数据导入。

（2）Explicit Dynamics 中的模型前处理

双击 Model 进入模型编辑界面。

① 接触设置。显式动力学可以不使用 Contact 中的面的摩擦接触，直接定义体的摩擦接触。右击【Connect】，选择 Suppress 或者直接删除。点击【Body-Interaction】，选择【Type】为 Frictional，设定静摩擦因数为 0.15，动摩擦因数为 0.1。

② 关节设置。由于 19.0 版本在显式动力学中增加了关节功能，按照在瞬态动力学分析中的步骤，选择【Body Ground】 → 【Revolute】，然后选择小齿轮的内表面作为目标旋转面，如图 9-10 所示。同理，再次插入【Revolute】旋转关节，选择大齿轮的内表面作为旋转面。

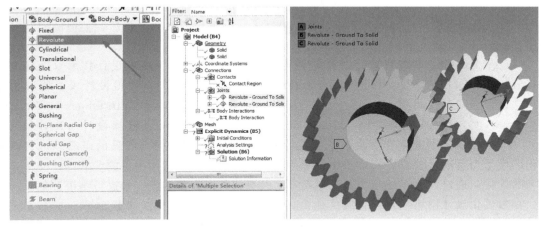

图 9-10　显式动力学中的关节设置

③ 网格设置。右击【Mesh】，插入【Size】，选择两个齿轮的 Body，设置【Size】大小为 2mm，设置接触处的网格大小为 1mm，点击【Generate Mesh】，生成网格。

④ 初始条件设置。插入【Joint Load】，选择小齿轮转动副，在【Type】中选择 Rotational Velocity 设置转动的速度，0s 时速度为 0r/min，0.02s 时速度为 1000r/min，0.05s 时速度为 1000r/min。同理，选择插入【Joint Load】，选择大齿轮转动关节，选择【Type】为 Moment，施加任意时刻的转动力矩为 −1N·m，方向与转动方向相反。

⑤ 求解设置。设置求解时间为 0.05s。考虑到齿轮是逐步加载，在显式分析中可能会出现能量误差，这里可以设置能量循环为 1×10^6。

（3）计算及结果分析

插入 Total Deformation 以及 Equivalent Stress，点击 Generate 可进行计算，求得的结果如图 9-11 所示。从图中可以看出，显式动力学的计算结果与瞬态动力学的计算结果比较接近，但是显式动力学的非线性更加良好，计算不会出现不收敛的问题。

图 9-11　显式动力学齿轮啮合的结果

9.2 显式动力学优化设计

9.2.1 优化设计模块简介

优化设计在工程设计中得到了广泛的应用，传统的设计分析和仿真去评估部件或者系统的性能时，解决不同的模型参数（几何、材料等）对于最终结果的影响比较麻烦。Workbench 平台的优化设计模块比较简单，在对模型进行合理化的参数分析后，类似的问题可以运用 Design Exploration 得到很好的解决。

Design Explorer 将各种设计参数集中到分析的过程中，基于实验设计技术（Design of Experiment，DOE）和变分技术（Variational Technology，VT），使得设计人员能够快速地建立设计空间。在此基础上，对产品进行多目标驱动优化设计（Multi-Objective Optimization，MOO）、六西格玛设计（Design for Six Sigma，DFSS）、鲁棒设计（Robust Design，RD）等深入研究，从而改善各个设计中的不确定因素，提高产品的可靠性。它以参数化的模型为基础，参数可以是各种几何参数、材料的参数、初始条件的参数等，支持多物理场的优化，通过设计点的参数来研究或者输出参数以拟合相应面，来进行结果评估。

参数优化设计模块包括：直接优化 Dierect Optimazation、相关参数 Parameters Correlation、响应面 Response Surface、响应面优化 Response Surface Optimazation、六西格玛分析 Six Sigma Analysis 等，如图 9-12 所示。

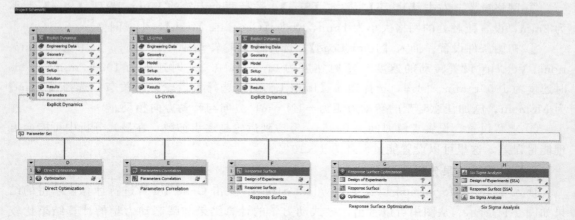

图 9-12　多物理场目标优化

Design Explorer 从 Workbench 项目管理的主窗口进入，主要包括大纲 Outline、特征 Properties、表格 Table、图标 Chart 等。

优化设计中最为重要的是输入输出参数，其概念如下：

输入参数：用于仿真分析的输入参数，这些参数包括 CAD 几何参数、分析参数、材料参数和网格参数等。CAD 几何参数包括长度半径、部件之间距离等；分析参数包括材料参数、初始条件参数等；材料参数包括材料各个参数的数值等；网格参数包括网格相关性、大小、数量等。

输出参数：输出参数从分析结果或者响应输出结果中得到，如剩余速度、计算后的应力、应变等。

导出参数：导出参数是直接不给定的参数，所以导出参数可以是一个特定的输出参数或者是输出参数的组合、函数关系等。

（1）响应面设置

响应面（Response Surface）可直接评估输入参数的影响，通过图表动态显式输入与输出参数之间的关系。

① 响应面类型。响应面拟合，包括遗传聚集法 Genetic Aggregation、标准响应面全二次多项式法 Standard Response Surface-Full 2-nd Order Polynomials、克里格法 Kriging、非参数回归法 Non Parametric Regression、神经网络法 Neural Network 和系数矩阵法 Sparse Grid 等。

② 设计空间图（Response）。设计空间图由输入参数和响应参数的关系组成，形成 3D 响应面、2D 响应曲线或者对应的响应切片图。

③ 灵敏度和灵敏度曲线图（Local Sensitivity/Local Sensitivety Curves）。灵敏度图表可以用直方图和饼状图表示参数对响应参数的响应程度。

④ 蛛状图（Spider）。蛛状图能即时反映所有输出参数在输入参数当前值的响应，可以方便地查看、比较输入变量的变化对所有输出变量的影响。

⑤ 拟合度图（Goodness of Fit）。拟合度图可以评估响应面精确度，显现预测值和观察值的拟合程度。

（2）目标驱动优化

目标驱动优化系统通过对多个目标参数进行约束，从而给出一组样本中最佳的设计点。

目标驱动优化是探索优化设计的核心模块，优化算法包括筛选算法（Screening）、多目标遗传算法（MOGA）、非线性规划算法（NLPQL）、混合整型序列二次规划算法（MISQP）、自适应多目标算法（Adaptive Multiple-Objective）和自适应单目标算法（Adaptive Single-Objective）等。

9.2.2　弹丸侵彻的优化分析

卵形弹丸的头部形状 CRH（R/d，R 为头部曲率半径，简称大径，d 为弹丸直径）是影响弹丸侵彻深度和侵彻后剩余速度的关键参数之一。本例对弹丸 CRH 进行优化分析，以及分析在不同的大径条件 R 下，不同的靶板厚度与侵彻后剩余速度的关系。

9.2.2.1　侵彻分析模型构建

（1）材料、几何处理

选择 Explicit Dynamics 模块。

在【Explicit Materials】材料库中选择靶板材料为 AL2024T351 硬铝，选择弹丸材料为 STEEL 1006 钢。

双击【Geometry】进入几何模块。首先建立模型，在【XYPlane】中插入两个草图，按住 F2 键将其命名为 Bullet 和 Target，再分别在两个草图中建立弹丸和靶板的模型。建立的 2D 模型，一定是关于 Y 轴对称（关于 X 轴对称的话，没法进行轴对称的计算），且在 Y 轴右侧，分别建立弹丸和靶板两个草图。

如图 9-13 所示，对于子弹，设置 H1＝6mm，V4＝60mm，R5＝12mm，即弹丸的半径为 6mm，总长度为 60mm，大径为 12mm。同样，对于靶板，设置其与子弹距离 V7＝2mm，靶板厚度 V8＝10mm，总宽度 H6＝100mm。在【Concept】中选择【Surface From

Sketches】，分别选择刚才建立的草图 Bullet 和 Target，建立两个 Surface Body，完成后的模型如图 9-13 所示。

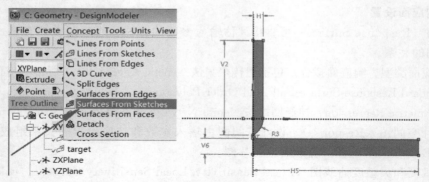

图 9-13　建立片体模型

退出【Geometry】界面。右击【Geometry】选择【Properties】，将【Analysis Type】设置为 2D，建立 2D 的分析模型。

（2）Model 中的前处理

双击 Model 进入 Model 界面。将求解模型改为 Axisymmetric，即为轴对称模型。分别赋予弹丸材料为 STEEL 1006，靶板的材料为 AL2024 T351，计算采用拉格朗日网格，其他参数默认。

接触设置：采用默认的接触设置。

网格划分：右击选择【Sizing】，设置 Part 网格大小为 1mm。点击【Updata】或者【Generate Mesh】完成网格划分。

初始条件设置：设置弹丸的速度为 600m/s，方向为 Y 轴负方向，设置靶板的最右侧边界为固定边界。

设置求解时间为 0.0002s，其他参数默认。

（3）计算结果及后处理

添加结果文件 Total Deformation、弹丸的 Directional Velocity 等，点击【Generate】计算，结果如图 9-14 所示。从图中可以看到，弹丸完全贯穿，剩余速度平均为 −526m/s。

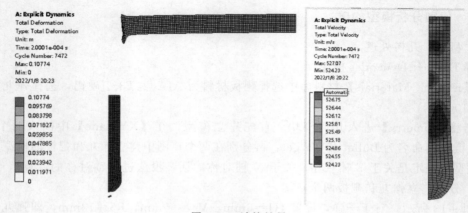

图 9-14　计算结果

至此，弹丸二维侵彻靶板仿真已完成，下面进行优化设计。

9.2.2.2 优化设计

(1) 目标参数化构建

弹丸需要优化的目标是提高弹丸穿甲后的剩余速度，通过优化弹头的外形，使得穿甲后仍有较高的速度。所以，在以上基础上，将侵彻后剩余平均速度提取为目标函数，求解目标函数的最大值。如图 9-15 所示，在子弹的【Total Velocity】结果中，勾选 ☐ 使之成为 **P**，即选择【Average】作为因变量。

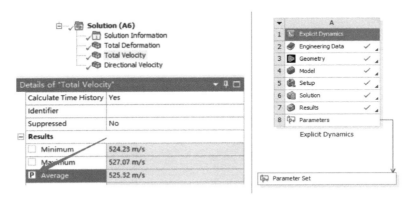

图 9-15 目标函数的确定

退出【Model】，双击【Geometry】，进入几何编辑界面。优化函数是卵形弹丸的 CRH，可将 R5 作为优化参数，靶板的厚度 V7 也作为优化参数，讨论在不同的靶板厚度和不同的弹丸 CRH 下，穿甲后弹丸剩余速度的变化。点击 R5 和 V7 前面方格，出现参数 P 表示设置参数成功。在点击的同时会弹出命名的对话框，将弹丸大径命名为 R，靶板厚度命名为 H_thickness，如图 9-16 所示。

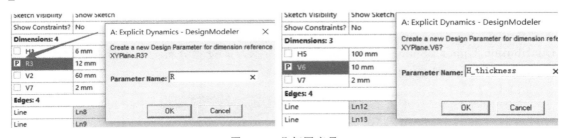

图 9-16 几何因变量

退出几何编辑界面，双击【Parameter Set】，查看【Input Parameters】（自变量）和【Output Parameters】（因变量）是否定义正确，如图 9-17 所示。

(2) 优化设计模型构建

拖动 Six Sigma Analysis 模块进入工作平台，双击【Design of Experiments】，进入 SSA 界面，如图 9-18(a) 所示。

点击【Design of Experiments】，在【Design of Experiments Type】中选择 Custom＋Sampling，设置【Total Number of Samples】优化的点数为 30 个，如图 9-18(b) 所示。

可以看到，【Geometry】中出现参数 P2 和 P3，P2 代表 R，P3 代表 H_thickness。点击 P2，在【Distribution Type】中选择 Uniform，定义【Distribution Lower Bound】为 6，

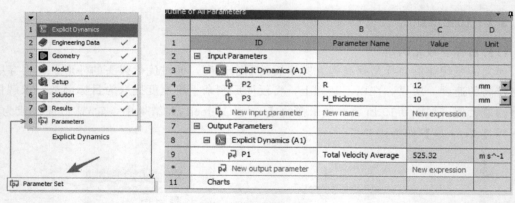

图 9-17　自变量与因变量

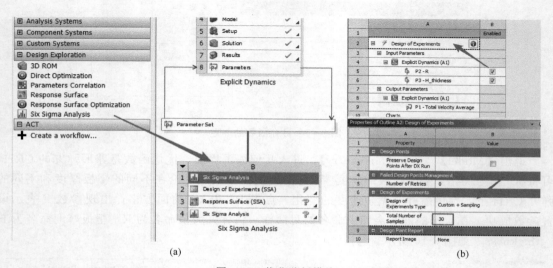

(a)

(b)

图 9-18　优化分析模块

【Distribution Upper Bound】为 30，如图 9-19 所示，即设置分布为均匀分布，将大径的值设置为 6～30mm，即 CRH＝1～5。

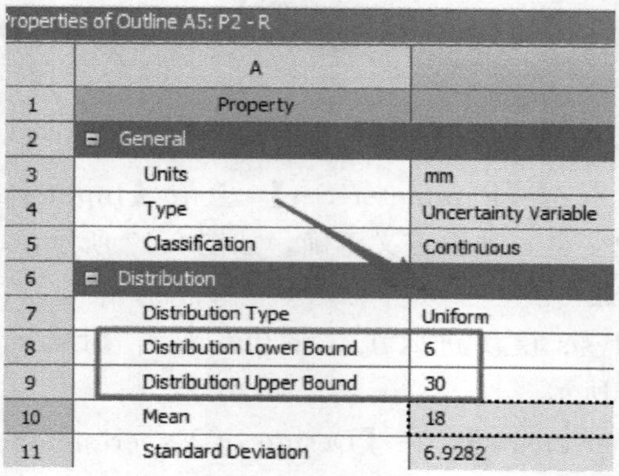

图 9-19　设置的优化点

同理，将 H＿thickness 设置为 4～20mm 的均方分布，即靶板的厚度为 4～20mm。

生成的优化点见表9-1。

表 9-1　生成的优化点列表

序号	P2-R	P3-H	序号	P2-R	P3-H	序号	P2-R	P3-H
1	18.00	12.00	11	23.92	8.01	21	17.99	16.00
2	6.03	19.91	12	23.93	15.93	22	6.06	15.91
3	29.96	4.09	13	12.11	15.86	23	11.86	11.97
4	6.03	4.12	14	11.97	19.93	24	12.12	4.16
5	29.85	19.91	15	23.98	11.97	25	6.19	8.16
6	18.00	4.06	16	17.98	8.01	26	26.95	10.00
7	6.03	12.02	17	23.87	19.86	27	9.08	17.85
8	17.90	19.89	18	24.08	4.06	28	9.04	6.07
9	29.92	12.03	19	29.96	8.01	29	26.88	17.96
10	12.01	8.05	20	29.89	16.00	30	20.88	9.99

(3) 优化设计结果分析

计算完成后，退出【Design of Experiments】。在工作台选择【Six Sigma Analysis】→【Response Surface（SSA）】，双击进入 SSA 界面，选择左上角的【Update】开始计算。计算结果如图 9-20 所示，可以查看不同的大径和不同的靶板厚度对于侵彻后剩余速度的影响。

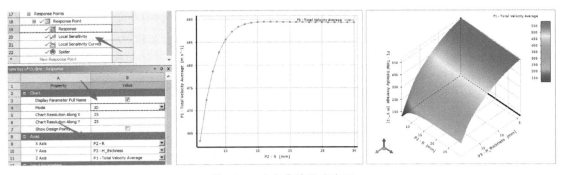

图 9-20　响应曲线及响应面

点击【Response】，选择【Mode】为 2D，选择【X Axis】为 P2-R，选择【Y Axis】为 P1-Total Velocity Average，可以得出如图 9-20 所示结果。由图可知，随着大径的增加，侵彻后的剩余速度增加；当大径大于等于 15mm 时，随着大径的增加，剩余速度趋于平稳。此结果可以为相应的子弹设计提供一定的参考。

通过【Local Sesitivity】查看灵敏度，结果如图 9-21 所示。从图中可以看出，H_thickness 对于整体结果的敏感度最高，说明靶板的厚度对于侵彻后剩余速度的结果影响最大。

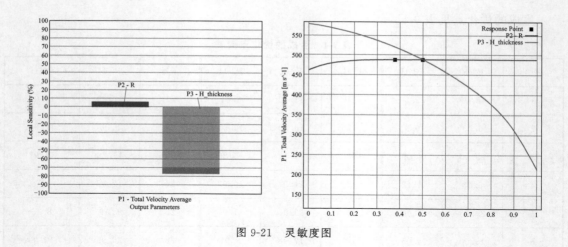

图 9-21　灵敏度图

9.3　Workbench 显式动力学插件

Workbench 平台支持插件（ACT Extensions）的下载和安装，具体可以在 ANSYS 官网中的 APP-Store 中下载相关的插件，如最早的 LS-DYNA 模块是以插件的形式安装在 Workbench 平台中。下载好对应版本的插件后，根据提示直接安装，然后重启 Workbench 即可。

图 9-22　安装插件

下载对应的插件后，可以在初始界面的菜单栏中选择【Extensions】→【Install Extension】，如图 9-22 所示，选择对应的.wbex 文件即可进行安装，安装成功后会有对应的提示。打开【Manage Extensions】，可以查看插件是否安装完成，以及对应的版本。

可以通过主界面菜单栏的【Extension】→【Manage Extensions】，勾选对应的插件来加载插件，如图 9-23 所示。如果设置为常用插件，可以右击对应的插件选择【Set as Default】，这样每次都会加载对应的插件。

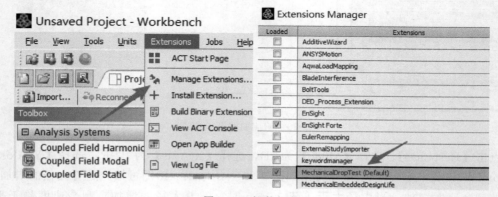

图 9-23　插件加载

9.3.1　Drop Test 跌落模块

Drop Test 是 Workbench 中专门用来处理跌落问题的模块。一般来说，只需要提供跌落的几何模型，无需其他几何模型，Drop Test导航器会根据设计的跌落高度、角度，自动设计刚性地面、添加重力加速度、设置接触等。Drop Test默认安装在Workbench中，可用于Explicit Dynamics模块和LS-DYNA模块。

在主界面菜单栏中选择【Extension】→【Manage Extensions】，勾选【Drop Test】前方框，即可加载跌落模块的插件。

9.3.1.1　计算模型描述及分析

如图9-24所示，带焊点的电路板从2m处跌落，分析其元器件是否发生脱离。

图9-24　跌落模型

此计算模型为跌落模型，通过Drop Test插件可进行快速分析。此模型涉及焊点，采用Explicit Dynamics中的焊点模型，通过设置可分离的接触完成电路板的跌落模拟。

9.3.1.2　材料及几何处理

（1）模块选择

拖动Explicit Dynamcis模块进入工作面板，加载Drop Test模块。

（2）材料模型

建立如表9-2所示材料模型，其主要采用弹塑性模型。

表9-2　材料参数

名称	密度/(kg/m³)	弹性模量/Pa	泊松比	屈服强度/Pa
Capacitance（电容）	2600	30×10^9	0.3	60×10^6
Chip（芯片）	2400	24×10^9	0.3	30×10^6
Pcb（电路板）	1800	10×10^9	0.3	80×10^6
Tan-capcitance（电容2）	14000	40×10^9	0.3	120×10^6

（3）几何模型

打开DM，导入模型，或者建立如图9-24所示电路板。

为方便构建焊点模型，通过在【Tools】中插入【Face Split】，将各个部件（如电容、芯片等）在基板上刻出各个元器件的面，以方便在此面上建立焊点模型。通过【Create】→【Point】，设置选择焊点的参数为FD1＝2mm，FD2＝0mm，FD3＝2mm，FD5＝8，FD6＝5mm，如图9-25所示。依次插入其他焊点测参数。

9.3.1.3　Model中的前处理

（1）算法及材料设置

按照不同的模型分别给电路板及元器件赋予材料，采用默认的拉格朗日算法，其他参数默认。

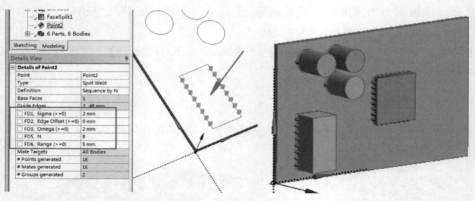

图 9-25　焊点的插入

（2）接触设置

选择所有的 Spot Weld 模型。在其下方的属性中定义可分离接触，修改【Breakable】为 Stress Criteria，定义分离的正应力【Normal Stress Limit】为 10MPa，剪切力【Shear Stress Limit】为 5MPa，焊点的作用直径【Effective Diameter】为 2mm，其他参数默认即可，具体如图 9-25 所示。

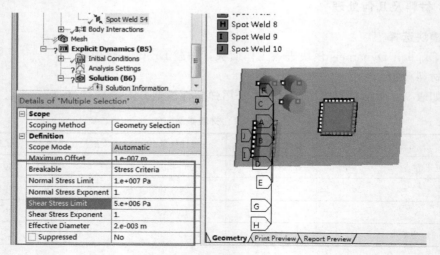

图 9-26　焊点接触的定义

（3）网格划分

采用默认网格划分形式，设置全局的网格大小为 1mm。由于有焊点的存在，作为硬点，网格会较为不规则。

9.3.1.4　Drop Test 分析设置

如图 9-27 所示，在菜单栏的【Environment】中选择【Drop Test】功能选项，进行跌落测试模型设置。点击后会弹出【Wizard】导航窗口，在【Drop Height】中设置跌落高度为 2m，其余参数默认。点击下一步，在【Frictionles Havior】中可以设置接触为 Frictional，设置【Friction Coefficient】为 0.3，设置【Dynamic Coefficient】为 0.2，即与地面的静摩擦因数是 0.3，动摩擦因数是 0.2，点击【Finish】完成所有设置。

跌落模块会自动设计刚性地面、添加重力加速度、添加初始速度和求解时间等，跌落向导设置完成即可提交计算。

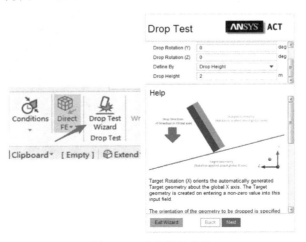

图 9-27　跌落设置向导

9.3.1.5　计算结果及后处理

计算结果如图 9-28 所示，电路板焊点处出现破坏。在此情况下，电路板跌落存在一定的风险。

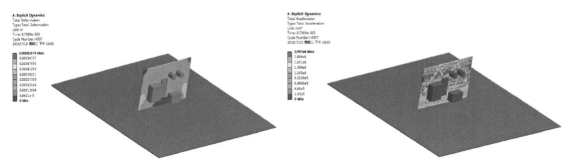

图 9-28　总体变形、等效应力计算结果

可以通过修改相应的参数，重新进行不同角度和不同高度的计算，形成系列化数据，或者结合优化设计模型，进行跌落参数化分析，得到此模型的跌落分析报告。

同样，此模型可以在 Workbench LS-DYNA 中进行仿真，其仿真流程与本小节类似。

9.3.2　EnSight 软件后处理

EnSight 由美国 CEI 公司研发，是一款尖端的科学工程可视化与后处理软件，基于图标的用户接口易于掌握，并且能够很方便地移动到新增功能层中，目前已集成在 Workbench 平台中。EnSight 能在所有主流计算机平台上运行，支持大多数主流 CAE 程序接口和数据格式。EnSight 是少数几个支持 LS-DYNA、Autodyn 和 Explicit Dynamics 等结果的后处理软件，且后处理速度快，功能齐全，其界面如图 9-29 所示。关于 Ensight 的学习资料可参考相应的帮助手册。

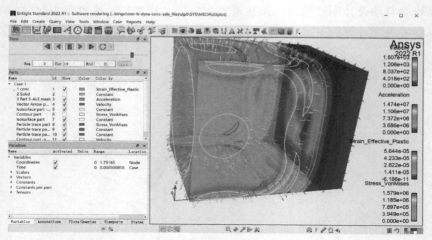

图 9-29　EnSight 后处理界面（Autodyn 中爆炸模型）

通过主界面菜单栏的【Extension】→【Manage Extensions】，勾选【EnSight】可加载插件。将显式动力学的计算结果与 EnSight 关联，可将计算结果导入 EnSight 中进行后处理，如图 9-30 所示。或者直接打开 EnSight 软件，选择需要打开的计算结果即可进行后处理。

图 9-30　EnSight 模块

9.3.3　Keyword Manager 关键字管理

Keyword Manager 插件是 Workbench 平台中对 LS-DYNA 关键字管理的插件，可以通过插件快速插入关键字，并可以通过 GUI 的形式设置和生成关键字，避免了格式、关键字添加错误等问题。同时，通过此插件，可以支持 Workbench LS-DYNA 中不支持的一些关键字。

通过主界面菜单栏的【Extension】→【Manage Extensions】，勾选【Keyword Manager】可加载插件。

进入 LS-DYNA 界面，选择【Environment】→【Tools】→【Keyword Manager】，

在弹出的对话框【LS-DYNA Keyword Manager】中输入对应的关键字，会在下方弹出备选的关键字，选择对应的关键字，通过【Add】加载关键字，如图 9-31 所示。在模型树中，出现对应关键字的详细信息，可以通过 GUI 操作进行参数的设置。关键字的单位制和 Analysis 中求解单位制一致。

图 9-31 Keyword Manager 模块

 本章小结

本章将 Workbench 平台中的其他模块，如静力学模块、瞬态动力学模块与显式动力学模块，进行联合仿真或计算对比，介绍了 Workbench 平台中的优化设计模块，并进行了实例分析。另外，还介绍了 Workbench 平台的典型插件，如 Drop Test、EnSight 和 Keyword Manager 等的特点及使用方法。

参考文献

［1］ ANSYS. Ansys _ Explicit _ Dynamics _ Analysis _ Guide. 2022.

［2］ ANSYS. ANSYS _ Autodyn _ Users _ Manual. 2022.

［3］ ANSYS. Autodyn _ Composite _ Modeling _ Guide. 2022.

［4］ ANSYS. Ansys _ Explicit _ Dynamics _ Analysis _ Guide. 2022.

［5］ ANSYS. LS-DYNA _ Keyword _ and _ Theory _ Manuals. 2022.

［6］ ANSYS. SpaceClaim _ Documentation. 2022.

［7］ 辛春亮，涂建，王俊林，等.由浅入深精通 LS-DYNA［M］.北京：中国水利水电出版社，2019.

［8］ 黄正祥，祖旭东，贾鑫.终点效应［M］.2 版.北京：科学出版社，2021.

［9］ 杨秀敏.爆炸冲击现象数值模拟［M］.合肥：中国科学技术大学出版社，2010.

［10］ 门建兵，蒋建伟，王树有.爆炸冲击数值模拟技术基础［M］.北京：北京理工大学出版社，2015.

［11］ 浦广益.ANSYS Workbench 基础教程与实例详解［M］.北京：中国水利水电出版社，2018.